高等院校数字媒体技术系列教材

Cinema 4D R19

中文版实例教程

C4D

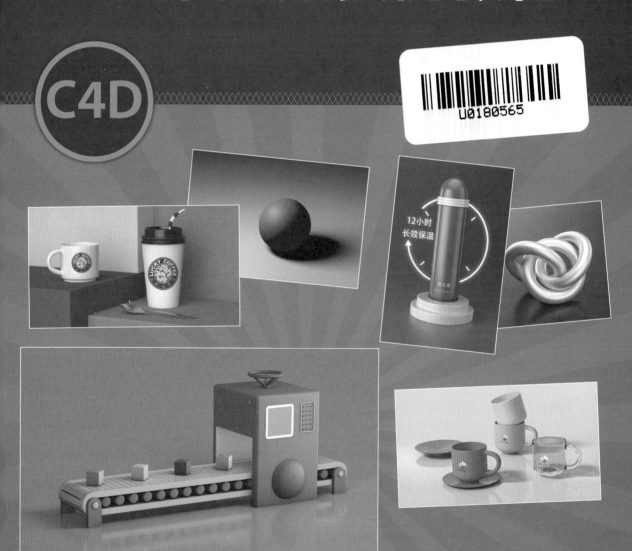

中国铁道出版社有限公司

CHINA RAILWAY PUBLISHING HOUSE CO., LTD.

内 容 简 介

本书属于实例教程类图书。全书分为基础入门、基础实例演练和综合实例演练三部分，包括认识 Cinema 4D、Cinema 4D R19 基础知识、创建模型、材质与贴图、灯光和 HDR、运动图形和粒子、动力学、综合实例等内容。书中将艺术设计理念和计算机制作技术结合在一起，系统全面地介绍了 Cinema 4D R19 的使用方法和技巧，展示了 Cinema 4D R19 的无穷魅力，旨在帮助读者用较短的时间掌握该软件。

本书适合作为高等院校数字媒体类相关专业或社会培训班的教材，也可作为平面设计、三维和影视动画制作爱好者的自学参考书。

图书在版编目（CIP）数据

Cinema 4D R19 中文版实例教程 / 张凡编著 . —北京：
中国铁道出版社有限公司，2023.2
高等院校数字媒体技术系列教材
ISBN 978-7-113-29779-4

Ⅰ. ① C… Ⅱ. ①张… Ⅲ. ①三维动画软件 - 高等学校 -
教材 Ⅳ . ① TP391.414

中国版本图书馆 CIP 数据核字（2022）第 203915 号

书　　名：Cinema 4D R19 中文版实例教程
作　　者：张　凡

策　　划：汪　敏　　　　　　　　编辑部电话：（010）51873628
责任编辑：汪　敏　李学敏
封面设计：崔　欣
封面制作：刘　颖
责任校对：安海燕
责任印制：樊启鹏

出版发行：中国铁道出版社有限公司（100054，北京市西城区右安门西街 8 号）
网　　址：http://www.tdpress.com/51eds/
印　　刷：北京市泰锐印刷有限责任公司
版　　次：2023 年 2 月第 1 版　2023 年 2 月第 1 次印刷
开　　本：787 mm×1 092 mm　1/16　印张：19.25　字数：517 千
书　　号：ISBN 978-7-113-29779-4
定　　价：69.00 元

前　言

　　Cinema 4D 是一款三维设计软件，它有着强大的功能和兼容性，在电商广告、栏目包装、影视动画、游戏和建筑设计等领域的应用日益广泛。

　　本书通过大量的精彩实例，将艺术和计算机制作技术结合在一起，全面讲述了 Cinema 4D R19 的使用方法和技巧。

　　本书最大的亮点就是为了便于读者学习，所有实例均配有多媒体教学视频。另外为了便于院校教学，本书配有电子课件和教学大纲，均可上网查阅，网址为 http://www.tdpress.com/51eds/。

　　为了便于设计人员提高工作效率，本书配套资源中还提供了大量的材质库和素材库。

　　本书属于实例教程类图书，旨在帮助读者用较短的时间掌握 Cinema 4D R19 软件的使用。本书分为三部分，共 8 章，主要内容如下：第 1 章认识 Cinema 4D，主要讲解了 Cinema 4D 的特点；第 2 章 Cinema 4D R19 基础知识，讲解了 Cinema 4D R19 软件操作方面的相关基础知识；第 3 章通过 8 个实例讲解了在 Cinema 4D R19 中创建复杂模型的多种方法；第 4 章通过 5 个实例讲解了 Cinema 4D R19 中材质与贴图在实际工作中的具体应用；第 5 章通过 5 个实例讲解了 Cinema 4D R19 中灯光和 HDR 的应用；第 6 章通过 3 个实例讲解了 Cinema 4D R19 运动图形和粒子的应用；第 7 章通过 2 个实例讲解了 Cinema 4D R19 动力学的使用方法；第 8 章通过保温杯展示效果、产品展示动画效果和表皮脱落文字动画效果 3 个综合实例讲解了完整的电商产品展示效果和展示动画的制作方法。

　　本书每章均有"本章重点"和"课后练习"，以便读者有针对性地学习本章内容，并进行相应的操作练习。每个实例都包括"要点"和"操作步骤"两部分，对于步骤过多的实例还有制作流程的介绍，以便读者理清思路。

　　本书内容丰富，结构清晰，实例典型，讲解详尽，富有启发性。书中的实例是由多所高校（北京电影学院、北京师范大学、中央美术学院、中国传媒大学、北京工商大学传播与艺术学院、首都师范大学、首都经贸大学、天津美术学院、天津师范大学艺术学院等）具有丰富教学经验的优秀教师和有丰富实践经验的一线制作人员从多年的教学和实际工作中总结出来的。

由于编者水平有限，书中难免有不妥与疏漏之处，敬请读者批评指正。

编　者

2022 年 8 月

目　录

第 2 部分 基础实例演练

第 1 部 分

基 础 入 门

认识Cinema 4D 第1章

 本章重点

Cinema 4D作为一款优秀的三维设计软件，目前在设计行业中使用非常广泛。学习本章，读者应了解Cinema 4D的主要应用领域和特点。

1.1 Cinema 4D 概述

Cinema 4D，简称C4D，它是由德国MAXON开发的一款三维设计软件。Cinema 4D有着强大的功能和兼容性，比如可以使用Octane、RedShift渲染器进行渲染，可以与After Effects软件实现文件互导等。Cinema 4D的应用领域也很广泛，比如电商广告设计。2020和2021年某网站联合海报设计几乎全部实现"3D化"。使用Cinema 4D制作的页面比普通素材的点击转化率高出7倍。图1-1为C4D制作的某网站海报。此外，Cinema 4D在栏目包装、影视动画、游戏和建筑设计等领域也日益广泛。

图1-1 C4D制作的某网站海报

1.2 Cinema 4D 的特点

Cinema 4D之所以在近几年能够快速流行起来，主要有以下特点：

1. 简单易学

Cinema 4D的界面布局与用户常用的三维设计软件（比如3ds Max）的界面布局类似，如图1-2所示，使用用户一打开软件界面就有一种熟悉感。

Cinema 4D整个界面简洁，每个命令都对应生动的图标。此外，不同类型的命令显示为不同的颜

色，比如生成器显示颜色为绿色，变形器显示为紫色，使用户一目了然，便于记住相应的命令。相比于3ds Max、Maya、Cinema 4D学习更快捷。

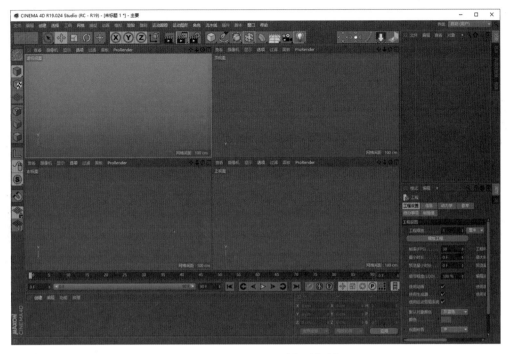

图 1-2　Cinema 4D 界面布局

2. 人性化

Cinema 4D自带多种基础模型，用户只需要调节基础模型相应的参数就可以创建出各种复杂模型。另外，Cinema 4D自带的运动图形、动力学、布料和毛发系统也十分强大，用户不需要复杂操作，只需要调节参数就可以模拟出真实世界中的各种效果，比如柔软的布料、物体碰撞。

3. 兼容性好

Cinema 4D兼容性极强，用户除了可以使用Cinema 4D自带渲染器进行渲染外，还可以使用外部插件Octane、RedShift渲染器进行渲染。图1-3为使用Octane渲染器渲染的效果，图1-4为使用RedShift渲染器渲染出的焦散效果。

图 1-3　Octane 渲染器渲染效果

图 1-4　RedShift 渲染器渲染出的焦散效果

　　另外，在Cinema 4D中可以将文件输出保存为After Effects软件能够打开的.aec方案文件和序列文件，如图1-5所示，然后在After Effects中打开制作特效和动画。本书"6.3　礼花绽放效果"就是在Cinema 4D中将文件输出为PNG序列文件，然后在After Effects中制作出夜空中绽放的各色礼花效果，如图1-6所示。

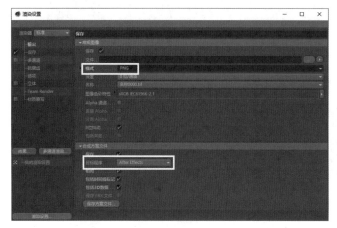

图 1-5　在 Cinema 4D 中设置保存参数　　　　　　图 1-6　在 After Effects 中制作礼花绽放效果

　　简述 Cinema 4D 的特点。

Cinema 4D R19基础知识

第2章

 本章重点

学习本章，读者应掌握Cinema 4D R19的操作界面、建模、生成器、变形器、摄像机、材质、灯光和动画等方面的相关知识。

2.1 认识操作界面

图 2-1　Cinema 4D R19 的启动界面

启动Cinema 4D R19，首先会出现图2-1所示的启动界面，当软件完全启动后就会进入操作界面，如图2-2所示。

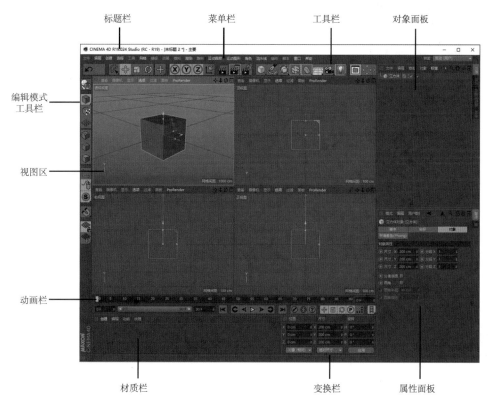

图 2-2　Cinema 4D R19 的用户操作界面

Cinema 4D R19的操作界面主要包括标题栏、菜单栏、工具栏、编辑模式工具栏、视图区、对象面板、属性面板、材质栏、变换栏和动画栏十个部分。

1. 标题栏

标题栏显示了当前使用的Cinema 4D R19软件的版本和当前文件的名称。这里需要说明的是当文件名称后带有"*"号，如图2-3所示，表示当前文件没有保存。当执行菜单中的"文件"|"保存"命令后，当前文件名称后的"*"号就会消失，表示当前文件已经保存了。

图2-3　当文件名称后带有"*"号

2. 菜单栏

菜单栏位于标题栏的下方，包括"文件"、"编辑"、"创建"、"选择"、"工具"、"网格"、"捕捉"、"动画"、"模拟"、"渲染"、"雕刻"、"运动跟踪"、"运动图形"、"角色"、"流水线"、"插件"、"脚本"、"窗口"和"帮助"19个菜单。通过这些菜单中的相关命令可以完成对Cinema 4D R19的所有操作。这里需要说明的是，对于一些常用的菜单命令，为了便于操作，可以将其独立出来。方法：单击相关菜单上方的双虚线，如图2-4所示，即可将其独立出来，成为浮动面板，如图2-5所示，此时在浮动面板中单击相应的命令，即可完成相应的操作。

在菜单栏的右侧有一个"界面"列表框，如图2-6所示，默认选择的是"启动"界面，此外还可以根据需要选择不同的界面布局，比如BP-UV Edit。

图2-4　单击菜单中上方的双虚线　　　图2-5　浮动面板　　　图2-6　"界面"列表框

3. 工具栏

工具栏位于菜单栏的下方，如图2-7所示。它将一些常用的命令以图标的方式显示在工具栏中，单击相应的图标，就可以执行相应的命令。有些图标右下角有三角形标记，表示当前工具中包含隐藏工具，当在该工具图标上按住鼠标左键，就会显示出隐藏的工具，如图2-8所示。

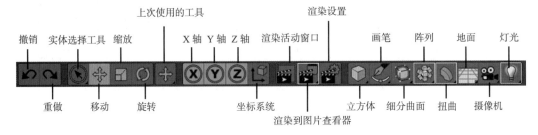

图2-7　工具栏

4. 编辑模式工具栏

编辑模式工具栏位于操作界面的左侧，如图 2-9 所示，用于对转为可编辑对象的模型的点、边、多边形、纹理等进行编辑。

图 2-8　显示出隐藏的工具

5. 视图区

视图区位于操作界面的中间区域，用于编辑与观察模型。默认有"透视视图"、"顶视图"、"右视图"和"正视图"四个视图，而每个视图又包括视图菜单栏和视图两部分，如图 2-10 所示。其中视图菜单栏用于设置视图中对象的显示模式、视图切换以及对视图进行移动、旋转、缩放；视图用于显示创建的相关对象。这里需要说明的是在哪个视图中单击鼠标中键就可以将该视图单独显示在视图区中，如图 2-11 所示，再次单击鼠标中键，又可以恢复四视图的显示。

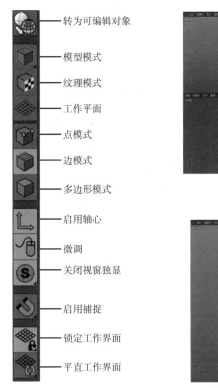

转为可编辑对象
模型模式
纹理模式
工作平面
点模式
边模式
多边形模式
启用轴心
微调
关闭视窗独显
启用捕捉
锁定工作界面
平直工作界面

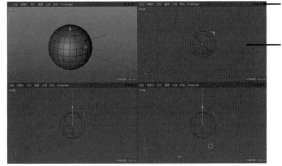

视图菜单栏

视图

图 2-10　视图区

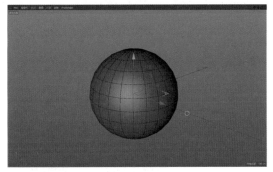

图 2-9　编辑模式工具栏　　　　图 2-11　将该视图单独显示在视图区中

提示

分别按键盘上的【F1】、【F2】、【F3】、【F4】键，可以分别将透视视图、顶视图、右视图和正视图单独显示在视图区中；按键盘上的【F5】键，可以恢复到四视图的显示，这和单击鼠标中键的效果是一样的。

---

6. 对象面板

对象面板位于操作界面的右侧，该面板用于显示在视图中创建的所有对象及层级关系。

7. 属性面板

属性面板位于对象面板下方，当在对象面板中选择某个对象后，属性面板中会显示其相关参数，此时可以通过调整相关参数来改变对象的属性。这里需要说明的是当通过█按钮调整参数数值时默认每次增加/减少的数值是1，如图2-12所示；如果按住【Shift】键，单击●增加按钮，则每次增加的数值为10，如图2-13所示；如果按住【Alt】键，单击●增加按钮，则每次增加的数值为0.1，如图2-14所示。

（a）调整参数前 （b）调整参数后

图2-12 通过●按钮调整参数数值时默认每次增加的数值是1

图2-13 每次增加的数值为10　　　图2-14 每次增加的数值为0.1

8. 材质栏

材质栏用于创建和管理材质，在材质栏中双击，就可以创建一个材质球，如图2-15所示。然后双击材质球，在弹出的图2-16所示的材质编辑器中可以设置材质的各种属性。

9. 变换栏

变换栏如图2-17所示，用于设置选择对象的坐标、尺寸和旋转参数。

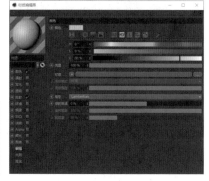

图2-15 创建一个材质球　　　图2-16 "材质编辑器"窗口　　　图2-17 变换栏

10. 动画栏

动画栏如图2-18所示，用于设置动画关键帧、动画长度等动画属性。

图 2-18　动画栏

2.2　常用插件、材质库安装和自定义布局

2.2.1　常用插件的安装

本书用到了 Drop2Floor（对齐到地面）、L-Object（地面背景）、Reeper 2.07（绳索）、MagicCenter（对齐到中心）四种插件，这四个插件的安装方法是一样的，下面就以安装 Drop2Floor（对齐到地面）插件为例讲解插件的安装方法。安装 Drop2Floor（对齐到地面）插件的具体操作步骤如下：

① 找到配套资源的"插件"|"地面对齐插件"|Drop2Floor 文件夹，如图 2-19 所示，按【Ctrl+C】组合键进行复制。

② 进入 Cinema 4D R19 安装目录下的 plugins 文件夹（默认安装目录为 c:/Program Files/MAXON/Cinema 4D R19/plugins），按【Ctrl+V】组合键进行粘贴，如图 2-20 所示。

图 2-19　复制 Drop2Floor 文件夹

图 2-20　在 plugins 文件夹中进行粘贴

③ 重新启动 Cinema 4D R19，在"插件"菜单中即可看到安装好的 Drop2Floor 插件，如图 2-21 所示。

图 2-21　安装好的 Drop2Floor 插件

2.2.2　C4D 默认渲染器材质库的安装

通过调用材质库中的相关材质可以大大提高工作效率。本节将具体讲解安装 Cinema 4D R19 默认渲染器材质库的方法。安装 Cinema 4D R19 默认渲染器材质库的具体操作步骤如下：

① 找到配套资源中的"插件"|"C4D 材质库"|C4D 材质包.lib4d、Material-Pack.lib4d 两个文件，如图 2-22 所示，按【Ctrl+C】组合键进行复制。

② 在 Cinema 4D R19 中执行菜单中的"编辑"I"设置"命令，然后在弹出的对话框中单击 打开配置文件夹 按钮，如图 2-23 所示，单击 Cinema 4D R19 安装目录下 browser 文件夹（默认位置为 c:/Program Files/MAXON/Cinema 4D R19_BEF04C39/library/browser），最后按【Ctrl+V】组合键，进行粘贴即可完成 C4D 默认渲染器材质库的安装，粘贴后的效果如图 2-24 所示。

图 2-22　复制材质

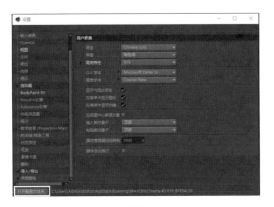

图 2-23　单击 打开配置文件夹 按钮

图 2-24　粘贴材质库的效果

③ 重新启动 Cinema 4D R19，然后按【Shift+F8】组合键，调出"内容浏览器"窗口，从中就可以看到安装后的两个材质库，如图 2-25 所示。此时在右侧双击相应的材质球，就可以将其导入到材质栏中，如图 2-26 所示。

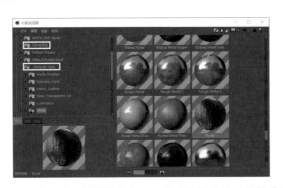

图 2-25　在"内容浏览器"窗口中找到安装后的两个材质库

图 2-26　将材质导入到材质栏中

 提示

配套资源中提供的两个材质库包含了日常使用的各种材质，一共 6.2 GB。如果用户 C 盘空间不是很大，可以只安装 Material-Pack.lib4d 材质库（488 MB）。

2.2.3　自定义界面

在 Cinema 4D R19 中允许用户通过自定义界面来提高工作效率。本节将通过在工具栏中添加前面安装的四个插件工具为例来讲解自定义界面的方法，具体操作步骤如下：

① 执行菜单中的"窗口"I"自定义布局"I"自定义命令"（【Shift+F12】组合键）命令，弹出"自定义命令"对话框，如图 2-27 所示。

②在"名称过滤"右侧输入"L",此时在下方会显示出有关"L"的所有命令,然后选择其中的"L-Object",如图2-28所示,将其拖入工具栏右侧,即可将其添加到工具栏中,如图2-29所示。同理,将"Drop2Floor"也添加到工具栏中,如图2-30所示。

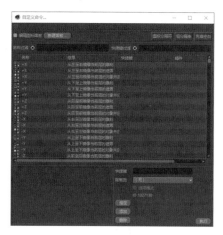

图 2-27　"自定义命令"对话框

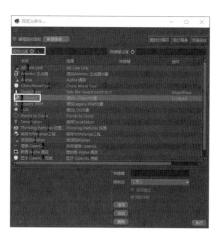

图 2-28　选择"L-Object"

图 2-29　将"L-Object"添加到工具栏中

图 2-30　将"Drop2Floor"添加到工具栏中

③在"名称过滤"右侧输入"R",此时在下方会显示出有关"R"的所有命令,如图2-31所示。然后选择其中的"Reeper 2.07"和"MagicCenter"分别拖入工具栏右侧,即可将它们添加到工具栏中,如图2-32所示。

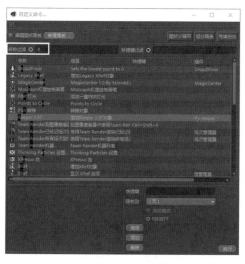

图 2-31　在"名称过滤"右侧输入"R"

图 2-32　将"Reeper 2.07"和"MagicCenter"添加到工具栏中

📖 提示

　　如果要删除工具栏中的工具，可以在"自定义命令"对话框中选中左上方的"编辑图标面板"复选框，然后在工具栏中双击要删除的工具，即可将其从工具栏中进行删除。

---

　　④ 执行菜单中的"窗口"|"自定义布局"|"保存为启动布局"命令，将当前工作界面保存为启动界面。此后每次启动Cinema 4D R19，都会显示当前自定义的工作界面。

　　⑤ 如果要在其他计算机上使用当前自定义的工作界面，可以执行菜单中的"窗口"|"自定义布局"|"另存布局为"命令，将当前工作布局保存为一个文件。然后在其他计算机上启动Cinema 4D R19，再执行菜单中的"窗口"|"自定义布局"|"加载布局"命令，打开前面保存的布局文件即可。

2.3　基础建模

　　Cinema 4D R19内置了多种三维参数化几何体和二维样条，通过这些工具可以快速创建出简单三维参数化几何体和二维样条。本节讲解简单三维化参数几何体和二维样条的参数。

2.3.1　简单三维参数化几何体的创建

　　在工具栏🔲（立方体）工具上按住鼠标左键，会弹出三维参数化几何体面板，如图2-33所示，从中选择相应的图标，就可以在视图中创建一个相应的三维参数几何体。常用的几种三维几何体如下：

图2-33　三维参数化几何体面板

1. 立方体

　　立方体是参数化几何体，在工具栏中选择🔲（立方体）工具，可以在视图中创建一个立方体，然后通过在视图中移动黄色控制点的位置可以粗略调整立方体的长、宽和高，如图2-34所示。如果要对立方体的参数进行精确调整，可以在属性面板中进行设置。另外，将立方体转为可编辑对象后，还可以对其点、边、多边形进行编辑，从而制作出各种复杂的模型。立方体属性面板的参数比较简单，如图2-35所示，主要参数含义如下：

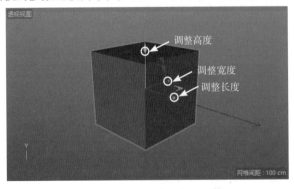

图2-34　在视图中创建一个立方体

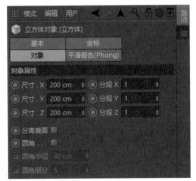

图2-35　立方体属性面板

- 尺寸X/尺寸Y/尺寸Z：用于设置立方体的长度/宽度/高度数值。
- 分段X/分段Y/分段Z：用于设置立方体的长度分段/宽度分段/高度分段。
- 圆角：选中该复选框，将激活"圆角半径"和"圆角细分"参数，从而使立方体产生圆角效果，如图 2-36 所示。

- 圆角半径：用于设置立方体的圆角半径数值。
- 圆角细分：用于设置立方体圆角的圆滑程度。

提示

在调整了相关参数后，如果要重新恢复原有的默认参数，可以右击参数后的■按钮，即可恢复默认参数。

2. 圆锥

圆锥是 Cinema 4D R19 中经常用到的参数化几何体，比如创建冰激凌的蛋筒、交通路障等。在工具栏◈（立方体）工具上按住鼠标左键，从弹出的隐藏工具中选择◭（圆锥）工具，可以在视图中创建一个圆锥。然后通过在视图中移动黄色控制点的位置可以粗略调整圆锥的高度和底部半径，如图 2-37 所示。圆锥的属性面板主要包括"对象"、"封顶"和"切片"三个选项卡，如图 2-38 所示，用于精确设置圆锥的相关属性，主要参数含义如下：

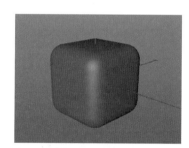
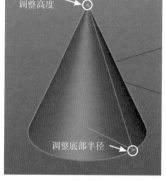

图 2-36　产生圆角效果的立方体　　　　图 2-37　在视图中创建一个圆锥

图 2-38　圆锥的属性面板

- 顶部半径/底部半径：用于设置圆锥的顶部/底部半径数值。
- 高度：用于设置圆锥的高度数值。
- 高度分段：用于设置圆锥的高度分段数量，图 2-39 为设置了不同"高度分段"数值的效果比较。
- 旋转分段：用于设置圆锥的旋转分段数量，图 2-40 为设置了不同"旋转分段"数值的效果比较。

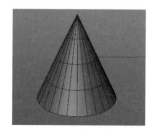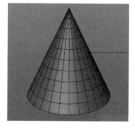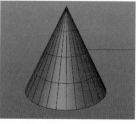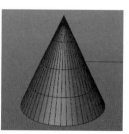

（a）"高度分段"为4　　（b）"高度分段"为10　　（a）"旋转分段"为28　　（b）"旋转分段"为50

图 2-39　设置了不同"高度分段"数值的效果比较　　图 2-40　设置了不同"旋转分段"数值的效果比较

- 方向：用于设置圆锥的朝向。
- 封顶：未选中该复选框，将取消圆锥顶部和底部的封顶，从而形成圆锥的中空效果。
- 封顶分段：用于设置封顶的分段数。图2-41为设置了不同"封顶分段"数值的效果比较。
- 顶部/底部：选中该复选框，将激活"半径"和"高度"复选框，从而制作出圆锥顶部/底部的圆角效果。
- 切片：选中该复选框，将启用切片功能。
- 起点/终点：用于设置切片的起点/终点位置。图2-42为将"起点"设置为-120°，"终点"设置为180°的效果。

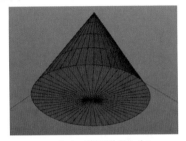 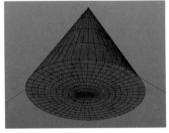 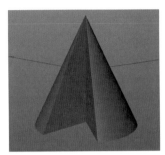

（a）"封顶分段"为1　　　　　（b）"封顶分段"为10　　　　　图2-42　切片效果

图2-41　设置了不同"封顶分段"数值的效果比较

3. 圆柱体

圆柱体也是Cinema 4D R19中经常用到的参数化几何体，比如创建易拉罐、保温杯的杯身等。在工具栏 （立方体）工具上按住鼠标左键，从弹出的隐藏工具中选择 （圆柱体）工具，可以在视图中创建一个圆柱体。然后通过在视图中移动黄色控制点的位置可以粗略调整圆柱体的高度和半径，如图2-43所示。圆柱体的属性面板如图2-44所示，用于精确设置圆柱体的相关属性，主要参数含义如下：

 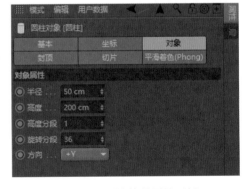

图2-43　在视图中创建一个圆柱体　　　　图2-44　圆柱体的属性面板

- 半径：用于设置圆柱的半径数值。
- 高度：用于设置圆柱的高度数值。
- 旋转分段：用于设置圆柱体曲面的分段数，数值越大，圆柱越圆滑。

4. 圆盘

利用 （圆盘）工具可以创建实心或空心的圆盘模型，本书"8.2产品展示动画效果"中就是利用圆盘创建了放置汽车的展台模型，如图2-45所示。在工具栏 （立方体）工具上按住鼠标左键，从弹出的隐藏工具中选择 （圆盘）工具，即可在视图中创建一个圆盘。然后通过在视图中移动黄色控制点的位置可以粗略调整圆盘的内部和外部半径，如图2-46所示。圆盘的属性面板如图2-47所示，用于精确设置圆柱体的相关属性，主要参数含义如下：

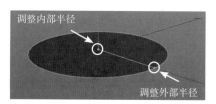

图 2-45　创建圆盘作为展台　　　图 2-46　在视图中创建一个圆盘　　　图 2-47　圆盘的属性面板

- 内部半径：用于设置圆盘的最内侧半径数值。
- 外部半径：用于设置圆盘的最外侧半径数值。
- 圆盘分段：用于设置圆盘循环的分段数，图2-48为设置了不同"圆盘分段"的效果比较。
- 旋转分段：用于设置圆盘旋转的分段数，图2-49为设置了不同"旋转分段"的效果比较。

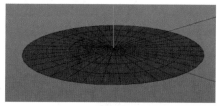

（a）"圆盘分段"为4　　　　　　　　　　（b）"圆盘分段"为10

图 2-48　设置了不同"圆盘分段"数值的效果比较

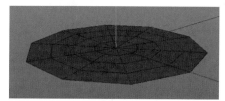

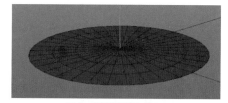

（a）"旋转分段"为10　　　　　　　　　　（b）"旋转分段"为36

图 2-49　设置了不同"旋转分段"数值的效果比较

5. 平面

平面在Cinema 4D R19建模过程中使用频率非常高，比如创建地面和墙面等。在工具栏 （立方体）工具上按住鼠标左键，从弹出的隐藏工具中选择 （平面）工具，即可在视图中创建一个平面。然后通过在视图中移动黄色控制点的位置可以粗略调整平面的宽度和高度，如图2-50所示。平面的属性面板如图2-51所示，用于精确设置平面的相关属性，主要参数含义如下：

- 宽度/高度：用于设置平面的宽度/高度数值。
- 宽度分段/高度分段：用于设置平面的宽度分段/高度分段的数值。

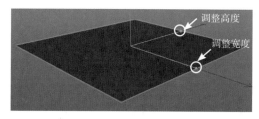

图 2-50　在视图中创建一个平面　　　　　　　　图 2-51　平面的属性面板

6. 球体

球体也是常用的参数化几何体，本书"3.7足球"中就是利用球体创建的足球基础模型，如图2-52所示。在工具栏 （立方体）工具上按住鼠标左键，从弹出的隐藏工具中选择 （球体）工具，即可在视图中创建一个球体。然后通过在视图中移动黄色控制点的位置可以粗略调整球体半径，如图2-53所示。球体的属性面板如图2-54所示，用于精确设置球体的相关属性，主要参数含义如下：

图 2-52　利用球体创建足球基础模型　图 2-53　在视图中创建一个球体　图 2-54　球体的属性面板

- 半径：用于设置球体的半径数值。
- 分段：用于设置球体的分段数值。图2-55为设置了不同"分段"数值的效果比较。

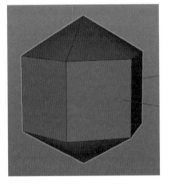 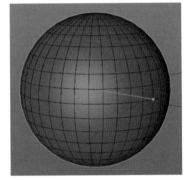

（a）"分段"为6　　　　　　　　（b）"分段"为36

图 2-55　设置了不同"分段"数值的效果比较

- 类型：用于设置球体的类型，在右侧下拉列表中有"标准"、"四面体"、"六面体"、"八面体"、"二十面体"和"半球体"六种类型可供选择。图2-56为选择不同类型的效果比较。

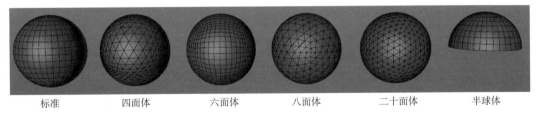

标准　　　　　四面体　　　　　六面体　　　　　八面体　　　　　二十面体　　　　　半球体

图 2-56　选择不同类型的效果比较

7. 圆环

利用 （圆环）工具可以创建环形的模型，比如游泳圈、握力器等。在工具栏 （立方体）工具上按住鼠标左键，从弹出的隐藏工具中选择 （圆环）工具，即可在视图中创建一个圆环。然后通过在视图中移动黄色控制点的位置可以粗略调整圆环的半径和导管半径，如图2-57所示。圆环的属性面板如图2-58所示，用于精确设置圆环的相关属性，主要参数含义如下：

- 圆环半径：用于设置圆环整体的半径。

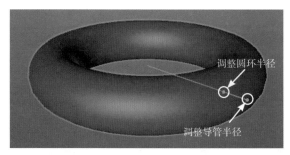

图 2-57　在视图中创建一个圆环　　　　图 2-58　圆环的属性面板

- 圆环分段：用于设置圆环分段的数值。图 2-59 为设置不同 "圆环分段" 数值的效果比较。

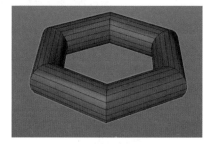

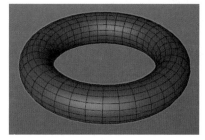

（a）"圆环分段" 为6　　　　　　（b）"圆环分段" 为36

图 2-59　设置了不同 "圆环分段" 数值的效果比较

- 导管半径：用于设置圆环管状的半径数值。图 2-60 为设置不同 "导管半径" 数值的效果比较。

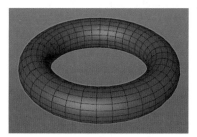

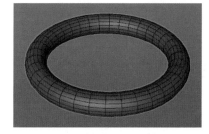

（a）"导管半径" 为50　　　　　　（b）"导管半径" 为30

图 2-60　设置了不同 "导管半径" 数值的效果比较

- 导管分段：用于设置圆环导管的分段数值。图 2-61 为设置不同 "导管分段" 数值的效果比较。

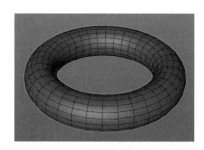

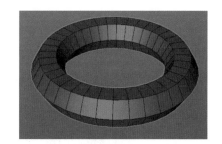

（a）"导管分段" 为18　　　　　　（b）"导管分段" 为6

图 2-61　设置了不同 "导管分段" 数值的效果比较

8. 胶囊

利用 工具可以创建胶囊状模型。本书 "8.1 保温杯展示效果" 中就是利用胶囊作为基础模型制作出保温杯杯盖造型，如图 2-62 所示。在工具栏 工具上按住鼠标左键，从弹出的隐藏工具中选择■（胶囊）工具，即可在视图中创建一个胶囊。然后通过在视图中移动黄色控制点的位置可以粗略调整胶囊的半径和高度，如图2-63所示。胶囊的属性面板如图2-64所示，用于精确设置胶囊的相关属性，主要参数含义如下：

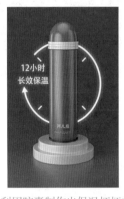

图 2-62　利用胶囊制作出保温杯杯盖造型　图 2-63　在视图中创建一个胶囊　　图 2-64　胶囊的属性面板

- 半径：用于设置胶囊整体的半径。
- 高度：用于设置胶囊的高度。
- 高度分段：用于设置胶囊的高度分段数值。图2-65为设置不同"高度分段"数值的效果比较。
- 封顶分段：用于设置胶囊的高度分段数值。图2-66为设置不同"封顶分段"数值的效果比较。

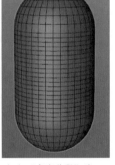

（a）"高度分段"为6　　（b）"高度分段"为20　　　　（a）"封顶分段"为6　　（b）"封顶分段"为20

图 2-65　设置了不同"高度分段"数值的效果比较　图 2-66　设置了不同"封顶分段"数值的效果比较

- 旋转分段：用于设置胶囊的旋转分段数值。图2-67为设置不同"旋转分段"数值的效果比较。

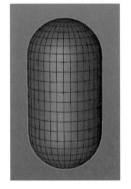

（a）"旋转分段"为6　　　　　　　（b）"旋转分段"为36

图 2-67　设置了不同"旋转分段"数值的效果比较

9. 管道

■（管道）工具用于创建中空的管状模型，比如台灯的灯罩、扳指等。在工具栏■（立方体）工具上按住鼠标左键，从弹出的隐藏工具中选择■（管道）工具，即可在视图中创建一个管道。然后通过在视图中移动黄色控制点的位置可以粗略调整管道的内部半径、外部半径和高度，如图 2-68 所示。管道的属性面板如图 2-69 所示，用于精确设置管道的相关属性，主要参数含义如下：

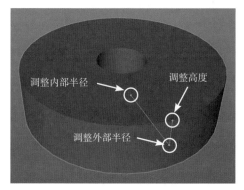

图 2-68　在视图中创建一个管道　　　　　　图 2-69　管道的属性面板

- 内部半径/外部半径：用于设置管道的内部半径/外部半径的数值。
- 旋转分段：用于设置管道的旋转分段数值。
- 封顶分段：用于设置管道的封顶分段数值。
- 高度：用于设置管道的高度数值。
- 高度分段：用于设置管道的高度分段数值。
- 方向：用于设置管道的轴向。
- 圆角：选中该复选框，将激活下方的"分段"和"半径"，从而使管道产生圆角效果。

10. 角锥

▲（角锥）工具用于创建底部底面是正方形或矩形、侧面是三角形的角锥模型。在工具栏■（立方体）工具上按住鼠标左键，从弹出的隐藏工具中选择▲（角锥）工具，即可在视图中创建一个角锥。然后通过在视图中移动黄色控制点的位置可以粗略调整角锥的长度、宽度和高度，如图 2-70 所示。角锥的属性面板如图 2-71 所示，用于精确设置角锥的相关属性，主要参数含义如下：

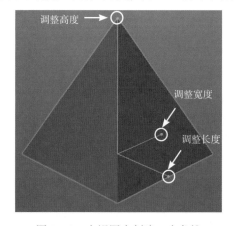

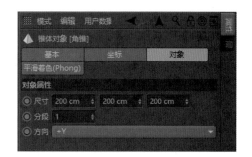

图 2-70　在视图中创建一个角锥　　　　　　图 2-71　角锥的属性面板

- 尺寸：用于设置角锥长度、宽度和高度的数值。
- 分段：用于设置角锥的分段数值。图 2-72 为设置不同"分段"数值的效果比较。

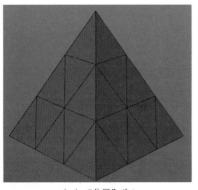 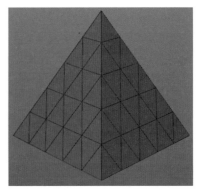

（a）"分段"为3　　　　　　　　　　（b）"分段"为5

图 2-72　设置不同"分段"数值的效果比较

- 方向：用于设置角锥的方向。

11. 宝石

　　 （宝石）工具用于创建多面体模型，比如珠宝、吊坠等。在工具栏 （立方体）工具上按住鼠标左键，从弹出的隐藏工具中选择 （角锥）工具，即可在视图中创建一个宝石。然后通过在视图中移动黄色控制点的位置可以粗略调整宝石的半径，如图 2-73 所示。宝石的属性面板如图 2-74 所示，用于精确设置宝石的相关属性，主要参数含义如下：

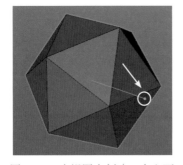 

图 2-73　在视图中创建一个宝石　　　　　图 2-74　宝石的属性面板

- 半径：用于设置宝石的半径数值。
- 分段：用于设置宝石的分段数值。
- 类型：用于设置宝石的类型，在右侧下拉列表中有""四面"、"六面"、"八面"、"十二面"、"二十面"和"碳原子"六种类型可供选择。图 2-75 为选择不同类型的效果比较。

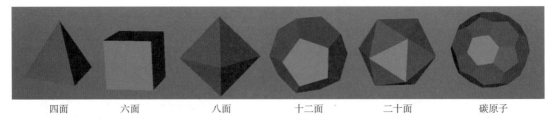

四面　　　　六面　　　　八面　　　　十二面　　　　二十面　　　　碳原子

图 2-75　选择不同类型的效果比较

12. 人偶

　　 （人偶）工具用于创建简单的人偶骨架模型，比如稻草人，如图 2-76 所示。在工具栏 （立方体）工具上按住鼠标左键，从弹出的隐藏工具中选择 （人偶）工具，即可在视图中创建一个人偶。然后通过在视图中移动黄色控制点的位置可以粗略调整人偶的整体比例，如图 2-77 所示。人偶的属性面板如图2-78所示，用于精确设置人偶的相关属性，主要参数含义如下：

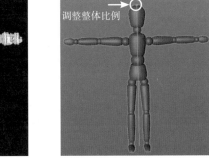

图 2-76　稻草人　　　　图 2-77　在视图中创建一个人偶　　　图 2-78　人偶的属性面板

- 高度：用于设置人偶整体的高度数值。
- 分段：用于设置人偶的分段数值。图2-79为设置不同"分段"数值的效果比较。

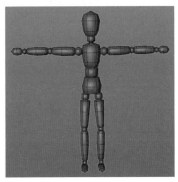

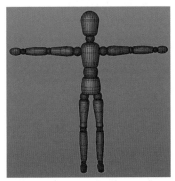

（a）"分段"为6　　　　　　　（b）"分段"为30

图 2-79　设置不同"分段"数值的效果比较

13. 地形

　（地形）工具用于创建有起伏变化的地形模型，比如山峰、洼地等。在工具栏　（立方体）工具上按住鼠标左键，从弹出的隐藏工具中选择　（地形）工具，即可在视图中创建一个地形。然后通过在视图中移动黄色控制点的位置可以粗略调整地形的长度、宽度和高度，如图2-80所示。地形的属性面板如图2-81所示，用于精确设置地形的相关属性，主要参数含义如下：

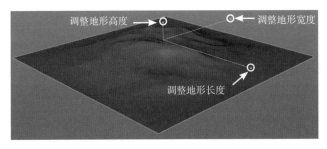

图 2-80　在视图中创建一个人偶　　　　　　　图 2-81　人偶的属性面板

- 尺寸：用于设置地形的长度、宽度和高度数值。
- 宽度分段：用于设置地形宽度分段数值。

- 深度分段：用于设置地形深度分段数值。
- 粗糙褶皱：用于设置地形中较大的褶皱数量。图2-82为设置不同"粗糙褶皱"数值的效果比较。

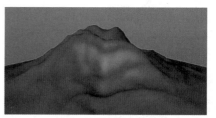

（a）"粗糙褶皱"为50%　　　　　　　　　　（b）"粗糙褶皱"为0%

图2-82　设置不同"粗糙褶皱"数值的效果比较

- 精细褶皱：用于设置地形中细小的褶皱数量。图2-83为设置不同"精细褶皱"数值的效果比较。

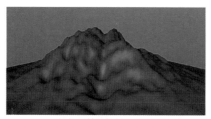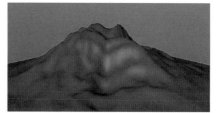

（a）"精细褶皱"为100%　　　　　　　　　　（b）"精细褶皱"为50%

图2-83　设置不同"精细褶皱"数值的效果比较

- 缩放：用于控制地形的起伏重复度。图2-84为设置不同缩放数值的效果对比。

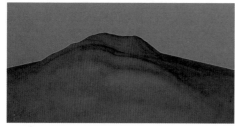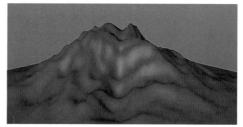

（a）"缩放"为1　　　　　　　　　　　　（b）"缩放"为3

图2-84　设置不同"缩放"数值的效果比较

- 海平面：用于设置海平面升高而部分山体被水淹没的效果。图2-85为设置不同"海平面"数值的效果比较。

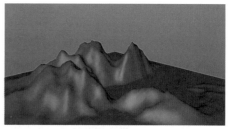

（a）"海平面"为0%　　　　　　　　　　　（b）"海平面"为65%

图2-85　设置不同"海平面"数值的效果比较

- 地平面：用于设置地平面的效果，数值越小，越接近平面。图2-86为设置不同"地平面"数值的效果比较。

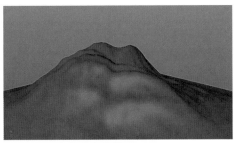
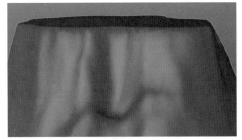

（a）"地平面"为100%　　　　　　　（b）"地平面"为20%

图 2-86　设置不同"地平面"数值的效果比较

● 多重不规则：选中该复选框，山脉会变得很缓和；未选中该复选框，山脉会变得很陡峭。图 2-87 为选中"多重不规则"复选框前后的效果比较。

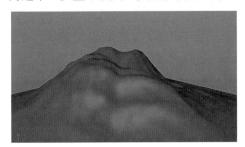
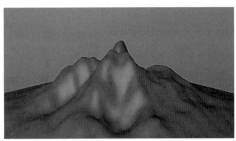

（a）选中"多重不规则"复选框　　　　　（b）未选中"多重不规则"复选框

图 2-87　选中"多重不规则"复选框前后的效果比较

● 随机：用于设置不同的随机数值，从而使山脉产生各种随机的地形变化。图 2-88 为设置不同"随机"数值的效果比较。

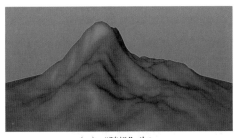
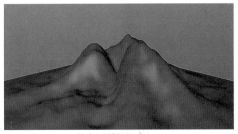

（a）"随机"为2　　　　　　　　（b）"随机"为4

图 2-88　设置不同"随机"数值的效果比较

● 限于海平面：选中该复选框，会产生平缓的海面效果；未选中该复选框，会产生波涛汹涌的海面效果。图 2-89 为选中"限于海平面"复选框前后的效果比较。

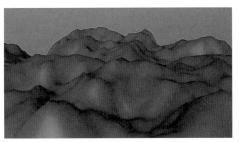

（a）选中"限于海平面"复选框　　　　　（b）未选中"限于海平面"复选框

图 2-89　选中"限于海平面"复选框前后的效果比较

- 球状：选中该复选框，地形就显示为类似于陨石的球体，如图2-90所示。

2.3.2 简单二维样条的创建

在工具栏 工具上按住鼠标左键，会弹出二维样条面板，该面板分为手绘类工具、形状类工具、样条编辑类工具三部分，如图2-91所示。下面讲解这三类工具的使用方法和相关参数。

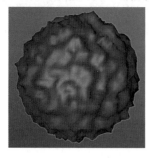

手绘类工具　　　形状类工具　　　样条编辑类工具

图 2-90　选中"球状"复选框后的效果　　　　图 2-91　二维样条面板

1. 手绘类工具

手绘类工具包括 、、和 四种工具。

（1）画笔

利用 工具可以绘制出任意形状的样条线。本书"3.2香槟酒杯"就是利用 工具绘制出酒杯的外形，然后通过"旋转"生成器制作出香槟酒杯效果，如图2-92所示。在工具栏中选择 工具，即可在图2-93所示的画笔工具属性面板中设置相关参数。画笔工具属性面板的参数含义如下：

图 2-92　香槟酒杯　　　　　　　图 2-93　画笔工具属性面板

- 类型：在右侧有线性、立方、AKima、B-样条和贝塞尔五种类型可供选择。
- 编辑切线模式：在绘制过程中，选中该复选框，将只可以对当前顶点切线方向和手柄长度进行调整，而不进行继续绘制。在调整好顶点切线方向后，再取消选中该复选框，即可继续进行曲线绘制。
- 锁定切线旋转：选中该复选框，将只可以对顶点手柄长度进行调整，而不能调整切线方向。
- 锁定切线长度：选中该复选框，将只可以对顶点手柄方向进行调整，而不能调整切线长度。
- 创建新样条：在视图中已经存在样条线的情况下，在工具栏中选择 工具，然后选中该复选框，将绘制一条新的样条线；而未选中该复选框，将在原来曲线基础上继续绘制样条线。

提示

在绘制完样条线后，按键盘上的【Esc】键或空格键，即可退出绘制状态。

（2）草绘

利用 （草绘）工具可以在视图中通过拖动鼠标来绘制类似于使用铅笔或钢笔手写效果的自由的线条，如图 2-94 所示。在工具栏中选择 （草绘）工具，即可在图 2-95 所示的草绘工具属性面板中设置相关参数，草绘工具属性面板的主要参数含义如下：

图 2-94　利用 （草绘）工具绘制样条

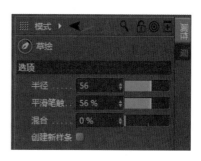

图 2-95　草绘工具属性面板

● 半径：用于设置草绘的画笔半径数值。

● 平滑笔触：用于设置草绘的平滑效果。数值越大，绘制出的效果越平滑。图 2-96 为设置不同"平滑笔触"数值后的效果比较。

（a）"平滑笔触"为0%

（b）"平滑笔触"为100%

图 2-96　设置不同"平滑笔触"数值的效果比较

（3）平滑样条

利用 （平滑样条）工具可以对使用 （画笔）工具和 （草绘）工具绘制出的样条线进行平滑处理。图 2-97 为使用 （平滑样条）工具对样条线进行平滑前后的效果比较。在工具栏中选择 （平滑样条）工具，即可在图 2-98 所示的平滑样条属性面板中设置相关参数，平滑样条属性面板的主要参数含义如下：

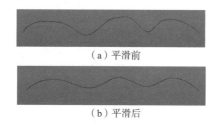

（a）平滑前

（b）平滑后

图 2-97　对样条线进行平滑前后的效果比较

图 2-98　平滑样条工具属性面板

● 半径：用于设置平滑样条工具的半径数值。

● 强度：用于设置平滑样条的影响程度。数值越大，处理后的样条线越平滑。

● 平滑/抹平/随机/推/螺旋/膨胀/投射：用于设置平滑样条的方式。

（4）样条弧线工具

利用 （样条弧线）工具可以绘制出精确的弧线形状，如图 2-99 所示，并可对已经绘制好的样条线弧线处理，如图 2-100 所示。在工具栏中选择 （样条弧线）工具，即可在图 2-101 所示的样条弧线工具属性面板中设置相关参数，样条弧线工具属性面板的主要参数含义如下：

图 2-99　绘制出精确的弧线形状

（a）处理前

（b）处理后

图 2-100　使用 工具对样条线进行处理前后的效果比较

图 2-101　样条弧线工具属性面板

- 中点/终点/起点：用于设置弧线的中点/终点/起点位置。
- 中心：用于设置弧线的中心位置。
- 半径：用于设置弧线的半径数值。
- 角度：用于设置弧线的角度数值，数值越大，弧线越接近圆形。

2. 形状类工具

形状类工具包括 、 、 、 、 、 、 、 、 、 、 、 、 、 和 15种工具。下面讲解常用的几种形状类工具的参数。

（1）圆弧

利用 工具可以绘制出弧线形状。在工具栏 工具上按住鼠标左键，从弹出的隐藏工具中选择 工具，即可在视图中创建一个圆弧，如图2-102所示。圆弧的属性面板如图2-103所示，主要参数含义如下：

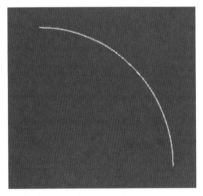

图 2-102　在视图中创建一个圆弧

图 2-103　圆弧的属性面板

- 类型：用于设置圆弧的类型，在右侧下拉列表中有圆弧、扇区、分段和环状四种类型可供选择。图2-104为选择不同类型的效果比较。
- 半径：用于设置圆弧的半径数值。
- 内部半径：用于设置圆弧的内部半径，当选择"环状"类型时，该项才可以使用。
- 开始角度/结束角度：用于设置圆弧开始/结束的角度。
- 平面：用于设置圆弧的方向，在右侧下拉列表中有XY、ZY和XZ三种方式可供选择。

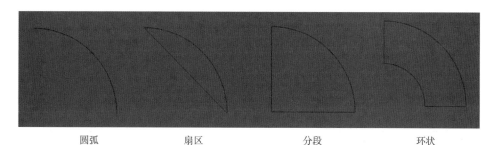

|圆弧|扇区|分段|环状|

图 2-104　选择不同类型的效果比较

● 点插值方式：用于设置点插值方式，在右侧下拉列表中有"自动适应"、"自然"、"统一"、"细分"和"无"五个选项可供选择。

● 数量：当在"点插值方式"中选择"自然"或"统一"选项后，可以通过输入不同的"数量"数值来控制圆弧的平滑程度。图 2-105 为设置不同"数量"数值的效果比较。

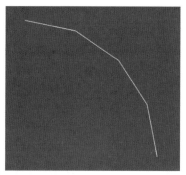
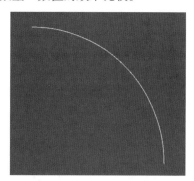

（a）"数量"为0　　　　　　　　　（b）"数量"为10

图 2-105　设置不同"数量"数值的效果比较

提示

在实际工作中通过选择"自然"或"统一"点插值方式，然后加大"数量"数值来保证样条线的平滑度，是经常使用的方法。

（2）圆环

利用 ◎（圆环）工具可以绘制出各种形状的圆形或圆环形状。在工具栏 ✐（画笔）工具上按住鼠标左键，从弹出的隐藏工具中选择 ◎（圆环）工具，即可在视图中创建一个圆环，如图 2-106 所示。圆环的属性面板如图 2-107 所示，主要参数含义如下：

图 2-106　在视图中创建一个圆环　　　　图 2-107　圆环的属性面板

- 椭圆：选中该复选框，可以设置下方两个半径的数值，从而制作出椭圆，如图2-108所示。
- 环状：选中该复选框，可以制作出同心圆，如图2-109所示。

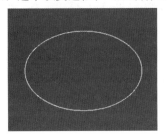

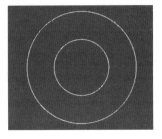

图2-108　制作出椭圆　　　　　　　　　　　　　　图2-109　制作出同心圆

- 半径：用于设置圆形的半径数值。
- 内部半径：用于设置同心圆内部圆形的半径数值。该项在选中"环状"复选框后才可以使用。

（3）螺旋

利用 ⓔ（螺旋）工具可以绘制出螺旋线形状。在工具栏 ⓔ（画笔）工具上按住鼠标左键，从弹出的隐藏工具中选择 ⓔ（螺旋）工具，即可在视图中创建一个螺旋线，如图2-110所示。螺旋的属性面板如图2-111所示，主要参数含义如下：

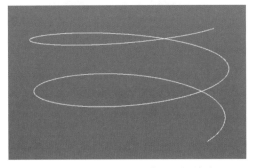

图2-110　在视图中创建一个螺旋线　　　　　　　图2-111　螺旋的属性面板

- 起始半径/终点半径：用于设置螺旋线的底部半径/顶部半径数值。
- 开始角度/结束角度：用于设置螺旋线在底部/顶部产生的圈数。
- 半径偏移：当设置了不同的"起始半径"和"终点半径"数值后，可以通过调整该数值来设置"起始半径"和"终点半径"的半径变化。图2-112为设置不同"半径偏移"数值的效果比较。

（a）"半径偏移"为0　　　　　　　　　　　　（b）"半径偏移"为10

图2-112　设置不同"半径偏移"数值的效果比较

- 高度：用于设置螺旋线的高度。
- 高度偏移：用于设置螺旋线的高度变化。图2-113为设置不同"高度偏移"数值的效果比较。

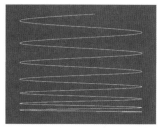

（a）"高度偏移"为30　　　（b）"高度偏移"为50　　　（c）"高度偏移"为80

图 2-113　设置不同"高度偏移"数值的效果比较

- 细分数：用于设置螺旋线的精细程度。图2-114为设置不同"细分数"数值的效果比较。

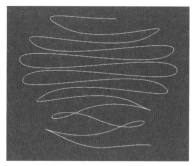
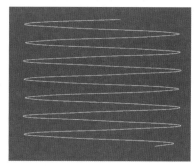

（a）"细分数"为15　　　　　　　　　（b）"细分数"为30

图 2-114　设置不同"细分"数值的效果比较

（4）多边

利用 ◯（多边）工具可以绘制出多边形形状。在工具栏 ✐（画笔）工具上按住鼠标左键，从弹出的隐藏工具中选择 ◯（多边）工具，即可在视图中创建一个多边形，如图2-115所示。多边的属性面板如图2-116所示，主要参数含义如下：

- 半径：用于设置多边形的半径数值。
- 侧边：用于设置多边形的边数。
- 圆角：选中该复选框，将会使多边形产生圆角效果，如图2-117所示。下方的"半径"用于设置圆角的大小。

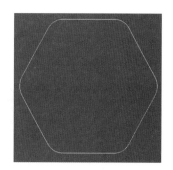

图 2-115　在视图中创建一个多边形　　　图 2-116　多边的属性面板　　　图 2-117　圆角多边形

（5）矩形

利用▣（矩形）工具可以绘制出矩形形状。在工具栏 ✐（画笔）工具上按住鼠标左键，从弹出的隐藏工具中选择▣（矩形）工具，即可在视图中创建一个矩形，如图2-118所示。矩形的属性面板如图2-119所示，主要参数含义如下：

图2-118　在视图中创建一个矩形

图2-119　矩形的属性面板

- 宽度/高度：用于设置矩形的宽度/高度数值。
- 圆角：选中该复选框，将会使矩形产生圆角效果。
- 半径：用于设置圆角的大小。

（6）星形

利用☆（星形）工具可以绘制出各种形状的星形。在工具栏 ✐（画笔）工具上按住鼠标左键，从弹出的隐藏工具中选择☆（星形）工具，即可在视图中创建一个星形，如图2-120所示。星形的属性面板如图2-121所示，主要参数含义如下：

图2-120　在视图中创建一个星形

图2-121　星形的属性面板

- 内部半径/外部半径：用于设置星形的内部半径/外部半径的数值。
- 螺旋：用于设置螺旋的扭曲效果。图2-122为设置不同"螺旋"数值的效果比较。

（a）"螺旋"为100

（b）"螺旋"为0

（c）"螺旋"为-100

图2-122　设置不同"螺旋"数值的效果比较

- 顶点：用于设置顶点的数量。

（7）文本

利用 T（文本）工具可以创建二维的文本样条线。在工具栏 ✎（画笔）工具上按住鼠标左键，从弹出的隐藏工具中选择 T（文本）工具，即可在视图中创建一个文本，如图 2-123 所示。文本的属性面板如图 2-124 所示，主要参数含义如下：

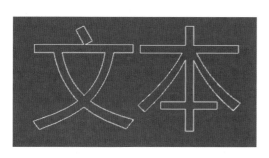

图 2-123　在视图中创建一个文本　　　　　　　图 2-124　文本的属性面板

- 文本：用于输入文字内容。如果要输入多行文本，可以按【Enter】键切换到下一行。
- 字体：用于设置文本使用的字体。
- 对齐：用于设置文本对齐的方式。在右侧下拉列表框中"左"、"中对齐"和"右"三个选项可供选择。
- 高度：用于设置文本的尺寸。
- 水平间距：用于设置文本字符间的间距。图 2-125 为设置不同"水平间距"后的效果比较。

（a）"水平间距"为100　　　　　　　　　（b）"水平间距"为50

图 2-125　设置不同"水平间距"数值的效果比较

- 垂直间距：用于设置多行文本的行距。图 2-126 为设置不同"垂直间距"后的效果比较。

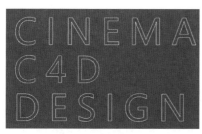

（a）"垂直间距"为0　　　　　　　　　（b）"垂直间距"为50

图 2-126　设置不同"垂直间距"数值的效果比较

- 显示3D界面：选中该复选框，展开"字距"选项，如图 2-127 所示，可以调整文本字符"水平缩放"、"垂直缩放"和"基线偏移"等参数。图2-128为将数字"4"的"基线偏移"设置为300%的效果。

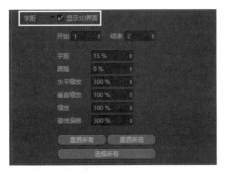
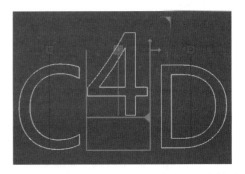

图 2-127　选中"显示 3D 界面"复选框，展开"字距"选项　图 2-128　将"基线偏移"设置为 300% 的效果

> 提示
>
> 如果要创建三维文本，有以下两种方法：一是先创建二维文本，再给它添加一个"挤压"生成器，从而生成三维文本；二是执行菜单中的"运动图形"|"文本"命令，直接创建三维文本。

（8）四边

利用◇（四边）工具可以创建四边形。在工具栏 ✐（画笔）工具上按住鼠标左键，从弹出的隐藏工具中选择◇（四边）工具，即可在视图中创建一个菱形，如图2-129所示。四边的属性面板如图2-130所示，主要参数含义如下：

图 2-129　在视图中创建一个菱形　图 2-130　四边的属性面板

● 类型：用于设置四边形的类型，在右侧下拉列表框中有"菱形"、"风筝"、"平行四边形"和"梯形"4 种类型可供选择。图2-131为选择不同类型的效果比较。

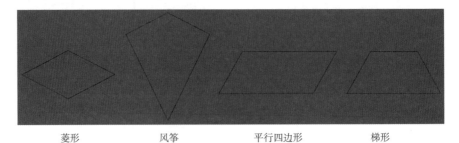

菱形　　　　　风筝　　　　　平行四边形　　　　梯形

图 2-131　选择不同类型的效果比较

- A：用于设置四边形 X 轴向的数值。
- B：用于设置四边形 Y 轴向的数值。
- 角度：设置"梯形"的角度，该项只有在选择"梯形"类型时才会被激活。

（9）齿轮

利用 ◯（齿轮）工具可以创建齿轮形状。在工具栏 ✎（画笔）工具上按住鼠标左键，从弹出的隐藏工具中选择 ◯（齿轮）工具，即可在视图中创建一个齿轮形状。然后通过在视图中移动黄色控制点的位置可以粗略调整齿轮的嵌体半径、根半径和附加半径，如图 2-132 所示。齿轮的属性面板主要包括"对象"、"嵌体"和"齿"三个选项卡，如图 2-133 所示，用于精确设置齿轮的相关属性，主要参数含义如下：

图 2-132　在视图中创建一个齿轮形状

图 2-133　齿轮的属性面板

① "对象"选项卡。

- 传统模式：选中该复选框，参数将会变为传统模式，如图 2-134 所示。
- 显示引导：选中该复选框，即可显示黄色的引导线，如图 2-135 所示。
- 引导颜色：用于设置引导线的颜色。

图 2-134　选中"传统模式"复选框后的属性面板

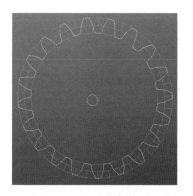

图 2-135　显示黄色的引导线

② "齿"选项卡。

- 类型：用于设置齿轮的类型，在右侧下拉列表框中有"无"、"渐开线"、"棘轮"和"平坦"四个选项可供选择。图 2-136 为选择不同类型的效果比较。

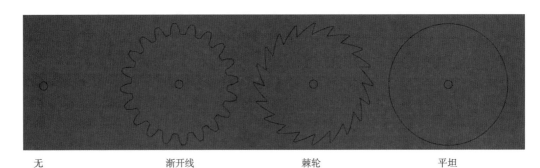

| 无 | 渐开线 | 棘轮 | 平坦 |

图 2-136　选择不同类型的效果比较

- 齿：用于设置齿轮锯齿的个数。
- 锁定半径：选中该复选框，调整"齿"的数量，将在不改变齿轮半径的情况下增加或减少齿轮锯齿的个数；未选中该复选框，调整"齿"的数量，将随着齿轮个数的增加或减少，齿轮半径随之增大或减小。
- 方向：用于设置齿轮锯齿的方向。

③"嵌体"选项卡。

- 类型：用于设置嵌体的类型，在右侧下拉列表中有"无"、"轮辐"、"孔洞"、"拱形"和"波浪"五种类型可供选择。图 2-137 为选择不同类型的效果比较。

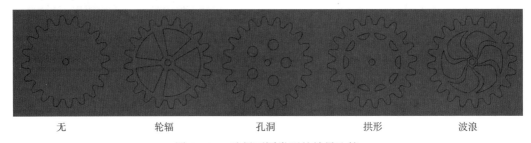

| 无 | 轮辐 | 孔洞 | 拱形 | 波浪 |

图 2-137　选择不同类型的效果比较

- 方向：用于设置齿轮嵌体的方向。

（10）花瓣

利用○（花瓣）工具可以创建花瓣形状。在工具栏 ✐（画笔）工具上按住鼠标左键，从弹出的隐藏工具中选择○（花瓣）工具，即可在视图中创建一个花瓣形状，如图 2-138 所示。花瓣的属性面板如图 2-139 所示，主要参数含义如下：

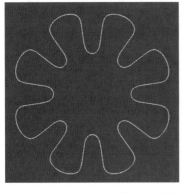

图 2-138　在视图中创建一个花瓣

图 2-139　花瓣的属性面板

- 内部半径：用于设置花瓣内部的半径数值。
- 外部半径：用于设置花瓣外部的半径数值。
- 花瓣：用于设置花瓣的个数。

3. 样条编辑类工具

样条编辑类工具用于对两个或两个以上的样条线进行编辑，包括 (样条差集)、 (样条并集)、 (样条合集)、 (样条或集) 和 (样条交集) 5 种工具，常用的是以下三种：

- 样条差集：将从先创建的样条中减去与后创建的样条的重叠部分。图 2-140 为创建的矩形和圆环样条，图 2-141 为选择 (样条差集) 工具后的效果。

图 2-140　创建的矩形和圆环样条　　　　图 2-141　选择 (样条差集) 工具后的效果

- 样条并集：将会把两个或两个以上的样条线合并在一起成为一个新的样条线。图 2-142 为选择 (样条并集) 工具后的效果。
- 样条合集：将只保留两个或两个以上样条线的相交区域。图 2-143 为选择 (样条合集) 工具后的效果。

图 2-142　选择 (样条并集) 工具后的效果　　　　图 2-143　选择 (样条合集) 工具后的效果

2.4　生成器、造型器和变形器

通过给对象添加不同的生成器、造型器和变形器，可以制作出各种效果。本节具体讲解生成器、造型器和变形器的使用方法。

2.4.1　生成器

Cinema 4D R19 生成器包括 "细分曲面"、"挤压"、"旋转"、"放样"、"扫描" 和 "贝塞尔" 6 种，显示图标的颜色为绿色，表示在父级状态才能对下方的子集对象起作用。执行菜单 "创建" | "生成器" 中的相应命令，如图 2-144 所示，或选择工具栏 (细分曲面) 中的生成器工具，如图 2-145 所示，均可给场景添加相应生成器。通常使用的是利用工具栏添加生成器。

图 2-144 菜单"创建"|"生成器"中的相应命令　　图 2-145 从弹出的隐藏工具中选择相应生成器工具

　　除了"贝塞尔"生成器可以直接使用外。其余五种给场景添加的生成器，并不能直接看到效果。给对象添加生成器有以下两种方法：一是在给场景添加了相应的生成器后，在"对象"面板中将要使用该生成器的对象拖入生成器成为子集，如图 2-146 所示；二是选择要添加生成器的对象，按住键盘上的【Alt】键，在工具栏 📦（细分曲面）工具上按住鼠标左键，从弹出的隐藏工具中选择相应的生成器，从而直接给对象添加一个生成器的父级。

　　下面具体讲解这六种生成器的相关参数。

　　1. 细分曲面

　　📦（细分曲面）生成器是使用最多的一种生成器，用于对表面粗糙的模型进行平滑处理，使之变得更精细。📦（细分曲面）生成器的属性面板如图 2-147 所示，主要参数含义如下：

图 2-146 要使用该生成器的对象拖入生成器成为子集　　图 2-147 📦（细分曲面）生成器的属性面板

● 类型：用于设置细分曲面的类型，在右侧下拉列表中有 Catmull-Clark、Catmull-Clark（N-Gons）、OpenSubdiv Catmull-Clark、OpenSubdiv Catmull-Clark（自适应）、OpenSubdiv Loop 和 OpenSubdiv Bilinear 六种类型可供选择。

● 编辑器细分：用于设置模型在视图中显示的细分级别，数值越大，模型越精细。图 2-148 为设置不同的"编辑器细分"数值的效果比较。

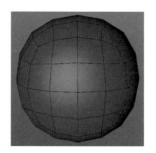
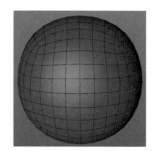

（a）"编辑器细分"数值为0　　（b）"编辑器细分"数值为2　　（c）"编辑器细分"数值为3

图 2-148 设置不同的"编辑器细分"数值的效果比较

● 渲染器细分：用于设置模型在渲染器中显示的细分级别，数值越大，模型越精细。为了保持模型在渲染器和编辑器中显示的一致性，通常在"渲染器细分"和"编辑器细分"中设置的数值是一致的。

● 细分UV：用于设置细分UV的方式，在右侧下拉列表中有"标准"、"边界"和"边"三种方式可供选择。

2. 挤压

◼（挤压）生成器用于将二维样条挤压为三维模型。◼（挤压）生成器的属性面板主要包括"对象"和"封顶"两个选项卡，如图2-149所示，主要参数含义如下：

● 移动：用于控制样条在X/Y/Z轴上的挤出厚度。

● 细分数：用于控制挤出的分段数。图2-150为设置不同的"细分数"数值的效果比较。

图 2-149　◼（挤压）生成器的属性面板

（a）"细分数"数值为1

（b）"细分数"数值为10

图 2-150　设置不同的"细分数"数值的效果比较

● 层级：当"挤压"生成器下存在多个子集时，如图2-151所示，如果未选中"层级"复选框，则"挤压"生成器只对顶层的子集起作用，如图2-152所示；而选中"层级"复选框，则对"挤压"生成器对所有的子集均起作用，如图2-153所示。

● 顶端/末端：用于设置挤出后模型顶端/末端是否封口，在右侧下拉列表中有"无"、"封顶"、"圆角"和"圆角封顶"四个选项可供选择。图2-154为选择不同选项的效果比较。

图 2-151　◼（挤压）生成器下存在多个子集

图 2-152　未选中"层级"复选框的效果

图 2-153　选中"层级"复选框的效果

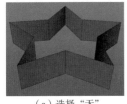

（a）选择"无"

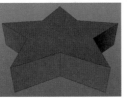

（b）选择"封顶"

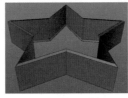

（c）选择"圆角"

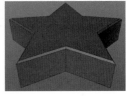

（d）选择"圆角封顶"

图 2-154　选择不同选项的效果比较

● 步幅：当在"顶端/末端"右侧下拉列表中选择"圆角"或"圆角封顶"时，才可以使用。该项用于设置模型倒角的分段数，最小数值为1。图2-155为选择不同"步幅"数值的效果比较。

 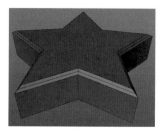 

（a）"步幅"为1　　　　　（b）"步幅"为2　　　　　（c）"步幅"为5

图 2-155　选择不同"步幅"数值的效果比较

● 圆角类型：当在"顶端/末端"右侧下拉列表中选择"圆角"或"圆角封顶"时，才可以使用。该项用于设置模型倒角的类型，在右侧下拉列表中有"线性"、"凸起"、"凹陷"、"半圆"、"1 步幅"、"2 步幅"和"雕刻"七个选项可供选择。图 2-156 为选择不同"圆角类型"的效果比较。

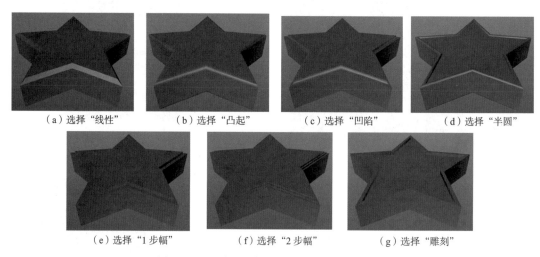

（a）选择"线性"　　　（b）选择"凸起"　　　（c）选择"凹陷"　　　（d）选择"半圆"

（e）选择"1 步幅"　　　（f）选择"2 步幅"　　　（g）选择"雕刻"

图 2-156　选择不同"圆角类型"的效果比较

● 类型：用于设置组成封顶的多边形类型，在右侧下拉列表中有"三角形"、"四边形"和"N-Gons"三个选项可供选择。图 2-157 为选择不同类型的效果比较。

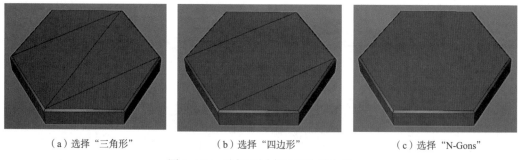

（a）选择"三角形"　　　　　（b）选择"四边形"　　　　　（c）选择"N-Gons"

图 2-157　选择不同类型的效果比较

3. 旋转

（旋转）生成器用于将绘制的样条按照指定轴向进行旋转，从而生成三维模型。图 2-158 为创建样条线后利用（旋转）生成器制作出的花瓶模型。（旋转）生成器的属性面板如图 2-159 所示，主要参数含义如下：

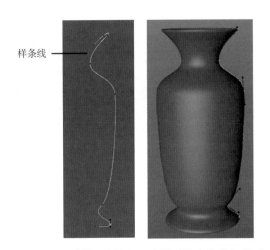

样条线

图 2-158　利用 ▮（旋转）生成器制作出的花瓶模型　　　　图 2-159　▮（旋转）生成器的属性面板

- 角度：用于设置旋转的角度，默认是360°。
- 细分数：用于设置模型在旋转轴向上的细分数，数值越大模型越平滑。图2-160为设置不同"细分数"数值的效果比较。
- 移动：用于设置模型起始位置和终点位置的纵向效果。
- 比例：用于设置模型一端的缩放。数值小于100%，是收缩；数值大于100%，是放大。图2-161为设置不同"比例"数值的效果比较。

（a）"细分数"为4　（b）"细分数"为32　　　　（a）"比例"为60%　（b）"比例"为120%

图 2-160　设置不同"细分数"数值的效果比较　　　图 2-161　设置不同"比例"数值的效果比较

4. 放样

■（放样）生成器用于将两个或更多的样条连接起来，从而生成三维模型。图2-162为创建圆环和八边形样条线后利用■（放样）生成器制作出的饮料瓶模型。■（放样）生成器的属性面板主要包括"对象"和"封顶"两个选项卡，如图2-163所示，主要参数含义如下：

- 网格细分U/V：用于设置放样后模型的U/V向的分段数。
- 顶端/末端：用于设置放样后模型顶端/末端是否封口，在右侧下拉列表中有"无"、"封顶"、"圆角"和"圆角封顶"四个选项可供选择。
- 约束：用于设置对封顶进行约束。图2-164为选中"约束"复选框前后的效果比较。

图 2-162　利用 (放样)生成器制作出的饮料瓶模型

图 2-163　 (放样)生成器的属性面板

（a）选中"约束"复选框前　（b）选中"约束"复选框后

图 2-164　选中"约束"复选框前后的效果比较

5. 扫描

(扫描)生成器用于将一个样条作为扫描图形,另一个样条作为扫描路径,扫描生成三维模型。图2-165为创建文本和圆环样条线后利用 (扫描)生成器制作出的立体镂空文字模型。 (扫描)生成器的属性面板如图2-166所示,主要参数含义如下:

图 2-165　利用 (扫描)生成器制作出的立体镂空文字模型　　图 2-166　 (扫描)生成器的属性面板

- 网格细分：用于设置三维模型的细分数。
- 终点缩放：用于设置模型在终点处的缩放效果。图 2-167 为设置不同"终点数值"的效果比较。

（a）"终点数值"为100%　　　　　　　　（b）"终点数值"为30%

图 2-167　设置不同"终点数值"的效果比较

- 结束旋转：用于设置生成模型在终点处的旋转效果。
- 开始生长：用于设置模型从开始处消失的效果，默认为 0%，表示不消失。图 2-168 为设置不同"开始生长"数值的效果比较。

（a）"开始生长"为0%　　　　　　　　（b）"开始生长"为10%

图 2-168　设置不同"开始生长"的效果比较

- 结束生长：用于设置模型从结束处消失的效果，默认为 100%，表示不消失。图 2-169 为设置不同"结束生长"数值的效果比较。

（a）"结束生长"为100%　　　　　　　　（b）"结束生长"为90%

图 2-169　设置不同"结束生长"的效果比较

6. 贝塞尔

■（贝塞尔）生成器用于创建具有蓬松感、膨胀感的模型，比如膨化食品包装袋、枕头。图 2-170 为利用■（贝塞尔）生成器制作出的膨化食品的包装袋模型。■（贝塞尔）生成器的属性面板如图 2-171 所示，主要参数含义如下：

图 2-170　利用■（贝塞尔）生成器制作出的膨化食品的包装袋模型　　　图 2-171　■（贝塞尔）生成器的属性面板

● 水平细分/垂直细分：用于设置创建的贝塞尔模型的水平方向/垂直方向的细分数量。

● 水平网点/垂直网点：用于设置创建的贝塞尔模型的水平方向/垂直方向的控制点数量。通过调整控制点的位置可以调整贝塞尔模型的形状。

2.4.2 造型器

Cinema 4D R19造型器包括"阵列"、"晶格"、"布尔"、"样条布尔"、"连接"、"实例"、"融球"、"对称"、"Python生成器"、"LOD"和"减面"11种，显示为图标的颜色也为绿色，表示在父级状态才能对下方的子集对象起作用。执行菜单"创建"|"造型"中的相应命令，如图2-172所示，或选择工具栏 ![] （阵列）中的造型器工具，如图2-173所示，均可给场景添加相应造型器。通常利用工具栏添加造型器。下面具体讲解常用的几种造型器的相关参数。

图2-172 菜单"创建"|"造型"中的相应命令　　图2-173 从弹出的隐藏工具中选择相应造型器工具

1. 阵列

![] （阵列）造型器用于以阵列的方式复制模型。本书"5.2檀香木手串"中就是利用阵列工具创建的手串模型，如图2-174所示。选择要添加"阵列"造型器的对象，然后按住【Alt】键，在工具栏中单击 ![] （阵列）工具，即可给它添加一个 ![] （阵列）父集。 ![] （阵列）造型器的属性面板如图2-175所示，主要参数含义如下：

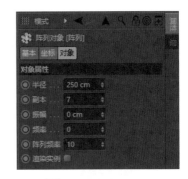

图2-174　利用阵列工具创建的手串模型　　图2-175　![] （阵列）造型器的属性面板

● 半径：用于设置阵列的半径数值。

● 副本：用于设置阵列的个数。

● 振幅：用于设置阵列模型产生的振幅。图2-176为设置不同"振幅"数值的效果比较。

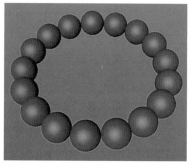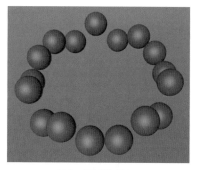

（a）"振幅"为0 cm　　　　　　　　　（b）"振幅"为30 cm

图 2-176　设置不同"振幅"数值的效果比较

- 频率：用于设置阵列模型上下起伏的频率。数值越大，起伏的频率越快。
- 阵列频率：用于设置阵列摆动的频率。数值越大，阵列模型摆动过渡越平滑；数值越小，阵列模型摆动过渡越生硬。图 2-177 为设置不同"阵列频率"数值后的效果比较。

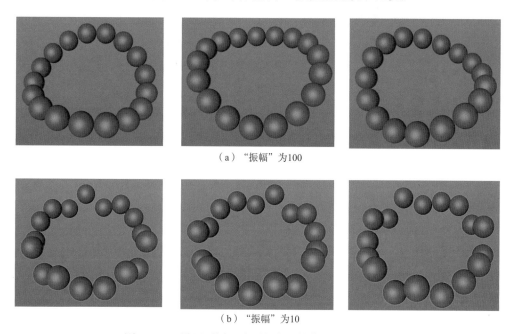

（a）"振幅"为100

（b）"振幅"为10

图 2-177　设置不同"阵列频率"数值后的效果比较

2. 晶格

（晶格）造型器用于以框架结构的方式显示模型。图 2-178 为使用（晶格）造型器制作的年货节海报中的金色框架模型。选择要添加"晶格"造型器的对象，然后按住【Alt】键，在工具栏（阵列）工具上按住鼠标左键，从弹出的隐藏工具中选择（晶格），即可给它添加一个（晶格）造型器的父级。（晶格）造型器的属性面板如图 2-179 所示，主要参数含义如下：

- 圆柱半径：用于设置圆柱半径的数值。
- 球体半径：用于设置圆柱之间球体的数值。图 2-180 为设置不同"球体半径"数值的效果比较。
- 细分数：用于设置晶格模型的精密程度，数值越大，模型越精细。

图 2-178　使用 ⬧（晶格）造型器制作的年
货节海报中的金色框架效果

图 2-179　⬧（晶格）造型器的属性面板

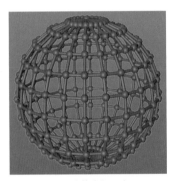

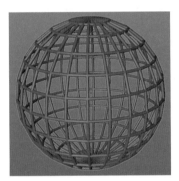

（a）"球体半径"为5 cm　　　　　　（b）"球体半径"为2 cm

图 2-180　⬧（晶格）造型器的属性面板

3. 布尔

⬤（布尔）造型器用于将两个三维模型进行"相加"、"相减"、"交集"或"补集"操作。图 2-181 为使用 ⬤（布尔）造型器制作的烟灰缸模型。选择要添加"布尔"造型器的对象，然后按住【Ctrl+Alt】键，在工具栏 ⬛（阵列）工具上按住鼠标左键，从弹出的隐藏工具中选择 ⬤（布尔），即可给它们添加一个 ⬤（布尔）造型器的父级。⬤（布尔）造型器的属性面板如图 2-182 所示，主要参数含义如下：

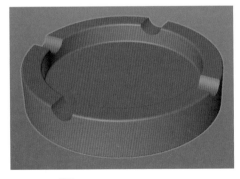

图 2-181　使用 ⬤（布尔）造型器制作的烟灰缸模型

图 2-182　⬤（布尔）造型器的属性面板

● 布尔类型：用于设置布尔运算的方式，在右侧下拉列表中有"A减B"、"A加B"、"AB交集"和"AB补集"四个选项可供选择。图 2-183 为选择不同类型的效果比较。

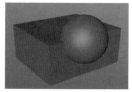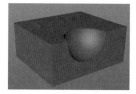

（a）选择 "A减B"　　　（b）选择 "A加B"　　　（c）选择 "AB交集"　　　（d）选择 "AB补集"

图 2-183　选择不同类型的效果比较

- 高质量：选中该复选框，则布尔后的模型分段分布会更合理。图 2-184 为选中该复选框前后的效果比较。

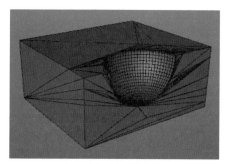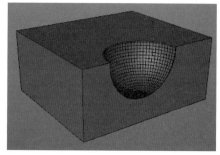

（a）未选中 "高质量" 复选框　　　　　　　（b）选中 "高质量" 复选框

图 2-184　选中 "高质量" 复选框前后的效果比较

- 隐藏新的边：选中该复选框，可以将布尔运算得到的模型中新的边进行隐藏。图 2-185 为选中该复选框前后的效果比较。

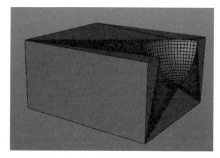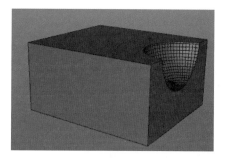

（a）未选中 "隐藏新的边" 复选框　　　　　　（b）选中 "隐藏新的边" 复选框

图 2-185　选中 "隐藏新的边" 复选框前后的效果比较

4. 样条布尔

　　（样条布尔）造型器用于将两个或多个二维样条进行 "合集"、"A减B"、"B减A" 或 "与"

等操作。　（样条布尔）造型器与前面讲的样条编辑类工具操作结果
是一样的，二者区别在于给对象添加了　（样条布尔）造型器后还可
以对原有二维样条的参数进行修改，而样条编辑类工具则直接生成一个
新的二维对象，不能够对原有二维样条的参数进行再次调整。选择要添
加 "样条布尔" 造型器的两个或多个二维样条，然后按住【Ctrl+Alt】键，
在工具栏　（阵列）工具上按住鼠标左键，从弹出的隐藏工具中选择
（样条布尔），即可给它们添加一个　（样条布尔）造型器的父级。
（样条布尔）造型器的属性面板如图 2-186 所示，主要参数含义如下：

图 2-186　（样条布尔）造
型器的属性面板

● 模式：用于设置二维样条之间的计算方式，在右侧下拉列表中有"合集"、"A减B"、"B减A"、"与"、"或"和"交集"六个选项可供选择。图2-187为对矩形和圆环添加"样条布尔"造型器后选择不同模式的效果比较。

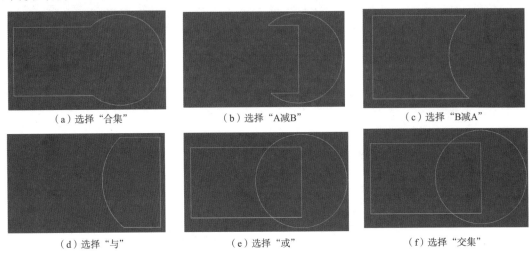

（a）选择"合集"　　　　　　　（b）选择"A减B"　　　　　　　（c）选择"B减A"

（d）选择"与"　　　　　　　（e）选择"或"　　　　　　　（f）选择"交集"

图2-187　选择不同模式的效果比较

提示

选择"或"或"交集"后表面看结果是一样的，但在编辑模式工具栏中单击 按钮，将其转换为可编辑对象。然后进入 ![icon]（点模式），移动顶点会发现"交集"会在相交部分产生新的点，如图2-188所示；而"或"不会，如图2-189所示。

● 轴向：用于设置样条的轴向。
● 创建封盖：选中该复选框，会将新生成的样条转换为三维模型，如图2-190所示。

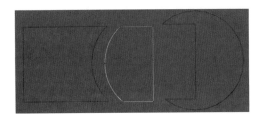 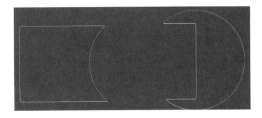

图2-188 "交集"会产生新的顶点　　　　　图2-189 "或"不会产生新的顶点

5. 融球

![icon]（融球）造型器可以将多个模型进行融合，从而产生粘连的效果。本书"6.2水滴组成的文字效果"就是利用融球工具创建的动画效果，如图2-191所示。选择要添加"融球"造型器的多个对象，然后按住【Ctrl+Alt】键，在工具栏 ![icon]（阵列）工具上按住鼠标左键，从弹出的隐藏工具中选择 ![icon]（融球），即可给它添加一个 ![icon]（融球）造型器的父级。![icon]（融球）造型器的属性面板如图2-192所示，主要参数含义如下：

图2-190　选中"创建封盖"复选框后的效果

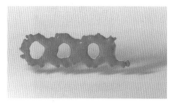

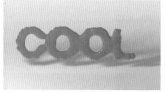

图 2-191　利用融球工具创建的动画效果　　　图 2-192　（融球）造型器的属性面板

- 外壳数值：用于设置球体间融合程度。数值越小，融合的部分越多；数值越大，融合的部分越少。图 2-193 为对两个球体添加"融球"造型器后设置不同"外壳数值"后的效果比较。

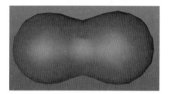
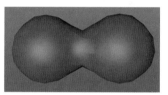

（a）"外壳数值"为50%　　　　（b）"外壳数值"为80%　　　　（c）"外壳数值"为100%

图 2-193　设置不同"外壳数值"后的效果比较

- 编辑器细分：用于设置在编辑器中模型的细分数，数值越小，融球越圆滑。图 2-194 为设置不同"编辑器细分"数值的效果比较。

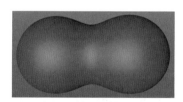
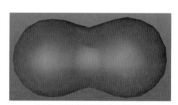

（a）"编辑器细分"为5 cm　　　　　（b）"编辑器细分"为40 cm

图 2-194　设置不同"编辑器细分"数值后的效果比较

- 渲染器细分：用于设置在渲染器中模型的细分数，数值越小，融球越圆滑。
- 指数衰减：选中该复选框，模型将使用指数方式进行衰减。
- 精确法线：选中该复选框，模型将使用精确法线的方式进行显示。

6. 对称

（对称）造型器用于按照指定轴向镜像复制模型。图2-195为使用（对称）造型器制作出的闹钟另一侧的闹铃和支腿模型。选择要添加"对称"造型器的对象，然后按住【Alt】键，在工具栏（阵列）工具上按住鼠标左键，从弹出的隐藏工具中选择（对称），即可给它添加一个（对称）造型器的父级。（对称）造型器的属性面板如图2-196所示，主要参数含义如下：

- 镜像平面：用于设置对称对象的镜像轴，在右侧下拉列表中有ZY、XY、XZ 三个轴向可供选择。
- 焊接点：默认选中该复选框，可以对"公差"范围内对称的顶点进行焊接。

- 公差：用于设置公差的数值。
- 对称：选中该复选框，粘连处的结构布线会更对称。

图 2-195　使用█（对称）造型器制作出的另一侧的闹铃和支架模型　　图 2-196　█（对称）造型器的属性面板

7. 减面

█（减面）造型器可以精简组成模型的多边形数量，从而使高多边形的精细模型变为低多边形的粗糙模型。选择要添加"减面"造型器的多个对象，然后按住【Alt】键，在工具栏█（阵列）工具上按住鼠标左键，从弹出的隐藏工具中选择█（减面），即可给它添加一个█（减面）造型器的父级。█（减面）造型器的属性面板如图 2-197 所示，主要参数含义如下：

- 减面强度：用于设置模型减面的程度，数值越大，组成模型的多边形越少，模型越粗糙。图 2-198 为设置不同"减面强度"数值的效果比较。

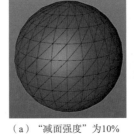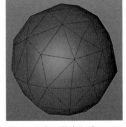

（a）"减面强度"为10%　　（b）"减面强度"为80%

图 2-197　█（减面）造型器的属性面板　　图 2-198　设置不同"减面强度"数值的效果比较

- 三角数量：用于设置模型的三角形的个数，当修改该参数时，"顶点数量"和"剩余边"的数量也会随之变化。

2.4.3　变形器

Cinema 4D R19变形器包括"扭曲"、"膨胀"、"斜切"、"锥化"、"螺旋"、"FFD"、"网格"、"挤压＆伸展"、"融解"、"爆炸"、"爆炸FX"、"破碎"、"修正"、"颤动"、"变形"、"收缩包裹"、"球化"、"表面"、"包裹"、"样条"、"导轨"、"样条约束"、"摄像机"、"置换"、"碰撞"、"公式"、"风力"、"平滑"和"倒角"29种，显示图标的颜色为紫色，表示在子集状态才能对父级对象起作用。执行菜单"创建"|"变形器"中的相应命令，如图 2-199 所示，或选择工具栏█（扭曲）中的变形器工具，如图 2-200 所示，均可给场景添加相应变形器。通常我们利用工具栏添加变形器。下面具体讲解常用的几种变形器的相关参数。

图 2-199　菜单"创建 | 变形器"中的相应命令　　　图 2-200　从弹出的隐藏工具中选择相应变形器工具

1. 扭曲

（扭曲）变形器可以对模型进行任意角度的弯曲，从而制作出拐杖、水龙头弯管等效果。选择要添加"扭曲"变形器的对象，然后按住【Shift】键，在工具栏中单击（扭曲）工具，即可给它添加一个（扭曲）子集。（扭曲）变形器的属性面板如图 2-201 所示，主要参数含义如下：

图 2-201　（扭曲）变形器的属性面板

- 尺寸：用于设置扭曲变形器的框架大小。
- 模式：用于设置扭曲的类型，在右侧下拉列表中有"限制"、"框内"和"无限"三个选项可供选择。
- 强度：用于设置弯曲的强度。图 2-202 为设置不同"强度"数值的效果比较。
- 角度：用于设置扭曲的角度。通过设置这个数值可以制作出自由旋转的水龙头效果，如图 2-203 所示。

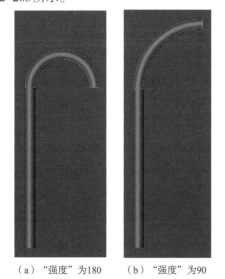

（a）"强度"为180　　（b）"强度"为90

图 2-202　设置不同"强度"数值的效果比较

图 2-203　制作出自由旋转的水龙头效果

● 保持纵轴长度：选中该复选框，将保持纵轴的高度不变。

● 匹配到父级：单击该按钮，变形器的框架将自动匹配模型的大小。图 2-204 为单击该按钮前后的效果比较。

2. 膨胀

（膨胀）变形器可以对模型进行局部放大或缩小，从而制作出石凳、喇叭、葫芦等效果。选择要添加"膨胀"变形器的对象，然后按住【Shift】键，在工具栏 （扭曲）工具上按住鼠标左键，从弹出的隐藏工具中选择 （膨胀），即可给它添加一个 （膨胀）子集。 （膨胀）变形器的属性面板如图 2-205 所示，主要参数含义如下：

（a）未单击"匹配到父级"按钮　　（b）单击"匹配到父级"按钮

图 2-204　单击"匹配到父级"按钮前后的效果比较　　　图 2-205　 （膨胀）变形器的属性面板

● 尺寸：用于设置膨胀变形器的框架大小。

● 模式：用于设置膨胀的类型，在右侧下拉列表中有"限制"、"框内"和"无限"三个选项可供选择。

● 强度：用于设置膨胀的强度数值。数值大于 0，模型向外膨胀；数值小于 0，膨胀向内收缩。图 2-206 为设置不同"强度"数值的效果比较。

● 弯曲：用于设置模型的弯曲程度。数值越小，模型中间越尖锐；数值越大，模型上下分为两部分向外扩散越明显。图 2-207 为设置不同"弯曲"数值的效果比较。

（a）"强度"为 100%　　（b）"强度"为 -60%　　　（a）"弯曲"为 300%　　（b）"弯曲"为 0%

图 2-206　设置不同"强度"数值的效果比较　　　图 2-207　设置不同"弯曲"数值的效果比较

- 圆角：选中该复选框，模型将呈现圆角效果。图2-208为选中"圆角"复选框前后的效果比较。

3. 斜切

![斜切图标]（斜切）变形器可以对模型进行倾斜变形，从而制作出文字倾斜、卡通物体变形等效果。选择要添加"斜切"变形器的对象，然后按住【Shift】键，在工具栏![扭曲图标]（扭曲）工具上按住鼠标左键，从弹出的隐藏工具中选择![斜切图标]（斜切），即可给它添加一个![斜切图标]（斜切）子集。![斜切图标]（斜切）变形器的属性面板如图2-209所示，主要参数含义如下：

（a）未选中"圆角"复选框　（b）选中"圆角"复选框

图 2-208　选中"圆角"复选框前后的效果比较　　　　图 2-209　![斜切图标]（斜切）变形器的属性面板

- 尺寸：用于设置斜切变形器的框架大小。
- 模式：用于设置斜切的类型，在右侧下拉列表中有"限制"、"框内"和"无限"三个选项可供选择。
- 强度：用于设置斜切水平方向上的强度数值。图2-210为设置不同"强度"数值的效果比较。

（a）"强度"为0%　　　　　　　　　　（b）"强度"为30%

图 2-210　设置不同"强度"数值的效果比较

- 角度：用于设置斜切的角度数值。
- 圆角：选中该复选框，模型将呈现圆角效果。

4. 锥化

![锥化图标]（锥化）变形器可以使模型部分放大或缩小，从而制作出子弹头、帐篷和航空母舰舰身等效果。选择要添加"锥化"变形器的对象，然后按住【Shift】键，在工具栏![扭曲图标]（扭曲）工具上按住鼠标左键，从弹出的隐藏工具中选择![锥化图标]（锥化），即可给它添加一个![锥化图标]（锥化）子集。![锥化图标]（锥化）变形器的属性面板如图2-211所示，主要参数含义如下：

- 尺寸：用于设置锥化变形器的框架大小。
- 模式：用于设置锥化的类型，在右侧下拉列表中有"限制"、"框内"和"无限"三个选项可供选择。

● 强度：用于设置锥化的强度数值。数值大于0，模型顶端会缩小变得更尖锐；数值小于0，模型顶端会放大变得更膨胀。图2-212为设置不同"强度"数值的效果比较。

（a）"强度"为100%　　　　（b）"强度"为-100%

图2-211　（锥化）变形器的属性面板　　　图2-212　设置不同"强度"数值的效果比较

● 弯曲：用于设置模型弯曲的程度。图2-213为设置不同"弯曲"数值的效果比较。
● 圆角：选中该复选框，模型将呈现圆角效果。图2-214为选中"圆角"复选框前后的效果比较。

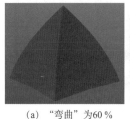

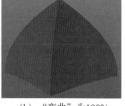

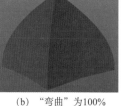

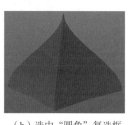

（a）"弯曲"为60%　　（b）"弯曲"为100%　　　　（a）未选中"圆角"复选框　　（b）选中"圆角"复选框

图2-213　设置不同"弯曲"数值的效果比较　　　图2-214　选中"圆角"复选框前后的效果比较

5. 螺旋

（螺旋）变形器可以对模型进行扭曲旋转，从而制作出钻头、冰激凌等效果。选择要添加"螺旋"变形器的对象，然后按住【Shift】键，在工具栏（扭曲）工具上按住鼠标左键，从弹出的隐藏工具中选择（螺旋），即可给它添加一个（螺旋）子集。（螺旋）变形器的属性面板如图2-215所示，主要参数含义如下：

● 尺寸：用于设置螺旋变形器的尺寸。
● 角度：用于设置螺旋扭曲变形的强度。图2-216为设置不同"角度"数值的效果比较。

（a）"角度"为200　（b）"角度"为500

图2-215　（螺旋）变形器的属性面板　　　图2-216　设置不同"角度"数值的效果比较

6. FFD

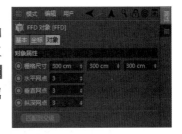

（FFD）变形器可以通过调整控制点来制作出各种形状，比如窗帘。选择要添加FFD变形器的对象，然后按住【Shift】键，在工具栏（扭曲）工具上按住鼠标左键，从弹出的隐藏工具中选择（FFD），即可给它添加一个（FFD）子集。（FFD）变形器的属性面板如图2-217所示，主要参数含义如下：

- 栅格尺寸：用于设置FFD变形器的尺寸。
- 水平网点/垂直网点/纵深网点：用于设置水平方向/垂直方向/纵深方向的控制点数量。

图 2-217　（FFD）变形器的属性面板

7. 爆炸

（爆炸）变形器可以制作出模型分裂成碎片的效果。选择要添加"爆炸"变形器的对象，然后按住【Shift】键，在工具栏（扭曲）工具上按住鼠标左键，从弹出的隐藏工具中选择（爆炸），即可给它添加一个（爆炸）子集。（爆炸）变形器的属性面板如图2-218所示，主要参数含义如下：

- 强度：用于设置碎片分裂的强度。数值越大，碎裂程度越大。图2-219为创建球体后给它添加（爆炸）变形器并设置不同"强度"数值的效果比较。

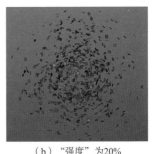

图 2-218　（爆炸）变形器的属性面板

（a）"强度"为10%　　　（b）"强度"为20%

图 2-219　设置不同"强度"数值的效果比较

- 速度：用于设置碎片分离的速度。
- 角速度：用于设置碎片旋转的效果。图2-220为设置不同"角速度"数值的效果比较。
- 终点尺寸：用于设置碎片在终点位置的尺寸。默认数值为0，表示碎片尺寸不变。图2-221为设置不同"终点尺寸"数值的效果比较。
- 随机特性：用于设置碎片的随机性。数值越大，随机性越强。

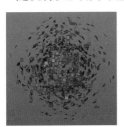
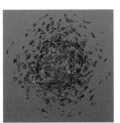

（a）"角速度"为100　　（b）"角速度"为500

图 2-220　设置不同"角速度"数值的效果比较

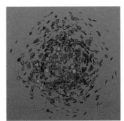
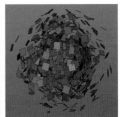

（a）"终点尺寸"为0　　（b）"终点尺寸"为10

图 2-221　设置不同"终点尺寸"数值的效果比较

8. 爆炸 FX

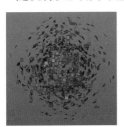（爆炸FX）变形器和（爆炸）变形器的区别在于前者产生具有厚度的碎块，而后者产生没有厚度的碎片。选择要添加"爆炸FX"变形器的对象，然后按住【Shift】键，在工具栏（扭曲）

工具上按住鼠标左键，从弹出的隐藏工具中选择 （爆炸FX），即可给它添加一个 （爆炸FX）子集。（爆炸FX）变形器的属性面板如图2-222所示，图2-223为给球体添加 （爆炸FX）变形器的爆炸效果。

图 2-222　（爆炸 FX）变形器的属性面板

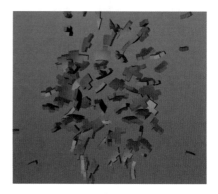

图 2-223　（爆炸 FX）变形器的效果

9. 收缩包裹

（收缩包裹）变形器可以将一个模型依照另一个模型的形状附着到上面。本书 "4.4陶罐材质" 就是使用 （收缩包裹）变形器将贴纸模型包裹到陶罐模型上，如图2-224所示。选择要添加 "收缩包裹" 变形器的对象，然后按住【Shift】键，在工具栏 （扭曲）工具上按住鼠标左键，从弹出的隐藏工具中选择 （收缩包裹），即可给它添加一个 （收缩包裹）子集。（收缩包裹）变形器的属性面板如图2-225所示，主要参数含义如下：

图 2-224　将贴纸模型包裹到陶罐模型上

图 2-225　（收缩包裹）变形器的属性面板

● 目标对象：用于设置被包裹的对象。在 "对象" 面板中将要被包裹的对象拖入右侧空白框，或者单击右侧的  按钮，在对象面板中拾取要被包裹的对象，即可将其设置为目标对象。

● 模式：用于设置收缩包裹的方式，在右侧下拉列表中有 "沿着法线"、"目标轴" 和 "来源轴" 三个选项可供选择。如果选择 "沿着法线"，则模型法线指向物体方向的面会被收缩包裹；如果选择 "目标轴"，则模型全部会贴到被包裹模型表面；如果选择 "来源轴"，则模型与被收缩包裹模型的轴心进行匹配。

● 强度：用于设置收缩的强度。数值越大，模型与被包裹模型的形状越匹配。图2-226为设置不同 "强度" 数值的效果比较。

● 最大距离：用于设置模型是否被收缩包裹的距离。在 "最大距离" 数值内的模型会被收缩包裹，而 "最大距离" 数值内的模型不会被收缩包裹。

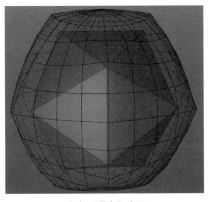
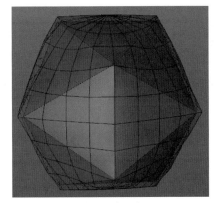

（a）"强度"为80　　　　　　　　　　（b）"强度"为95

图 2-226　设置不同"强度"数值的效果比较

10. 球化

（球化）变形器可以对模型圆滑处理，使之更接近于球体。选择要添加"球化"变形器的对象，然后按住【Shift】键，在工具栏 （扭曲）工具上按住鼠标左键，从弹出的隐藏工具中选择 （球化），即可给它添加一个 （球化）子集。 （球化）变形器的属性面板如图 2-227 所示，主要参数含义如下：

- 半径：用于设置球化的半径大小。
- 强度：用于设置球化的强度，数值越大，越接近球状效果。图 2-228 为对立方体添加"球化"变形器后设置不同"强度"数值的效果比较。

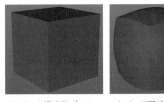

（a）"强度"为20　　（b）"强度"为50　　（c）"强度"为100

图 2-227　 （球化）变形器的属性面板　　　图 2-228　设置不同"强度"数值的效果比较

11. 样条约束

（样条约束）变形器可以使三维模型沿二维样条进行分布，再以样条控制旋转，从而生成新的模型。选择要添加"样条约束"变形器的对象，然后按住【Shift】键，在工具栏 （扭曲）工具上按住鼠标左键，从弹出的隐藏工具中选择 （样条约束），即可给它添加一个 （样条约束）子集。 （样条约束）变形器的属性面板如图 2-229 所示，主要参数含义如下：

- 样条：用于设置约束三维模型的样条。
- 导轨：用于新建一个样条来控制旋转角度。
- 轴向：用于设置样条约束的轴向。
- 强度：用于设置样条约束的强度。
- 偏移：用于设置样条偏移位置。
- 起点/终点：用于设置样条约束的起点/终点位置。图 2-230 为利用文本线条来约束圆柱体，并通过设置不同起点关键帧数值来制作出的动画效果。

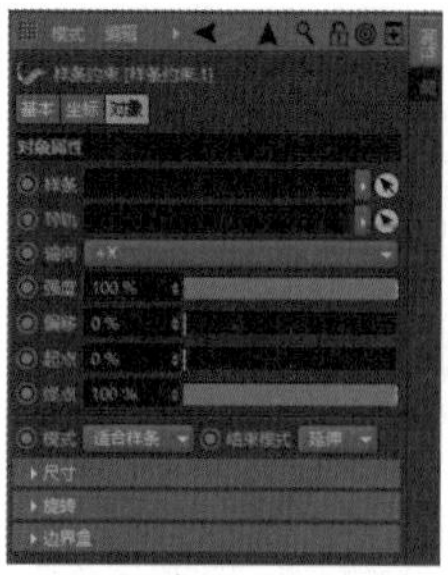

图 2-229 （样条约束）变形器的属性面板

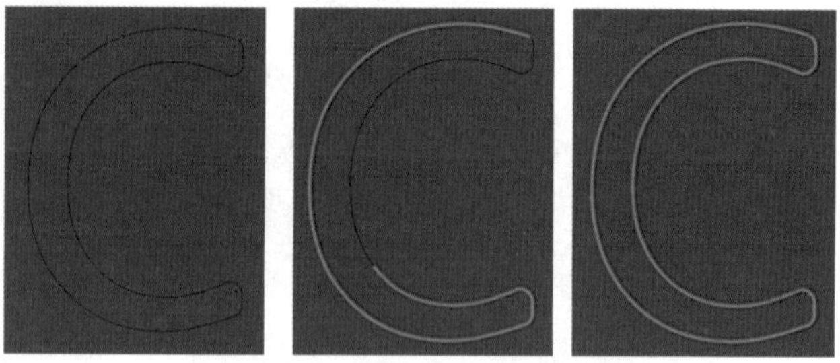

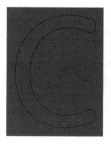

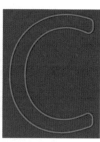

图 2-230 圆柱体沿文字运动动画

12. 置换

（置换）变形器可以通过贴图使模型产生凹凸起伏变化，从而制作出类似于涟漪的水面、布料等效果。选择要添加“置换”变形器的对象，然后按住【Shift】键，在工具栏（扭曲）工具上按住鼠标左键，从弹出的隐藏工具中选择（置换）工具，即可给它添加一个（置换）子集。（置换）变形器的属性面板主要包括“对象”、“着色”、“衰减”和“刷新”四个选项卡，如图2-231所示，主要参数含义如下：

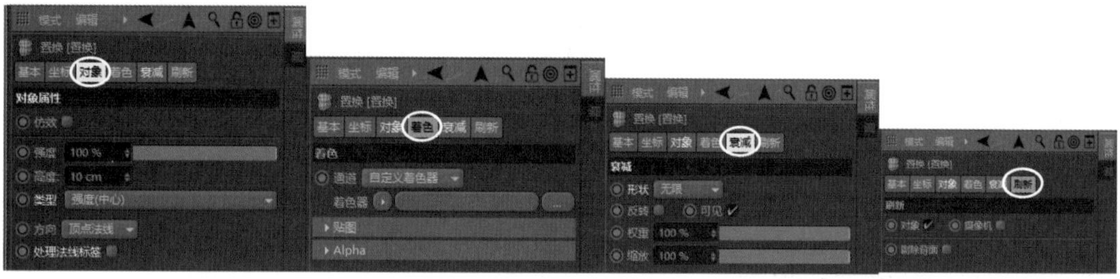

图 2-231 （置换）变形器的属性面板

- 强度：用于设置置换变形的强度。图2-232为将“着色器”类型设置为“噪波”后设置不同“强度”数值的效果比较。

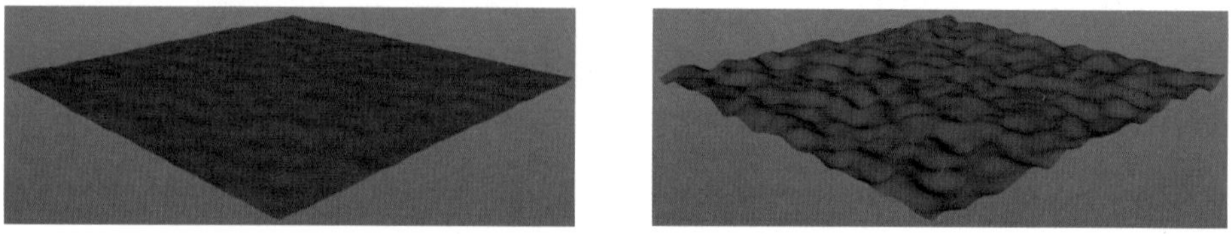

（a）“强度”为20　　（b）“强度”为100

图 2-232 设置不同“强度”数值的效果比较

- 高度：用于设置置换挤出的高度。图2-233为将“着色器”类型设置为“噪波”后设置不同“高度”数值的效果比较。

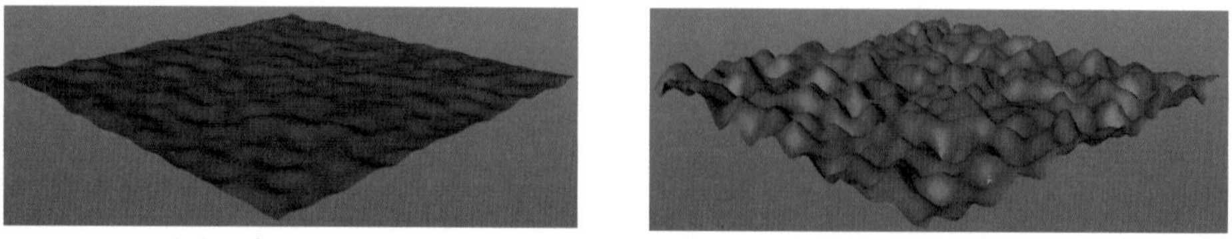

（a）“高度”为10 cm　　（b）“高度”为50 cm

图 2-233 设置不同“高度”数值的效果比较

- 类型：用于设置置换的类型，在右侧下拉列表中有“强度（中心）”、“强度”、“红色/绿色”、

"RGB（XYZ Tangent）"、"RGB（XYZ Object）"和"RGB（XYZ 全局）"六个选项可供选择。

- 着色器：用于设置置换贴图的类型。

13. 倒角

█（倒角）变形器可以使三维模型边缘产生倒角效果。选择要添加"倒角"变形器的对象，然后按住【Shift】键，在工具栏中单击█（倒角）工具，即可给它添加一个█（倒角）子集。█（倒角）变形器的属性面板如图 2-234 所示，主要参数含义如下：

- 构成模式：用于设置倒角模式，在右侧下拉列表中有"点"、"边"和"多边形"三个选项可供选择。图 2-235 为选择不同选项的效果比较。

图 2-234　█（倒角）变形器的属性面板

（a）选择"点"　　（b）选择"边"　　（c）选择"多边形"

图 2-235　选择不同选项的效果比较

- 偏移：用于设置倒角的强度。
- 细分：用于设置倒角的分段数。
- 深度：用于设置倒角是外凸还是内凹。数值大于 0%，产生的是外凸的倒角；数值小于 0%，产生的是内凹的倒角。图 2-236 为设置不同"深度"数值的效果比较。

提示

　　这里需要说明的是在立方体分段不是 1 的情况下，利用立方体自身的圆角参数产生倒角效果和利用"倒角"变形器产生的倒角效果是不同的，如图 2-237 所示。

（a）"深度"为 100%　　（b）"深度"为 -100%

图 2-236　设置不同"深度"数值的效果比较

（a）利用圆角参数产生倒角效果　（b）利用"倒角"变形器产生的倒角效果

图 2-237　不同的倒角效果

2.5　可编辑对象建模

本节讲解将二维样条或三维模型转换为可编辑对象后再进行编辑的方法。

2.5.1　可编辑样条

选择创建的二维样条，在编辑模式工具栏中单击█（转为可编辑对象）按钮（快捷键是【C】），将其转为可编辑对象。然后在 🔲（点模式）下选择的相应的顶点，右击，从弹出的图 2-238 所示的快捷菜单中选择相应的命令，即可对其进行相应的编辑。下面就来讲解快捷菜单中常用的命令。

- 刚性插值：用于将选中的顶点设置为不带控制柄的锐利的角点。
- 柔性插值：用于将选中的顶点设置为带有控制柄的贝塞尔角点。
- 相等切线长度：用于设置角点控制柄的长度相等。
- 相等切线方向：用于设置角点控制柄方向一致。
- 合并分段：用于合并样条的点。
- 断开分段：用于断开当前所选条的点，从而形成两个独立的点。
- 设置起点：用于将选中的顶点设置为起点。
- 创建点：用于在样条上添加新的顶点。
- 倒角：用于对选中的顶点进行倒角处理。这里需要注意的是在属性面板中未选中"平直"复选框，则倒出的是圆角，如图 2-239 所示；选中"平直"复选框，则倒出的是斜角，如图 2-240 所示。

 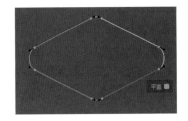 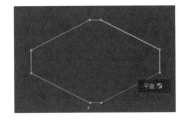

图 2-238　顶点右键快捷菜单　　　图 2-239　圆角效果　　　图 2-240　斜角效果

- 创建轮廓：用于创建样条的内轮廓或外轮廓。图 2-241 为创建轮廓前后的效果比较。

（a）创建轮廓前　　　（b）创建轮廓后

图 2-241　创建轮廓前后的效果比较

2.5.2　可编辑对象

选择创建的三维模型，在编辑模式工具栏中单击 🔲（转为可编辑对象）按钮（快捷键是【C】），将其转为可编辑对象。然后可以在 🔲（点模式）、🔲（边模式）和 🔲（多边形模式）下选择相应的点、边、多边形，右击，从弹出的快捷菜单中选择相应命令，即可对其进行相应的编辑。下面就来讲解在不同模式下常用的编辑命令。

1. 点模式

进入（点模式），右击，从弹出的图 2-242 所示的快捷菜单中选择相应的命令，即可对相应的顶点进行编辑。下面就来讲解在 ■（点模式）下常用的编辑命令。

- 创建点：用于在模型任意位置添加新的顶点。
- 桥接：用于连接两个断开的顶点。
- 封闭多边形孔洞：用于封闭多边形孔洞。
- 连接点/边：用于连接选中的点或边。
- 多边形画笔：用于连接任意的顶点、边和多边形。
- 消除：用于去除选中的顶点。
- 线性切割：用于在多边形上切割出新的边。
- 循环/路径切割：用于沿着多边形的一圈点或边添加新的边。
- 焊接：用于将选中的顶点焊接成一个顶点。
- 倒角：用于对选中的顶点进行倒角处理。
- 优化：当倒角出现错误时，可以选择该命令先优化模型，然后再进行倒角。

图 2-242　■（点模式）下的快捷菜单

2. 边模式

进入 ■（边模式），右击，从弹出的快捷菜单中选择相应的命令，即可对相应的边进行编辑。■（边模式）和 ■（点模式）下的编辑命令是相同的，这里不再赘述。

3. 多边形模式

进入 ■（多边形模式），右击，从弹出的图 2-243 所示的快捷菜单中选择相应的命令，即可对相应的多边形进行编辑。■（多边形模式）的命令大多数与 ■（边模式）和 ■（点模式）相同。下面讲解在 ■（多边形模式）下常用的编辑命令。

- 挤压：用于将选中的多边形向内或向外挤压，如图 2-244 所示。

> 提示
>
> 按快捷键【D】，或按住【Ctrl】键移动选中的多边形，也可以挤压出多边形。

图 2-243　■（多边形模式）下的快捷菜单

- 内部挤压：用于在多边形内部挤压出多边形，如图 2-245 所示。
- 矩阵挤压：用于在挤压的同时缩放和旋转挤压出的多边形。图 2-246 为利用矩阵挤压制作出的杯柄模型。

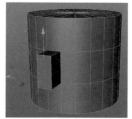

图 2-244　向内或向外挤压多边形

图 2-245　内部挤压出多边形

- 三角化：用于将选中的四边形变为三角形，如图 2-247 所示。

● 反三角化：用于将选中的三角形变为四边形，如图2-248所示。

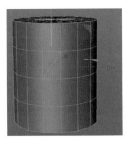
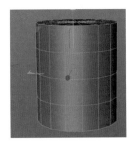

图 2-246　利用矩阵挤压制作出的杯柄模型　　图 2-247　三角化效果　　图 2-248　反三角化效果

2.6　摄　像　机

在Cinema 4D R19中创建好模型后，需要创建一个摄像机来固定最终渲染输出时的摄像机视角。本节就来具体讲解创建摄像机以及设置摄像机相关参数的方法。

2.6.1　创建摄像机与设置摄像机视角

在Cinema 4D R19中创建摄像机和设置摄像机视角的具体操作步骤如下：

① 在工具栏中单击[图]（摄像机）按钮，即可在视图中创建一个摄像机，此时在对象面板中会出现一个摄像机对象，如图2-249所示。

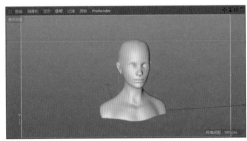

图 2-249　在对象面板中会出现一个摄像机对象

② 在对象面板中单击[图]按钮，切换为[图]状态，即可进入摄像机视角。此时可以在摄像机属性面板的"对象"选项卡中设置摄像机的焦距等参数，如图2-250所示。

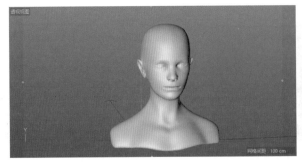
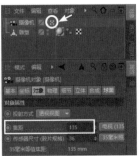

图 2-250　进入摄像机视角设置摄像机的焦距

③ 单击 ⊡ 状态，切换为 ⊡ 状态，即可退出摄像机视角，此时可以对视图进行 360° 的旋转和移动来查看场景中的对象，如图 2-251 所示，这时的操作并不会影响已经设置好的摄像机视角。当再次单击 ⊡ 按钮，切换为 ⊡ 状态时，又可以回到前面设置好的角度，如图 2-252 所示。

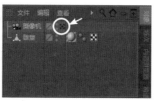

图 2-251　退出摄像机视角后调整视图来查看场景中的对象

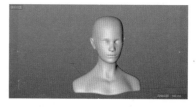

图 2-252　回到前面设置好的角度

> **提示**
>
> Cinema 4D R19 中最常用的摄像机的功能就是固定一个视角。对于初学者经常出现的错误就是在没有退出摄像机视角的情况下，对摄像机进行了误操作，造成无法恢复到原有视角的情况。此时可以通过给摄像机添加一个"保护"标签，来避免对摄像机进行误操作。给摄像机添加保护标签的方法为：在对象面板中右击摄像机，从弹出的快捷菜单中选择"CINEMA 4D 标签"|"保护"命令，如图 2-253 所示，即可给摄像机添加一个"保护"标签，如图 2-254 所示。如果要删除"保护"标签，可以选中它，按【Delete】键即可删除。

图 2-253　选择"CINEMA 4D 标签"|"保护"命令　　　　图 2-254　给摄像机添加一个"保护"标签

2.6.2　设置摄像机参数

在摄像机的属性面板中包括"基本"、"坐标"、"对象"、"物理"、"细节"、"立体"、"合成"和"球面"八个选项卡，通过这些选项卡可以设置摄像机的相关参数。下面我们主要讲解常用的"对象"、"物理"、"细节"和"合成"四个选项卡的参数。

1. 对象

"对象"选项卡，如图 2-255 所示。该选项卡主要用于设置摄像机的投射方式、焦距、目标距离等参数。该选项卡中主要参数的含义如下：

• 投射方式：用于设置摄像机在不同视图的显示效果。它和图 2-256 所示的执行视图菜单中"摄像机"下的相关命令是一样的。

• 焦距：用于设置摄像机的焦距数值。数值越小，对象距离摄像机越远，但变形越严重，图 2-257 是将焦距设置为 35 mm 的效果，这种焦距通常用于制作影视中具有震撼感的立体文字；数值越大，对象距离摄像机越近，但越不容易变形，图 2-258 是将焦距设置为 135 mm 的效果。在实际工作中通常设置的焦距是 135 mm。

图 2-255 "对象"选项卡

图 2-256 视图菜单中"摄像机"下的相关命令

图 2-257 将焦距设置为 35 mm 的效果

图 2-258 将焦距设置为 135 mm 的效果

- 传感器尺寸（胶片规格）：用于设置胶片的规格。
- 视野范围和视野（垂直）："视野范围"和"视野（垂直）"与"焦距"、"传感器尺寸（胶片规格）"是相关联的，当调整"焦距"或"传感器尺寸（胶片规格）"的数值时，"视野范围"和"视野（垂直）"也会随之变化。
- 目标距离：用于设置摄像机距离目标点的距离。单击后面的 按钮，可以在透视视图中拾取一个点作为目标点。
- 焦点对象：用于设置摄像机作为焦点的对象。单击后面的 按钮，然后在视图中拾取一个对象（此时拾取的是陶塑头像）作为焦点对象，接着在视图中移动焦点对象（陶塑头像），摄像机的焦点距离会随着焦点对象（陶塑头像）进行变化，如图 2-259 所示。

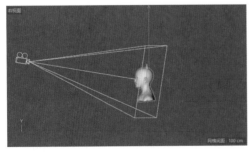

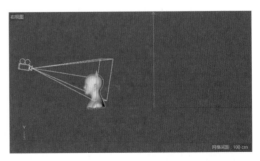

图 2-259 移动焦点对象（陶塑头像），摄像机的焦点距离会随着焦点对象（陶塑头像）进行变化

2. 物理

"物理"选项卡，如图 2-260 所示。该选项卡主要用于在物理渲染器下设置摄像机的光圈、曝光和快门速度（秒）等参数。该选项卡中主要参数的含义如下：

- 光圈：用于设置摄像机的光圈数值。这个数值越大，景深模糊度越小。
- 曝光：选中该复选框，则可以设置 ISO 的数值。当 ISO 的数值越大，则图像就越亮。通常在白天设置较小的 ISO 数值，而晚上设置较大的 ISO 数值。
- 快门速度（秒）：这个数值模拟的是照相机。当这个数值越大，快门越慢，图像越亮；当这个数值越小，快门越快，图像越暗。
- 快门角度：当选中"电视摄像机"复选框后才能激活该项。该项和"快门速度（秒）"一样，用于控制图像的明暗。
- 快门偏移：当选中"电视摄像机"复选框后才能激活该项。该项用于快门角度的偏移。
- 暗角角度：用于制作四周暗中间亮的效果。这个数值越大，中间越亮，四周越暗。
- 暗角偏移：用于设置亮部到暗部的柔和程度。这个数值越大，亮部到暗部的过渡越柔和。

图 2-261 为将"暗角角度"设置为 100，"暗角偏移"设置为不同数值的渲染效果对比。

（a）"暗角偏移"为 0

（b）"暗角偏移"为 30

图 2-260　"物理"选项卡　　　　图 2-261　设置不同"暗角偏移"数值的渲染效果对比

3. 细节

"细节"选项卡，如图 2-262 所示。该选项卡主要用于设置摄像机的近处剪辑、远端剪辑和景深等参数。该选项卡中主要参数的含义如下：

- 启用近处剪辑/启用远端剪辑：选中该复选框，可以设置近端剪辑/远端剪辑的数值。
- 显示视锥：选中该复选框，可以在视图中显示摄像机的锥形光线，如图 2-263 所示；未选中该复选框，则在视图中不显示摄像机的锥形光线，如图 2-264 所示。

图 2-262　"细节"选项卡

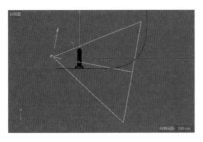
图 2-263　选中"显示视锥"复选框

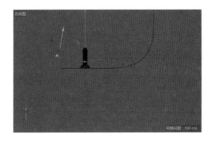
图 2-264　未选中"显示视锥"复选框

- 景深映射 – 前景模糊：选中该复选框，可以设置摄像机前景模糊的开始和终点数值。图 2-265 为选中该复选框并设置了开始和终点数值后的渲染效果。
- 景深映射 – 背景模糊：选中该复选框，可以设置摄像机背景模糊的开始和终点数值。图 2-266 为选中该复选框并设置了开始和终点数值后的渲染效果。

图 2-265　选中"景深映射 – 前景模糊"复选框并设置了开始和终点数值后的渲染效果

图 2-266　选中"景深映射 – 背景模糊"复选框并设置了开始和终点数值后的渲染效果

4. 合成

当使用单反照相机进行拍摄时，会有一些黄金分割、对角线、网格等辅助线帮助用户进行拍摄。在 Cinema 4D R19 中摄像机"合成"选项卡同样可以设置显示网格、对角线、黄金分割等参考线来辅助构图。"合成"选项卡，如图 2-267 所示。图 2-268 为选中"网格"复选框后将对象放置到网格中心的效果。

图 2-267　"合成"选项卡

图 2-268　将对象放置到网格中心的效果

2.7　材质与贴图

在真实的世界中，物体都是由一些材料构成的，这些材料有颜色、纹理、光洁度及透明度等外观属性。在Cinema 4D R19中，材质作为物体的表面属性，在创建物体和动画脚本中是必不可少的。只有给物体指定材质后，再加上灯光的效果才能完美地表现出物体造型的质感。

这里需要说明的是材质和贴图是两个不同的概念，一个材质中可以包含多个贴图。本书"3.6 牛仔帽子"中就分别指定给帽子材质的"颜色"、"漫射"、"凹凸"和"法线"属性不同的贴图。本节将具体讲解Cinema 4D R19材质和贴图方面的相关知识。

2.7.1　创建材质

Cinema 4D R19中创建材质有以下三种方法：

● 执行菜单栏中的"创建"|"材质"|"新材质"命令，如图2-269所示，新建一个材质球。

● 执行材质栏菜单中的"创建"|"新材质"命令，如图2-270所示，新建一个材质球。

图2-269　菜单栏中的"创建"|"材质"|"新材质"命令

图2-270　材质栏菜单中的"创建"|"新材质"命令

● 在材质栏中双击，新建一个材质球。在日常设计中，通常使用这种方法来创建材质球。

2.7.2　设置材质属性

在材质栏中创建好材质球后，双击材质球，在弹出的图2-271所示的材质编辑器中可以设置材质的"颜色"、"漫射"、"发光"、"透明"、"反射"、"凹凸"和"置换"等12个属性。下面就来讲解常用的几种材质属性。

1. 颜色

"颜色"属性用于设置材质的固有颜色或贴图。在左侧选中"颜色"复选框，在右侧会显示出"颜色"的相关参数（见图2-271）。主要参数含义如下：

● 颜色：用于设置材质的颜色。

● 亮度：用于设置材质的亮度，数值越大，材质越亮。图2-272为设置了不同"亮度"数值的效果比较。

● 纹理：用于为"颜色"属性加载内置纹理或外部贴图。

图2-271　"材质编辑器"窗口

● 混合模式：用于设置纹理与颜色的混合模式，该项只有在设置了纹理贴图后才会被激活。

● 混合强度：用于设置纹理与颜色的混合强度。图2-273为设置了不同"混合强度"数值后的效果比较。

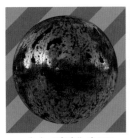 

（a）"亮度"为10%　　（b）"亮度"为100%

图2-272　设置了不同"亮度"数值后的效果比较

（a）"混合强度"为10%　（b）"混合强度"为100%

图2-273　设置了不同"混合强度"数值后的效果比较

2. 漫射

"漫射"属性用于设置材质表面过渡区的光向各方向漫射的效果。在左侧选中"漫射"复选框，在右侧会显示出"漫射"的相关参数，如图2-274所示。主要参数含义如下：

● 亮度：用于设置漫射表面的亮度。

● 纹理：用于为"漫射"属性加载内置纹理或外部贴图。

● 混合强度：用于设置"漫射"纹理的混合强度。图2-275为给"漫射"指定了"噪波"纹理后设置不同"混合强度"数值的效果比较。

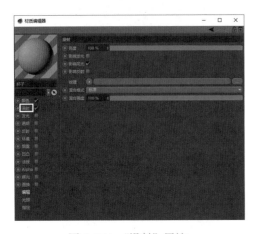

图2-274　"漫射"属性

（a）"混合强度"为50%　（b）"混合强度"为100%

图2-275　设置了不同"混合强度"数值后的效果比较

3. 发光

"发光"属性用于设置材质的发光效果。在左侧选中"发光"复选框，在右侧会显示出"发光"的相关参数，如图2-276所示。主要参数含义如下：

● 颜色：用于设置发光的颜色。

● 亮度：用于设置发光的亮度。

● 纹理：用于为"发光"属性加载内置纹理或外部贴图来显示发光效果。

4. 透明

"透明"属性用于设置材质的透明效果。利用该属性可以制作出水、玻璃等材质。在左侧选中"透明"复选框，在右侧会显示出"透明"的相关参数，如图2-277所示。主要参数含义如下：

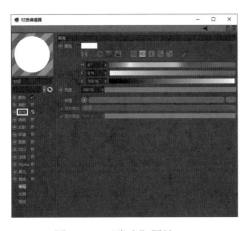
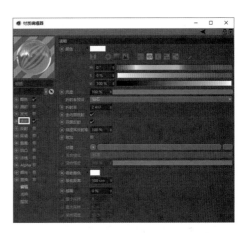

图 2-276　"发光"属性　　　　　　　　　　图 2-277　"透明"属性

- 颜色：用于设置材质的折射颜色。
- 亮度：用于设置材质的透明程度。图 2-278 为设置不同"亮度"数值的效果比较。
- 折射率预设：用于设置折射的类型，在右侧下拉列表中有系统预设的一些折射类型可供选择，如图 2-279 所示。

（a）"亮度"为60%　　（b）"亮度"为100%

图 2-278　设置了不同"亮度"数值后的效果比较

图 2-279　折射率预设类型

- 折射率：用于设置折射的数值。
- 全内部反射：选中该复选框后，可以在激活的"菲涅耳反射率"中设置参数。
- 双面反射：选中该复选框，材质将具有双面反射效果。图 2-280 为选中该复选框前后的效果比较。
- 菲涅耳反射率：用于设置反射强度。图 2-281 为设置不同"菲涅耳反射率"数值后的效果比较。

（a）选中"双面反射"复选框前　（b）选中"双面反射"复选框后　　　（a）"菲涅耳反射率"为30%　　（b）"菲涅耳反射率"为100%

图 2-280　选中"双面反射"复选框前后的效果比较　　图 2-281　设置不同"菲涅耳反射率"数值后的效果比较

- 纹理：用于为"透明"属性加载内置纹理或外部贴图。

- 吸收颜色：用于设置折射产生的颜色。
- 吸收距离：用于设置折射颜色的浓度。
- 模糊：用于设置折射的模糊程度，数值越大，材质越模糊。

5. 反射

"反射"属性用于设置材质的反射效果。在左侧选中"反射"复选框，在右侧会显示出"反射"的相关参数，如图 2-282 所示。当单击"添加"按钮后从弹出的图 2-283 所示的下拉列表中可以添加新的反射选项。下面就以使用最多的 GGX 为例，说明"反射"属性的相关参数。当选择 GGX 后，GGX 面板显示如图 2-284 所示。

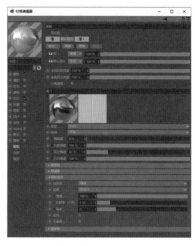

图 2-282 "反射"属性　　　图 2-283 添加"反射"属性　　　图 2-284 GGX 面板

- 全局反射强度：用于设置反射的强度，数值越大，反射越强。
- 全局高光强度：用于设置整体高光的强度，数值越大，高光部分越亮。
- 类型：用于设置材质的高光类型。
- 衰减：用于设置材质反射衰减效果。
- 粗糙度：用于设置材质的光滑度，数值越小，材质越光滑。图 2-285 为设置不同"粗糙度"数值的效果比较。
- 反射强度：用于设置材质的反射强度。图 2-286 为设置不同"反射强度"数值的效果比较。

（a）"粗糙度"为5%　（b）"粗糙度"为30%　　　（a）"反射强度"为30%　（b）"反射强度"为100%

图 2-285 设置不同"粗糙度"数值的效果比较　　　图 2-286 设置不同"反射强度"数值的效果比较

- 高光强度：用于设置材质高光区域的高光强度。
- 菲涅耳：在右侧下拉列表中有"导体"和"绝缘体"两个选项可供选择。
- 预置：在右侧下拉列表中预置了一些软件自带的常用材质反射类型。图 2-287 为选择"绝缘体"选项后"预置"右侧显示的材质反射类型；图 2-288 为选择"导体"选项后"预置"右侧显示的材质反射类型。

图 2-287　"绝缘体"的"预置"材质反射类型

图 2-288　"导体"的"预置"材质反射类型

6. 凹凸

"凹凸"属性用于设置材质的凹凸效果。在左侧选中"凹凸"复选框，在右侧会显示出"凹凸"的相关参数，如图 2-289 所示。主要参数含义如下：

- 强度：用于设置凹凸的程度。图 2-290 为设置不同"强度"数值的效果比较。
- 纹理：用于为"凹凸"属性加载内置纹理或外部贴图。

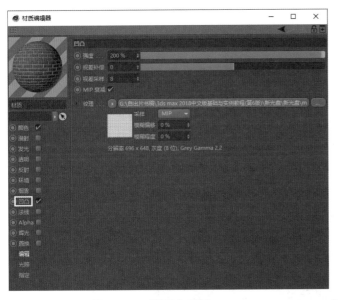

图 2-289　"凹凸"属性

（a）"强度"为20%

（b）"强度"为200%

图 2-290　设置不同"强度"数值后的效果比较

7. 置换

"置换"属性用于设置材质的置换效果。"置换"属性和"凹凸"属性的区别在于前者可以改变模型的形状，而后者只能产生视觉上的凹凸效果。图 2-291 为使用"凹凸"贴图制作出墙面凹凸效果，又使用"置换"贴图制作出墙面的弯曲效果。在左侧选中"置换"复选框，在右侧会显示出

"置换"的相关参数，如图2-292所示。主要参数含义如下：

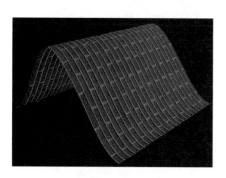

图 2-291 同时使用"置换"和"凹凸"属性的效果　　　　图 2-292 "置换"属性

- 强度：用于设置置换的强度。
- 高度：用于设置置换的高度。图2-293为设置不同"高度"数值的效果比较。

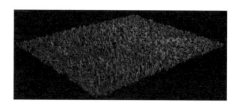

（a）"高度"为5 cm　　　　　　　　　（b）"高度"为20 cm

图 2-293 设置不同"高度"数值后的效果比较

- 纹理：用于为"置换"属性加载内置纹理或外部贴图。

提示

在Cinema 4D R19中用户除了可以自己设置材质属性外，还可以调用外部材质库。通过本书"2.2.2 C4D默认渲染器材质库的安装"安装好外部材质后，按【Shift+F8】组合键，可以调出图2-294所示的"内容浏览器"面板，从中选择相应的材质后双击，即可将其放置到材质栏中。

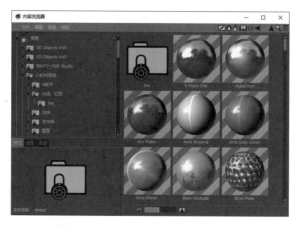

图 2-294 调出"内容浏览器"面板

2.7.3　赋予模型材质

赋予模型材质常用的有以下两种方法。

- 将材质拖给对象面板中要赋予材质的对象，如图2-295所示。
- 将材质直接拖给视图中的要赋予材质的对象，如图2-296所示。

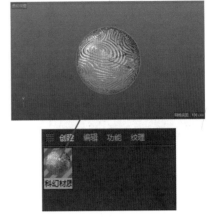

 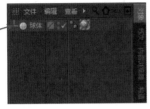

图 2-295　将材质拖给对象面板中要赋予材质的对象　　图 2-296　将材质直接拖给视图中的要赋予材质的对象

2.7.4　复制和删除材质

复制和删除材质是经常使用的操作，下面讲解复制和删除材质的方法。

1. 复制材质

在材质栏中，按住【Ctrl】键并将要复制的材质往右拖动，即可复制出一个材质。

2. 删除材质

删除材质有删除选中的材质、删除重复材质和删除未使用的材质三种情况。

（1）删除选中的材质

选中要删除的材质，按【Delete】键，即可将其删除。

（2）删除重复材质

执行材质栏菜单中的"功能"|"删除重复材质"命令，即可删除材质栏中重复的材质。

（3）删除未使用的材质

执行材质栏菜单中的"功能"|"删除未使用材质"命令，即可删除材质栏中所有创建了但未使用过的材质。

2.8　环境与灯光

在Cinema 4D R19中可以给整个场景添加地面、天空、物理天空等环境，还可以通过添加灯光模拟出各种特定场景画面的效果。

2.8.1　环境

在工具栏▦（地面）工具上按住鼠标左键，从弹出的图2-297所示的隐藏工具中选择相应的环境工具，即可给场景添加一个相应的环境对象。下面就来讲解常用的几种环境。

1. 地面

"地面"环境可以模拟出现实环境中的无限延伸的地面效果。在工具栏中单击![图标]（地面）工具即可给场景创建一个"地面"对象，如图2-298所示。

图2-297　环境隐藏工具

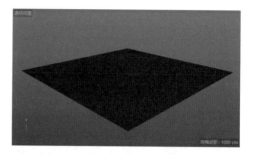

图2-298　给场景创建一个"地面"对象

> **提示**
>
> ![图标]（地面）工具和![图标]（平面）工具都可以在场景中创建一个平面，但两者的渲染效果是完全不同的。通过![图标]（地面）工具创建的平面在视图中看起来是有边界的，但实际渲染中是无限延伸没有边界的，如图2-299所示；通过![图标]（平面）工具创建的平面渲染时是有边界的，如图2-300所示。

图2-299　创建![图标]（地面）的渲染效果

图2-300　创建![图标]（平面）的渲染效果

2. 物理天空

"物理天空"环境可以模拟出真实的室外环境效果。在工具栏![图标]（地面）工具上按住鼠标左键，从弹出的隐藏工具中选择![图标]（物理天空），即可给场景添加一个"物理天空"对象，如图2-301所示。![图标]（物理天空）的属性面板主要包括"时间与区域"、"天空"、"太阳"和"细节"四个选项卡，如图2-302所示，主要参数含义如下：

- 时间：用于设置在不同时间段呈现的光照效果。图2-303为设置不同时间的渲染效果。
- 城市：用于设置不同的国家不同的城市类型。
- 物理天空：选中该复选框，将使用真实的物理天空，默认为选中状态；未选中该复选框，将激活下方的"颜色"参数，此时可以通过调整"颜色"参数来设置物理天空颜色。
- 颜色暖度：用于设置天空的暖色效果。图2-304为设置不同"颜色暖度"数值的效果比较。
- 强度：用于设置物理天空的亮度。
- 自定义颜色：用于自定义设置太阳的颜色。
- 密度：用于设置投影的强度。图2-305为设置不同"密度"数值的效果比较。

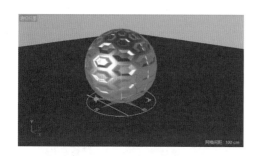

图 2-301　给场景创建一个"物理天空"对象

图 2-302 （物理天空）属性面板

（a）"时间"为上午11点

（b）"时间"为下午4点

图 2-303　设置不同"时间"的效果比较

（a）"颜色暖度"为100%

（b）"颜色暖度"为10%

图 2-304　设置不同"颜色暖度"的效果比较

（a）"密度"为100%

（b）"密度"为30%

图 2-305　设置不同"密度"的效果比较

3. 天空

"天空"环境可以模拟出无限大的球体包裹效果。在工具栏 ▦ （地面）工具上按住鼠标左键，从弹出的隐藏工具中选择 ⬤（天空），即可给场景添加一个"天空"对象。"天空"对象通常被赋予 HDR 贴图，如图 2-306 所示，并结合全局光照，从而模拟出真实环境中的环境光和反射效果。图 2-307 为赋予天空 HDR 贴图前后的渲染效果比较。关于 HDR 贴图请参见"2.10 常用 HDR 的预置插件安装"。

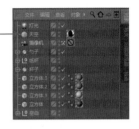

图 2-306　赋予"天空"对象 HDR 贴图

（a）赋予天空 HDR 贴图前　　　　　　　　（b）赋予天空 HDR 贴图后

图 2-307　赋予天空 HDR 贴图前后的渲染效果比较

2.8.2　灯光

灯光是设计中十分重要的一个元素，它可以照亮物体表面，还可以在暗部产生投影，从而使物体产生立体效果。在 Cinema 4D R19 中通常是在添加全局光照和天空 HDR 后，添加灯光作为辅助光源（补光）来使用。

在工具栏中单击 💡（灯光）工具，即可给场景添加一个默认的泛光灯对象，如图 2-308 所示。灯光的属性面板主要包括"常规"、"细节"、"可见"和"投影"四个选项卡，如图 2-309 所示，主要参数含义如下：

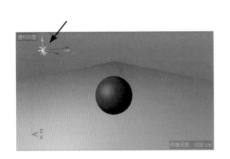

图 2-308　给场景添加一个默认的泛光灯对象　　　　　　图 2-309　灯光的属性面板

- 颜色：用于设置灯光的颜色。
- 类型：用于设置灯光的类型，在右侧下拉列表中有"泛光灯"、"聚光灯"、"远光灯"、"区域光"、"四方聚光灯"、"平行光"、"圆形平行聚光灯"、"四方平行聚光灯"和"IES"九种灯光类型可供选择。
- 投影：用于设置灯光是否产生投影效果。在右侧下拉列表中有"无"、"投影贴图（软投影）"、"光线跟踪（强烈）"和"区域"四个选项可供选择。图 2-310 为选择不同"投影"选项的效果比较。

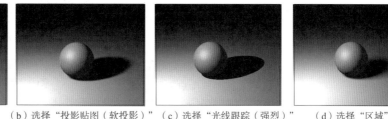

（a）选择"无"　（b）选择"投影贴图（软投影）"　（c）选择"光线跟踪（强烈）"　（d）选择"区域"

图 2-310　选择不同"投影"选项的效果比较

> **提示**
>
> 在视图中默认是不显示灯光投影的，如果要在视图中显示灯光投影，以便调整灯光的位置，可以执行视图菜单中"选项"|"投影"命令，在视图中显示出投影，效果如图 2-311 所示。

- 没有光照：选中该复选框，将不显示灯光效果，如图 2-312 所示。默认为不选中状态。

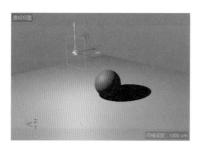　　　　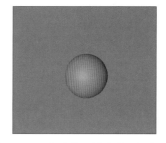

图 2-311　在视图中显示出投影　　　　图 2-312　未选中"没有光照"复选框

- 环境光照：选中该复选框，将显示环境光，如图 2-313 所示。默认为不选中状态。
- 漫射：取消选中该复选框，视图中对象本来的颜色会被忽略，从而突出灯光光泽部分，如图 2-314 所示。
- 高光：取消选中该复选框，将不显示高光效果，如图 2-315 所示。

图 2-313　选中"环境光照"复选框　　图 2-314　未选中"漫射"复选框　　图 2-315　未选中"高光"复选框

- 形状：用于设置视图中灯光显示的形状，在右侧下拉列表中有"圆形"、"矩形"、"直线"、"球体"、"圆柱"、"圆柱（垂直的）"、"立方体"、"半球体"和"对象/样条"九个选项可供选择。该项只有在"投影"设置为"区域"时才能使用。

● 衰减：用于设置灯光的衰减方式，在右侧下拉列表中有"无"、"平方倒数（物理精度）"、"线性"、"步幅"和"倒数立方限制"五个选项可供选择。图2-316为选择不同选项的效果比较。

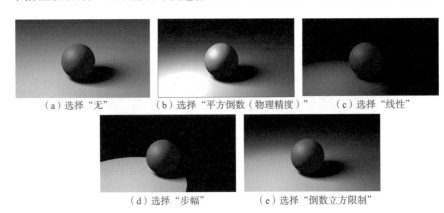

（a）选择"无"　　　　（b）选择"平方倒数（物理精度）"　　　　（c）选择"线性"

（d）选择"步幅"　　　　（e）选择"倒数立方限制"

图 2-316　选择不同"衰减"选项的效果比较

● 衰减半径：用于设置灯光中心到边缘的距离。图2-317为设置不同"衰减半径"数值的效果比较。

（a）"衰减半径"为200 cm　　（b）"衰减半径"为500 cm　　（a）"采样精度"为10%　　（b）"衰减半径"为100%

图 2-317　设置不同"衰减半径"数值的效果比较　　　图 2-318　设置不同"采样精度"数值的效果比较

● 使用衰减：选中该复选框，可以设置衰减和内部距离数值。

● 内部距离/外部距离：用于设置灯光的内部距离/外部距离的数值。

● 采样精度：用于设置阴影采样的数值，数值越大，阴影噪点越少。图2-318为设置不同"采样精度"数值的效果比较。

● 密度：用于设置投影的强度。图2-319为设置不同"密度"数值的效果比较。

（a）"密度"为50%　　　　　　　　（b）"密度"为100%

图 2-319　设置不同"密度"的效果比较

2.9　全局光照和渲染设置

　　全局光照是Cinema 4D R19中一个重要的功能，而在设计完作品进行渲染输出前必须进行渲染设置。本节将具体讲解在Cinema 4D R19中设置全局光照和设置渲染选项的方法。

2.9.1　全局光照

全局光照全称为 Global Illumination，简称 GI。在真实环境下，太阳光照射到物体后会变成无数条光线，经过与场景其他物体的反射、折射等一系列反应后，再次照射到物体，并不断循环这种光能传递，这就是全局光照。简单地说，全局光照就是模拟真实环境中的反射和折射效果。

在 Cinema 4D R19 中对于使用默认的标准渲染器进行渲染，添加全局光照是必不可少的环节。在 Cinema 4D R19 添加全局光照的方法为：在工具栏中单击■■（渲染设置）按钮，然后在弹出的"渲染设置"窗口中单击左下方的 效果... 按钮，从弹出的快捷菜单中选择"全局光照"命令，如图 2-320 所示，即可添加"全局光照"选项。接着在右侧"预设"中选择一种全局光照的类型，通常选择的是"室内 – 预览（小型光源）"选项，如图 2-321 所示，即可完成全局光照的设置。

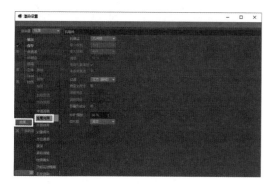

图 2-320　添加"全局光照"选项

图 2-321　选择"室内 – 预览（小型光源）"选项

> **提示**
>
> 在添加全局光照后进行渲染，会发现整个画面是黑的。这是因为全局光照模拟的是真实环境中的反射和折射效果，而本身不带光源。此时要想看到效果有两种方法：一是在场景中添加灯光；二是添加天空 HDR。

2.9.2　渲染设置

在渲染输出作品前首先要在"渲染设置"窗口中进行渲染设置。下面就来具体讲解 Cinema 4D R19 中常用的渲染设置参数。

1. 渲染器

用于设置渲染器的类型，在右侧下拉列表中有"标准"、"物理"、"软件 OPenGL"、"硬件 OPenGL"、"ProRender"和"CineMan"六个选项可供选择。其中"标准"渲染器是 Cinema 4D R19 默认的渲染器，可以渲染任何场景，但不能渲染景深和运动模糊效果；"物理"渲染器可以渲染景深和运动模糊效果，但渲染速度比"标准"渲染器慢；"ProRender"渲染器是 Cinema 4D R19 新增的 GPU 渲染器（依靠显卡进行渲染），该渲染器比"标准"和"物理"渲染速度快，但对计算机的显卡要求也高。下面就以 Cinema 4D R19 默认的"标准"渲染器为例来讲解常用的"输出"、"保存"、"抗锯齿"参数。

2. 输出

"输出"选项如图 2-322 所示，用于设置渲染的尺寸、分辨率和渲染的帧范围，主要参数含义如下：

- 宽度/高度：用于指定输出图片的宽度/高度，默认单位是像素。

● 分辨率：用于指定图片的分辨率。

● 帧频：用于设置动画播放的帧率。这里需要说明的是这个"帧频"数值要和图 2-323 所示的"工程设置"选项卡中的"帧率"数值保持一致，通常设置的数值均为 25。

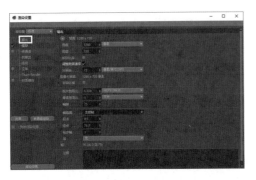

图 2-322 "输出"选项

图 2-323 "工程设置"选项卡

● 帧范围：用于设置渲染动画时的渲染帧范围，在右侧下拉列表中有"手动"、"当前帧"、"全部帧"和"预览范围"四个选项可供选择。

● 起点/终点：用于设置渲染帧的起点/终点。

3. 保存

"保存"选项如图 2-324 所示，用于设置渲染图片的保存路径和格式，主要参数含义如下：

● 文件：用于设置文件的保存路径和名称。

● 格式：用于设置文件的保存格式。

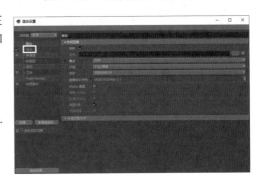

图 2-324 "保存"选项

4. 抗锯齿

"抗锯齿"选项如图 2-325 所示，用于设置渲染的精度，主要参数含义如下：

● 抗锯齿：用于设置抗锯齿类型，在右侧下拉列表中有"几何体"、"最佳"和"无"三个选项可供选择。"最佳"渲染效果是最好的，但渲染速度是最慢的。通常在制作过程中将"抗锯齿"设置为"几何体"，而在最终渲染时再将"抗锯齿"设置为"最佳"。

● 最小级别/最大级别：在将"抗锯齿"设置为"最佳"时，该项才能使用，通常设置的"最小级别"是 2×2，"最大级别"是 4×4，如图 2-326 所示。

图 2-325 "抗锯齿"选项

图 2-326 设置"抗锯齿"参数

2.10　常用 HDR 的预置插件安装

全局光照用来模拟真实环境中的反射和折射效果，但自身不带光源。而给"天空"对象添加 HDR 贴图则可以作为被渲染环境中的光源来模拟真实的环境背景。图 2-327 为一张 HDR 贴图。全局光照和给"天空"对象添加 HDR 贴图两者往往一起使用，使用 HDR 贴图可以减少给场景添加灯光的数量（在实际工作中往往是先给天空添加 HDR 贴图，然后添加灯光作为辅助光源（补光）来使用），从而大大提高工作效率。在 Cinema 4D R19 中安装常用 HDR 贴图的具体操作步骤如下：

① 找到配套资源中的"插件" | "HDR.lib4d"文件，按【Ctrl+C】组合键进行复制。

② 执行"编辑" | "设置"命令，然后在弹出的对话框中单击 打开配置文件夹 按钮，单击 Cinema 4D R19 安装目录下 browser 文件夹（默认位置为 c:/Program Files/MAXON/Cinema 4D R19/library/browser），最后按【Ctrl+V】组合键，进行粘贴即可完成 HDR 贴图的安装。

③ 重新启动 Cinema 4D R19，然后按【Shift+F8】组合键，弹出"内容浏览器"窗口，从中就可以看到安装后的 HDR 贴图，如图 2-328 所示。

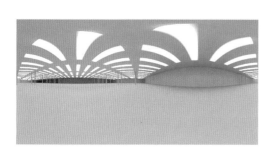

图 2-327　HDR 贴图

图 2-328　安装后的 HDR 贴图

 提示

　　关于 HDR 的具体使用方法请参见"4.5 场景材质"、"5.1 水杯"和"5.2 檀香木手串"。

2.11　动　　画

在 Cinema 4D R19 中利用动画关键帧、运动图形、效果器、粒子和动力学可以制作出各种动画效果。本节讲解这些功能。

2.11.1　关键帧动画

关键帧动画是 Cinema 4D R19 中的基础动画。帧是指一幅画面，我国电视播放的帧频是 25 帧/秒，也就是 1 秒播放 25 幅画面。Cinema 4D R19 动画栏中包含了很多动画工具，如图 2-329 所示，利用这些工具可以进行动画关键帧的设置、播放动画等操作。

图 2-329　动画栏

动画栏中的各工具的含义如下：

- 0 F ：用于设置场景的起始帧。
- ◄ 0 F   90 F ▶：用于设置在时间轴中显示的帧范围。
- 90 F ：用于设置场景的结束帧。
- |◀：单击该按钮，可以跳转到开始帧的位置。
- ↺：单击该按钮，可以跳转到上一关键帧的位置。
- ◀|：单击该按钮，可以跳转到上一帧的位置。比如当前帧是第50帧，单击该按钮可以跳转到第49帧。
- ▷：单击该按钮，将正向播放动画。
- |▶：单击该按钮，可以跳转到下一帧的位置。
- ↻：单击该按钮，可以跳转到下一关键帧的位置。
- ▶|：单击该按钮，可以跳转到结束帧的位置。
- ⊘：单击该按钮，窗口边缘会变为红色，此时单击该按钮，可以在当前帧记录一个关键帧。
- ◎：单击该按钮，窗口边缘会变为红色，当在不同帧对模型、材质、灯光、摄像机等进行参数调整时会自动添加关键帧。
- ⟳：单击该按钮，可以为关键帧设置选集对象。
- ✛：激活该按钮，表示可以记录移动关键帧动画，默认为激活状态。
- ▦：激活该按钮，表示可以记录缩放关键帧动画，默认为激活状态。
- ◎：激活该按钮，表示可以记录旋转关键帧动画，默认为激活状态。
- Ⓟ：激活该按钮，表示可以记录对象参数层级动画，默认为激活状态。
- ▤ 点级别动画：激活该按钮，将记录对象的点层级动画，默认为不激活状态。
- ⁝⁝ 方案设置：用于设置回放比率。

2.11.2　运动图形工具和效果器

运动图形是Cinema 4D R19中极具特色的模块，运动图形的相关命令在"运动图形"菜单中，如图2-330所示，其中包括运动图形工具和效果器两部分。

1. 运动图形工具

Cinema 4D R19中常用的运动图形工具有以下几种：

- 克隆：用于按照设置的方式复制对象。本书"3.6牛仔帽子"中牛仔帽子中的装饰物就是通过"克隆"来制作的。
- 矩阵：用于规律地复制对象，它与"克隆"的重要区别是在渲染中不会被渲染。
- 分裂：用于将模型按照多边形的形状分割成相互独立的部分。这里需要注意的是要进行分裂的模型必须转换为可编辑对象。
- 破碎：用于将模型处理为碎片效果。该工具要与效果器一起使用。本书"6.1雕塑头部破碎效果"就是利用"破碎"工具与效果器相结合制作完成的。
- 实例：用于制作模型的拖尾动画效果。该工具需要在动画栏中先单击▷按钮播放动画，再激活◎按钮后在视图中移动模型，就能看到模型的拖尾动画效果。
- 文本：用于创建三维立体文字。

图 2-330　"运动图形"菜单

● 追踪对象：用于显示运动对象的运动轨迹。本书"6.3 礼花绽放效果"中就是利用"追踪对象"工具显示出礼花弹升空的效果。

● 运动样条：用于制作模型的生长动画。

● 运动挤压：用于制作模型逐渐挤压变形的效果。该工具要作为模型的子集才起使用。

● 多边形FX：用于使模型和线条呈现分裂效果。该工具要作为模型的子集才起使用。

2. 效果器

Cinema 4D R19中常用的效果器有以下几种：

● 简易：用于控制克隆对象的旋转、移动和缩放。

● 推散：用于将克隆的对象沿着任意方向进行推离。

● 随机：用于使克隆的对象在运动过程中呈现随机的效果。本书"6.2 水滴组成的文字效果"就是利用"随机"效果器制作的水滴飞溅的效果。

● 样条：用于使模型沿着样条进行分布。

● 步幅：用于将克隆的对象逐渐形成不同的大小。本书"8.2 产品展示动画效果"就是利用"步幅"效果器制作的逐级缩放的半球体效果。

● 时间：不使用设置关键帧，就可以对动画进行旋转、移动和缩放变换。本书"6.1 雕塑头部破碎效果"就是利用"时间"效果器制作的雕塑头部破碎效果。

2.11.3　粒子发射器和力场

在Cinema 4D R19中粒子和力场是密不可分的。下面具体讲解粒子发射器和力场的相关参数。

1. 粒子发射器

执行菜单中的"模拟"|"粒子"|"发射器"命令，如图2-331所示，可以在场景中创建一个粒子发射器。"发射器"属性面板主要包括"粒子"和"发射器"两个选项卡，如图2-332所示，主要参数含义如下：

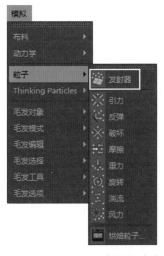

图 2-331　选择"发射器"命令　　　　　图 2-332　"发射器"属性面板

● 编辑器生成比率/渲染器生成比率：用于设置在视图中/渲染时的粒子数量。

● 可见：用于设置粒子在视图中的百分比数量，数值越大，显示的粒子越多。

● 投射起点：用于设置粒子开始发射的最初时间。

● 投射终点：用于设置粒子停止发射的最后时间。

● 种子：用于设置粒子发射的随机效果。

● 生命/变化：用于设置粒子的寿命和随机变化。

● 速度/变化：用于设置粒子的速度和随机变化。

● 旋转/变化：用于设置粒子的旋转和随机变化。

● 终点缩放/变化：用于设置粒子最后的尺寸和随机变化。

● 切线：选中该复选框，发射的粒子方向将与Z轴水平对齐。

● 显示对象：选中该复选框，将使用三维模型替换当前的粒子。但前提是需要在反射器下方添加三维模型的子集。

● 发射器类型：用于设置发射器的类型，在右侧下拉类表中有"角锥"和"圆锥"两个选项可供选择。

● 水平尺寸/垂直尺寸：用于设置发射器水平方向/垂直方向的大小。

● 水平角度/垂直角度：用于设置粒子水平向外/垂直向外发射的角度。

2. 力场

在Cinema 4D R19中力场包括"引力"、"反弹"、"破坏"、"摩擦"、"重力"、"旋转"、"湍流"和"风力"八种，它们位于"模拟"|"粒子"下子菜单中（见图2-331），这些力场的功能如下：

● 引力：用于对粒子产生吸引和排斥的作用。

● 反弹：用于对粒子产生反弹效果。

● 破坏：用于设置粒子接触到该力场时消失的效果。

● 摩擦：用于降低粒子的运动速度。

● 重力：用于设置粒子在运动过程中下落的效果。

● 旋转：用于设置粒子在运动中产生螺旋旋转的力场。

● 湍流：用于设置粒子在运动中产生随机的抖动效果。

● 风力：用于设置粒子被风吹散的效果。

2.11.4 动力学

动力学是Cinema 4D R19中非常重要的模块，利用它可以模拟出物体破碎、建筑倒塌等真实的自然现象。制作动力学需要给属性面板中的对象添加相应的"模拟标签"，如图2-333所示。Cinema 4D R19模拟标签中包括"刚体"、"柔体"、"碰撞体"、"检测体"、"布料"、"布料碰撞器"和"布料绑带"七种标签。

图 2-333　模拟标签

● 刚体：用于制作参与动力学运算的坚硬的对象。本书"7.1足球撞击积木效果"中的积木墙就添加了"刚体"标签。

● 柔体：用于制作参与动力学运算的柔软、有弹性的对象，比如皮球。

● 碰撞体：用于模拟与动力学对象进行碰撞的对象。碰撞体在动力学计算中是静止的，主要作用是与刚体或柔体进行碰撞，如果没有碰撞体，则刚体或柔体对象将一直下落。本书"7.1足球撞击积木效果"中的地面就是添加了"碰撞体"标签。

● 检测体：用于动力学的检测。

● 布料：用于模拟布料碰撞的效果。

● 布料碰撞器：用于模拟布料是否碰撞，并可以设置反弹和摩擦参数。

● 布料绑带：当给添加了"布料"标签的对象添加了该标签，就可以与相连接的对象形成连接关系，从而设置影响、悬停等参数。

 课后练习

1. 填空题

（1）利用_____造型器可以对表面粗糙的模型进行平滑处理；利用_____造型器可以以框架结构的方式显示模型。

（2）利用_____变形器可以使三维模型边缘产生倒角效果；利用_____变形器可以将一个模型依照另一个模型的形状附着到上面。

2. 选择题

（1）给创建二维文本添加（　　）可以制作出三维文本？

A. "挤压"生成器　　　　　　　　　　　B. "倒角"生成器

C. "置换"生成器　　　　　　　　　　　D. "锥化"生成器

（2）对创建的圆柱体添加（　　）可以制作出图 2-334 所示的象棋效果？

A. "挤压"生成器　　　　　　　　　　　B. "倒角"生成器

C. "膨胀"生成器　　　　　　　　　　　D. "锥化"生成器

（3）对创建的圆柱体添加（　　）可以制作出图 2-335 所示的灯罩效果？

A. "挤压"生成器　　　　　　　　　　　B. "倒角"生成器

C. "膨胀"生成器　　　　　　　　　　　D. "锥化"生成器

图 2-334　象棋效果

图 2-335　灯罩效果

3. 问答题

（1）简述全局光照和给"天空对象"添加 HDR 贴图的作用。

（2）简述"标准"、"物理"和"ProRender"三种渲染器的特点。

第 2 部 分

基础实例演练

创建模型 **第3章**

 本章重点

在Cinema 4D R19中，自带了很多基础三维几何体和二维样条线。用户可以通过对它们进行编辑，从而创建出各种复杂模型。通过本章的学习，读者应掌握多种创建模型的方法。

····· ● 视频

勺子

3.1 勺　子

 要点：

本例将制作一个勺子模型，如图3-1所示。本例中的重点在于制作勺子的厚度。通过本例的学习，读者应掌握将参数对象转换为可编辑对象后在不同模式下利用 ![移动] （移动工具）、![旋转]（旋转工具）、![缩放] （缩放工具）进行一系列操作的方法。

图3-1　勺子

操作步骤：

① 在工具栏![立方体]（立方体）工具上按住鼠标左键，从弹出的隐藏工具中选择![平面] 平面，如图3-2所示，从而在视图中创建一个平面，如图3-3所示。然后在视图菜单中执行"显示"|"光影着色（线条）"（【N+B】组合键）命令，将平面以光影着色（线条）的方式显示，效果如图3-4所示。

图3-2　选择![平面] 平面

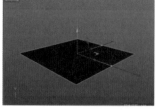

图3-3　创建一个平面

图3-4　以光影着色（线条）的方式显示

② 在平面属性面板"对象"选项卡中将"宽度分段"和"高度分段"均设置为3，效果如图3-5所示。

③ 在编辑模式工具栏中单击![可编辑对象]（可编辑对象）按钮（快捷键是【C】），将其从参数对象转为可编辑对象。

图 3-5 将平面的"宽度分段"和"高度分段"均设置为 3

提示

将参数对象转换为可编辑对象后，就可以对其进行 ■（点模式）、■（边模式）和 ■（多边形模式）编辑了。

④ 制作勺子头部结构。方法：按快捷键【F2】，切换到顶视图。然后在工具栏中选择■（框选工具）（快捷键【0】），在编辑模式工具栏中选择■（点模式），再框选图 3-6 所示的水平方向上中间的顶点，接着利用工具栏中的■（缩放工具）将其沿 X 轴适当放大，如图 3-7 所示。同理，再框选图 3-8 所示的垂直方向上中间的顶点，再利用■（缩放工具）将其沿 Z 轴适当放大，如图 3-9 所示。

提示

按住键盘上的空格键可以快速切换到上次使用的工具。比如先使用了■（框选工具）框选了顶点，然后使用■（缩放工具）缩放了顶点，此时按空格键可以切换到上一次使用的■（框选工具），再按空格键，可以切换到上一次使用的■（缩放工具）。

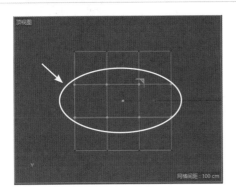

图 3-6 框选顶点

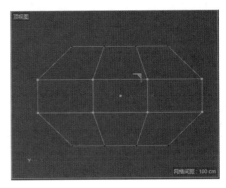

图 3-7 沿 X 轴适当放大

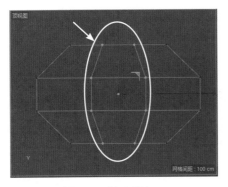

图 3-8 框选顶点

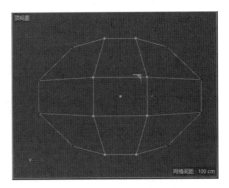

图 3-9 沿 Z 轴适当放大

⑤ 按快捷键【F1】，切换到透视视图。然后在工具栏中选择 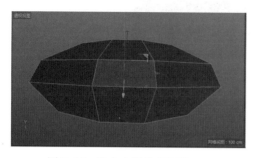（实体选择工具）（快捷键【9】），在编辑模式工具栏中选择 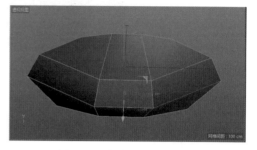（多边形模式），接着在中间的多边形上单击，从而选中中间的多边形，如图3-10所示。最后将其沿Z轴向下移动，从而制作出勺子的深度，如图3-11所示。

图3-10　选中中间的多边形

图3-11　制作出勺子的深度

⑥ 制作勺柄的长度。方法：利用 （实体选择工具）选中图3-12所示的边，然后利用 （缩放工具）将其沿X轴适当缩小，如图3-13所示。接着选择工具栏中的 （移动工具），此时坐标系统为自身坐标，显示如图3-14所示。为了便于后面挤压操作，下面在工具栏中单击 （坐标系统）按钮，从而将坐标切换为世界坐标，如图3-15所示。再接着按住键盘上【Ctrl】键，将选中的边沿X轴向右挤压移动一段距离，如图3-16所示，再将其沿Y轴向上移动一段距离，如图3-17所示。

图3-12　选中边

图3-13　将其沿X轴适当缩小

图3-14　自身坐标的显示状态

图3-15　世界坐标的显示状态

图3-16　将选中的边沿X轴向右移动一段距离

图3-17　将选中的边沿Y轴向上移动一段距离

⑦ 同理，按住键盘上【Ctrl】键对选中的边继续挤压，从而制作出勺柄的大体形状，如图3-18所示。

图3-18　挤压出勺柄的大体形状

⑧ 制作勺柄的宽窄变化。方法：按快捷键【F2】，切换到顶视图。然后在工具栏中选择 （框

选工具）（快捷键【0】）框选图 3-19 所示的顶点，再利用 （缩放工具）将其沿 Z 轴适当缩小，如图 3-20 所示。同理，对其余顶点进行缩放处理，如图 3-21 所示，从而制作出勺柄的宽窄变化。

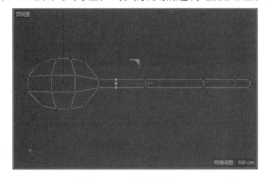
图 3-19　框选顶点

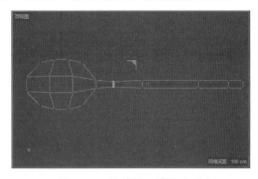
图 3-20　将其沿 Z 轴适当缩小

⑨ 制作勺子头部上翘的效果。方法：按快捷键【F1】，切换到透视视图。然后利用 （框选工具），进入 （多边形模式），再框选图 3-22 所示的勺子头部的多边形。接着利用 （移动工具）将其沿 Y 轴向上移动一段距离，再利用 （旋转工具）将其旋转一定角度，如图 3-23 所示，从而制作勺子头部上翘的效果。

⑩ 制作勺子的厚度。方法：利用 （框选工具）框选勺子上的所有多边形，如图 3-24 所示。然后右击，从弹出的快捷菜单中选择"挤压"（快捷键【D】）命令，再在属性面板中选中"创建封顶"复选框，如图 3-25 所示。接着对多边形挤压出一个厚度，效果如图 3-26 所示。

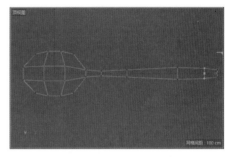
图 3-21　制作出勺柄的宽窄变化

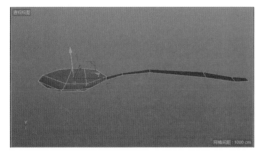
图 3-22　框选勺子头部的多边形

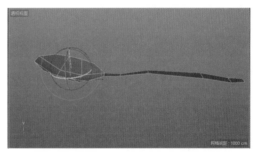
图 3-23　勺子头部上翘的效果

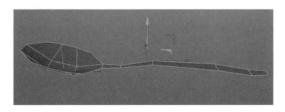
图 3-24　框选勺子上的所有多边形

图 3-25　选中"创建封顶"复选框

⑪ 为了稳定勺子的厚度结构，下面在勺子的厚度位置添加一圈边。方法：右击，从弹出的快捷菜单中选择"循环/路径切割"（【U+L】组合键）命令，切换到循环/路径切割工具，然后在勺子厚度处添加一圈边，如图3-27所示。

 提示

在 （点模式）、 （边模式）和 （多边形模式）下均可以使用"循环/路径切割"命令。

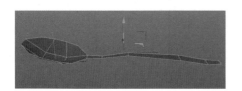

图3-26　制作出勺子的厚度

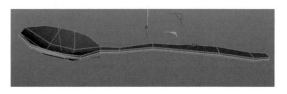

图3-27　在勺子厚度处添加一圈边

⑫ 对勺子进行平滑处理。方法：按住键盘上的【Alt】键，单击工具栏中的 （细分曲面）工具，给它添加一个"细分曲面"生成器的父级，效果如图3-28所示。

图3-28　"细分曲面"效果

⑬ 至此，勺子模型制作完毕。下面执行菜单中的"文件"|"保存工程（包含资源）"命令，将文件保存打包。

提示

关于勺子的材质制作请参见"4.5场景材质"。

视 频

香槟酒杯

 要点：

3.2　香槟酒杯

本例将制作一个香槟酒杯模型，如图3-29所示。本例中的重点在于根据参考图创建模型和"旋转"生成器的使用。通过本例的学习，读者应掌握画笔工具和"旋转"生成器的使用方法。

操作步骤：

① 在正视图中显示作为参照的背景图。方法：选择正视图，按【Shift+V】组合键，然后在属性面板"背景"选项卡中指定网盘中的"源文件\香槟酒杯\香槟酒杯参照图.png"图片作为背景，并将背景图的"配套资源"设置为70%，如图3-30所示，此时正视图中就会显示出背景图片，如图3-31所示。

图3-29　香槟酒杯

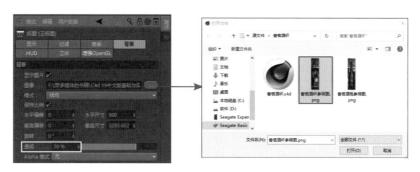

图 3-30　指定背景图片

② 选择工具栏中的 🖊（画笔工具），然后在香槟酒杯杯底处拖动鼠标，从而创建出一个带控制柄的顶点，如图 3-32 所示。同理，沿着背景图片中的香槟酒杯继续绘制，当绘制完成后按【Esc】键退出绘制状态，效果如图 3-33 所示。

图 3-31　在正视图中显示出背景图片　　　图 3-32　利用画笔工具单击　　图 3-33　利用画笔工具绘制
　　　　　　　　　　　　　　　　　　　　　　　并拖动鼠标　　　　　　　　　　　路径

③ 将样条线转换为三维对象。方法：按住键盘上的【Alt】键，在工具栏 ⬜（细分曲面）工具上按住鼠标左键，从弹出的隐藏工具中选择 🍶 旋转，如图 3-34 所示，给绘制的样条添加一个"旋转"生成器的父级，并在属性面板中将"旋转"的"细分数"设置为 60，如图 3-35 所示，效果如图 3-36 所示。

图 3-34　选择 🍶 旋转

提示

　　如果要调整"旋转"后香槟酒杯的形状，可以在"对象"面板中选择"样条"，然后利用工具栏中的 🖊（画笔工具），对相应的顶点进行调整，如图 3-37 所示。

图 3-35　将"旋转"的"细分数"设置为 60　　图 3-36　"旋转"后的效果　　图 3-37　调整顶点的位置

视 频

饮料杯

④ 至此，香槟酒杯模型制作完毕。下面执行菜单中的"文件"|"保存工程（包含资源）"命令，将文件保存打包。

3.3 饮 料 杯

要点：

本例将制作一个饮料杯模型，如图3-38所示。本例中的重点在于根据参考图创建模型、"旋转"生成器和"扭曲"变形器的使用。通过本例的学习，读者应掌握"旋转"生成器、"扭曲"变形器、（画笔工具）、捕捉工具、改变顶点类型和调整对象轴心的使用方法。

操作步骤：

1. 制作杯盖

① 在正视图中显示作为参照的背景图。方法：选择正视图，按【Shift+V】组合键，然后在属性面板"背景"选项卡中单击"图像"右侧的

图 3-38 饮料杯

按钮，从弹出的对话框中选择配套资源中的"源文件\饮料杯\参照图.psd"图片，如图3-39所示，单击"打开"按钮，此时正视图中就会显示出背景图片，如图3-40所示。

② 此时图片过亮，为了便于后面操作，下面在属性面板中将背景图片的"透明"设置为70%，效果如图3-41所示。

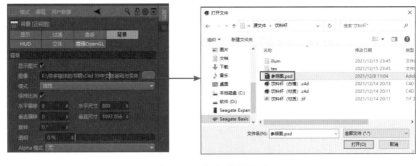

图 3-39 指定背景图片

图 3-40 显示出背景图片

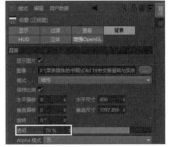

图 3-41 将背景图片的"透明"设置为70%的效果

③ 选择工具栏中的 （画笔工具），然后沿着背景图片中的杯盖绘制出大体轮廓，当绘制完成后按【Esc】键退出绘制状态，效果如图 3-42 所示。

④ 利用工具栏中的 （框选工具），进入 （点模式），然后框选如图 3-43 所示的两个顶点，再在变换栏中将 Y 的尺寸设置为 0，如图 3-44 所示，使它们处于一个水平线上。同理，框选如图 3-45 所示的两个顶点，再在变换栏中将 Y 的尺寸设置为 0。

图 3-42　绘制出杯盖的大体轮廓

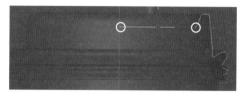

图 3-43　框选两个顶点

图 3-44　将 Y 的尺寸设置为 0

图 3-45　框选两个顶点

⑤ 框选图 3-46 所示的顶点，再在变换栏中将 X 的位置设置为 0，如图 3-47 所示。

提示

　　将顶点 X 的位置设置为 0，是因为 "旋转" 生成器默认是以 Y 轴为轴心进行旋转，而这个轴心的 X 位置的坐标值为 0。

图 3-46　将顶点的 X 的位置设置为 0

图 3-47　将 X 的位置设置为 0

⑥ 利用工具栏中的 （框选工具）框选图 3-48 所示的 3 个顶点，然后右击，从弹出的快捷菜单中选择 "倒角" 命令，接着对这三个顶点进行倒角处理，效果如图 3-49 所示。

图 3-48　框选三个顶点

图 3-49　倒角后的效果

⑦ 将样条线转换为三维对象。方法：按住键盘上的【Alt】键，在工具栏 （细分曲面）工具上按住鼠标左键，从弹出的隐藏工具中选择 ，如图 3-50 所示，给绘制的样条添加一个 "旋转" 生

成器的父级。然后按快捷键【F1】，切换到透视视图，查看效果如图3-51所示。

图3-50　选择 🍶 旋转

图3-51　"旋转"后的效果

⑧ 此时"旋转"后的杯盖模型不是很平滑，下面在属性面板中将旋转的"细分数"设置为90，如图3-52所示，效果如图3-53所示。

> 💡 提示
>
> 如果要调整"旋转"后杯盖的形状，可以在对象面板中选择"样条"，然后利用工具栏中的 🖊️（画笔工具），对相应的顶点进行调整。

图3-52　将"旋转"的"细分数"设置为90

图3-53　将"旋转"的"细分数"设置为90的效果

2. 制作杯身

① 按快捷键【F4】，切换到正视图。然后选择工具栏中的 🖊️（画笔工具），沿着背景图片中的杯身绘制出大体轮廓，当绘制完成后按【Esc】键退出绘制状态，效果如图3-54所示。

② 利用工具栏中的 🔲（框选工具），进入 🔷（点模式），然后框选如图3-55所示的两个顶点，再在变换栏中将Y的尺寸设置为0，使它们处于一个水平线上。同理，框选如图3-56所示的两个顶点，再在变换栏中将Y的尺寸设置为0。

图3-54　绘制出杯身的大体轮廓

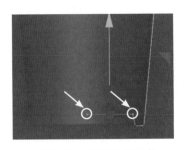

图3-55　框选两个顶点

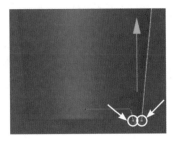

图3-56　框选两个顶点

③ 框选图 3-57 所示的底部的顶点，再在变换栏中将 X 的位置设置为 0。

④ 利用工具栏中的 框选图 3-58 所示的三个顶点，然后右击，从弹出的快捷菜单中选择"倒角"命令，接着对这三个顶点进行倒角处理，效果如图 3-59 所示。

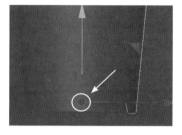

图 3-57　框选一个顶点

图 3-58　框选三个顶点

图 3-59　倒角效果

⑤ 将样条线转换为三维对象。方法：按住键盘上的【Alt】键，在工具栏 工具上按住鼠标左键，从弹出的隐藏工具中选择 ，给绘制的样条添加一个"旋转"生成器的父级。然后按快捷键【F1】，切换到透视视图，再在属性面板中将旋转"细分数"设置为 90，效果如图 3-60 所示。

⑥ 为了便于区分，下面在对象面板中将旋转后的模型重命名为"杯盖"和"杯身"。

3. 制作吸管

① 按快捷键【F4】，切换到正视图。然后为了便于绘制，执行"视图"菜单中的"过滤"|"网格"命令，在视图中显示出网格，如图 3-61 所示。

② 启用捕捉。方法：在编辑模式工具栏中单击 按钮，启用捕捉。然后按住 按钮不放，从弹出工具中分别选择 和 ，从而启用工作平面捕捉和网格点捕捉，如图 3-62 所示。

图 3-60　"旋转"后的效果

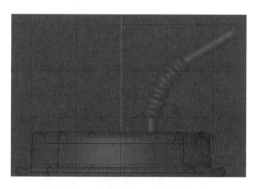

图 3-61　在视图中显示出网格

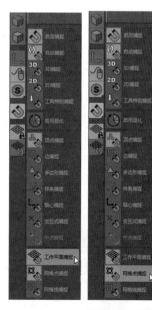

图 3-62　分别选择 和

③ 选择工具栏中的 （画笔工具）绘制路径，此时画笔会自动吸附到网格点上，当绘制完成后按【Esc】键退出绘制状态，效果如图3-63所示。

提示

此时绘制的路径距离Y轴有一个网格的间距。

④ 在编辑模式工具栏中再次单击 （启用捕捉）按钮，关闭捕捉。然后利用工具栏中的 （框选工具），进入 （点模式），框选右侧的顶点，沿X轴略微往左移动，如图3-64所示。接着框选吸管弯曲处的所有顶点，右击，从弹出的快捷菜单中选择"柔性插值"命令，如图3-65所示，此时选中的顶点两侧会出现控制柄，从而变得圆滑，如图3-66所示。

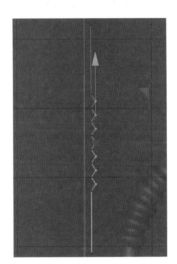
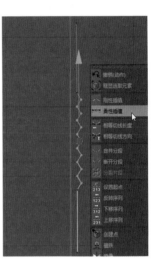

图 3-63　绘制路径　　　图 3-64　将顶点沿 X 轴略微往左移动　　　图 3-65　选择"柔性插值"命令

⑤ 将样条线转换为三维对象。方法：按住键盘上的【Alt】键，在工具栏 （细分曲面）工具上按住鼠标左键，从弹出的隐藏工具中选择 ，给绘制的样条添加一个"旋转"生成器的父级，效果如图3-67所示。

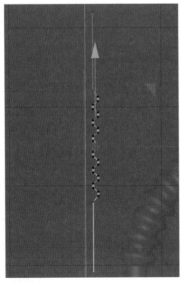

图 3-66　柔性插值效果　　　　　　　图 3-67　旋转效果

⑥ 制作吸管的弯曲效果。方法：为了便于观看效果，下面按快捷键【F1】，切换到透视视图。然后按住键盘上的【Shift】键，在工具栏中单击 （扭曲）按钮，给旋转后的吸管模型添加一个"扭曲"变形器的子集。接着在"对象"面板中将"样条"移动到"扭曲"上方，如图3-68所示。此时在"对象"面板中选择"扭曲"，再在属性面板中调整"强度"数值就可以看到吸管整体弯曲的效果，如图3-69所示。

> **提示**
>
> 此时一定要确保"样条"在"扭曲"上方，如果相反，是看不到扭曲效果的。

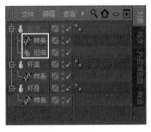

图 3-68　将"样条"移动到"弯曲"上方　　　　图 3-69　吸管整体弯曲的效果

⑦ 此时吸管是整体弯曲的，而我们需要的是吸管局部弯曲效果，下面就来解决这个问题。方法：在"扭曲"属性面板"对象"选项卡中将 Y 的"尺寸"设置为 160 cm，如图3-70所示。然后在视图中调整扭曲框的位置，使之处于吸管弯曲处，如图3-71所示。接着将扭曲"强度"设置为60，效果如图3-72所示。

图 3-70　将 Y 的"尺寸"设置为 160 cm

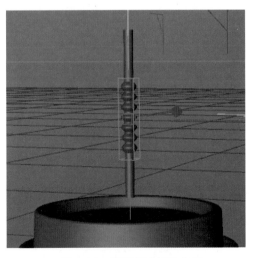

图 3-71　调整扭曲框的位置

⑧ 调整吸管的轴心位置。方法：在对象面板中选择"旋转"，此时会发现吸管的轴心位置不在吸管上，如图3-73所示。下面在编辑模式工具栏中单击 （启用轴心）按钮，启用轴心调整。然后将轴心移动到吸管上，如图3-74所示，接着再次单击 （启用轴心）按钮，关闭轴心调整。

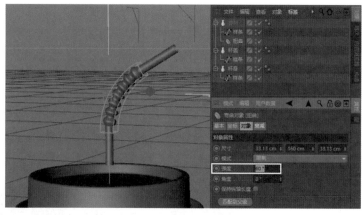

图 3-72　将扭曲"强度"设置为 60 的效果

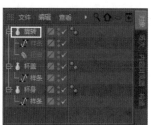

图 3-73　吸管的轴心位置不在吸管上

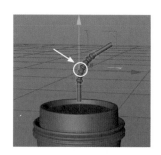

图 3-74　将轴心移动到吸管上

提示

在轴心调整完毕后，一定要关闭▇（启用轴心）按钮，否则后面无法正常移动对象。

⑨ 调整吸管的位置。方法：按快捷键【F4】，切换到正视图，然后选择 ✥（移动工具），进入 ▢（模型模式），根据背景图将吸管模型移动到合适位置，如图 3-75 所示。

⑩ 按快捷键【F1】，切换到透视视图，整体效果如图 3-76 所示。

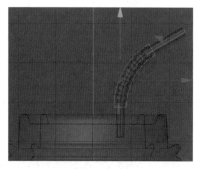

图 3-75　根据背景图将吸管模型移动到合适位置

图 3-76　整体效果

⑪ 至此，饮料杯模型制作完毕。下面执行菜单中的"文件"|"保存工程（包含资源）"命令，将文件保存打包。

提示

关于饮料杯的材质制作请参见"4.5 场景材质"。

3.4　一字螺钉

要点：

　　本例将制作一个一字螺钉模型，如图 3-77 所示。本例中的重点在于"螺旋"、"锥化"生成器和"布尔"造型工具的使用。通过本例的学习，读者应掌握转为可编辑对象、"连接对象+删除"命令、"布尔"造型工具、"螺旋"和"锥化"生成器，以及"细分曲面"生成器的使用方法。

操作步骤：

　　① 在视图中创建一个正方体，然后执行"视图"菜单中的"显示"|"光影着色（线条）"（【N+B】组合键）命令，将其以光影着色（线条）的方式进行显示。接着在属性面板"对象"选项卡中将"尺寸.X"和"尺寸.Z"设置为 100 cm，"尺寸.Y"设置为 150 cm，"分段 Y"设置为10，如图 3-78 所示，效果如图 3-79 所示。

图 3-77　一字螺钉

图 3-78　设置正方体参数

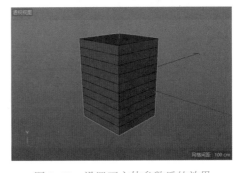

图 3-79　设置正方体参数后的效果

　　② 利用"螺旋"变形器制作出螺钉的螺旋效果。方法：按住键盘上的【Shift】键，然后在工具栏 （扭曲）工具上按住鼠标左键，从弹出的隐藏工具中选择 螺旋 ，如图 3-80 所示，给立方体添加一个"螺旋"变形器的子级。接着在属性面板"对象"选项卡中将螺旋"角度"设置为 1400，如图 3-81 所示，效果如图 3-82 所示。

图 3-80　选择 螺旋

图 3-81　添加一个"螺旋"变形器的子级

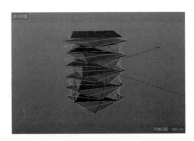

图 3-82　添加一个"螺旋"变形器的子级后的效果

③ 对螺旋效果进行平滑处理。方法：在对象面板中选择"立方体"，然后按住【Alt】键，单击工具栏中的 工具，给它添加一个的"细分曲面"生成器的父级，如图3-83所示，效果如图3-84所示。

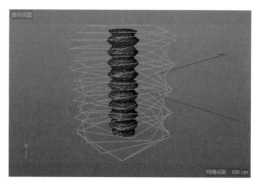

图 3-83　给立方体添加一个"细分曲面"生成器的父级　　　图 3-84　"细分曲面"效果

④ 制作螺钉的顶部模型。方法：在对象面板中选择"螺旋"，然后利用工具栏中的 ，配合【Shift】键，将其Y轴向下移动10 cm，如图3-85所示，从而制作出螺钉的顶部模型。

图 3-85　制作螺钉的顶部模型

⑤ 在对象面板中选择"细分曲面"，然后在编辑模式工具栏中单击 按钮（快捷键是【C】），将其转换为可编辑对象。

⑥ 利用"锥化"变形器制作出螺钉的尖头效果。方法：按住键盘上的【Shift】键，然后在工具栏 工具上按住鼠标左键，从弹出的隐藏工具中选择 ![icon] ，如图3-86所示，给立方体添加一个"锥化"变形器的子级。接着利用 ，配合【Shift】键，将其旋转180°。最后在对象面板中选择"锥化"，如图3-87所示，再在属性面板"对象"选项卡中将"强度"设置为100%，从而制作出螺钉的尖头效果，如图3-88所示。

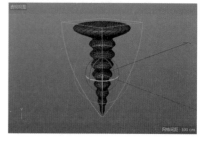

图 3-86　选择 ![icon] 锥化　　　图 3-87　将锥化"强度"设置为100%　　　图 3-88　螺钉的尖头效果

⑦ 在对象面板中同时选择"锥化"和"细分曲面"，然后右击，从弹出的快捷菜单中选择"连接对象+删除"命令，将它们转换为一个可编辑对象。

⑧ 利用"布尔"造型工具制作螺钉顶部的一字凹陷部分。方法：在视图中创建出一个立方体，然后在属性面板"对象"选项卡中将"尺寸.X"设置为65 cm，"尺寸.Y"设置为15 cm，"尺寸.Z"设置为10 cm，并选中"圆角"复选框，再将其移动到螺钉的顶部，如图3-89所示。接着在对象面板中将"立方体"移到"细分曲面1"的下方。

⑨ 在对象面板中同时选择"立方体"和"细分曲面1"，然后按住键盘上的【Ctrl+Alt】组合键，在工具栏 （阵列）工具上按住鼠标左键，从弹出的隐藏工具中选择 布尔，如图3-90所示，给它们共同添加一个"布尔"对象，如图3-91所示。接着为了便于观看，执行"视图"菜单中的"显示"|"光影着色"（【N+A】组合键）命令，将其以光影着色的方式进行显示，效果如图3-92所示。

图 3-89　将立方体移动到螺钉的顶部

图 3-90　选择 布尔

图 3-91　给它们共同添加一个"布尔"对象

图 3-92　以光影着色的方式进行显示

⑩ 此时一字螺钉不够圆滑，下面在对象面板中选择"布尔"，然后按住键盘上的【Alt】键，单击工具栏中的 （细分曲面）工具，给它添加一个的"细分曲面"生成器的父级，并在属性面板中将"编辑器细分"和"渲染器细分"均设置为3，如图3-93所示，效果如图3-94所示。

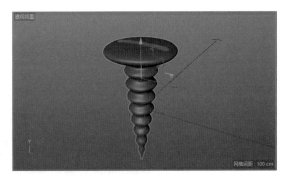

图 3-93　将"编辑器细分"和"渲染器细分"均设置为3

图 3-94　最终效果

⑪ 至此，一字螺钉的模型制作完毕。下面执行菜单中的"文件"|"保存工程（包含资源）"命令，将文件保存打包。

······● 视 频

洗发水瓶
·········●

3.5 洗发水瓶

要点：

本例将制作一个洗发水瓶模型，如图3-95所示。本例中的重点在于根据参考图创建模型。通过本例的学习，读者应掌握在视图中显示背景图片以及使用"放样"生成器、循环/路径切割工具、挤压、内部挤压、倒角、细分曲面等一系列操作的方法。

操作步骤：

1. 制作瓶身模型

① 在正视图中显示作为参照的背景图。方法：选择正视图，按

图 3-95　洗发水瓶

【Shift+V】组合键，然后在属性面板"背景"选项卡中单击"图像"右侧的██████按钮，从弹出的对话框中选择配套资源中的"源文件\洗发水\正视图参照图.jpg"图片，如图3-96所示，单击"打开"按钮，再将背景图片的"透明"设置为50%，此时背景图片在正视图中的显示效果，如图3-97所示。

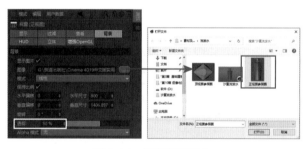

图 3-96　指定背景图片　　　　　　　　　图 3-97　正视图中背景图片的显示效果

② 按快捷键【F2】，切换到顶视图。然后在工具栏██（画笔）工具上按住鼠标左键，从弹出的隐藏工具中选择██，从而在正视图中创建一个圆环。

③ 按快捷键【F4】，切换到正视图，然后按【Shift+V】组合键，在属性面板"背景"选项卡中调整背景图"水平偏移"和"垂直偏移"的参数，使背景图的底部位置与创建的圆环尽量匹配，如图3-98所示。

图 3-98　使背景图的底部位置与创建的圆环尽量匹配

④ 按快捷键【F2】，切换到顶视图。然后在工具栏██（画笔）工具上按住鼠标左键，从弹出的隐藏工具中选择██ 四边，从而在正视图中创建一个四边形。接着在属性面板"对象"选项卡中设置

四边形的参数，如图 3-99 所示。最后按快捷键【F4】，切换到正视图，再将四边形沿 Y 轴向上移动到合适位置，如图 3-100 所示。

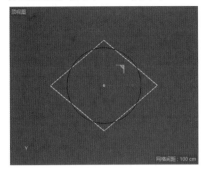

图 3-99　创建四边形　　　　　　　　图 3-100　将四边形沿 Y 轴向上移动到合适位置

⑤ 按住键盘上的【Ctrl】键，沿 Y 轴向上复制出一个"圆环.1"，并参照背景图将其放置到瓶身顶部，再将其"半径"设置为 100 cm，如图 3-101 所示。

⑥ 在对象面板中选中所有的图形，然后按住键盘上的【Ctrl+Alt】组合键，在工具栏 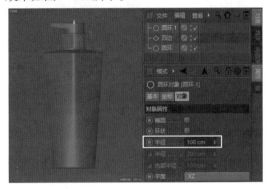（细分曲面）工具上按住鼠标左键，从弹出的隐藏工具中选择 放样，给所有的样条添加一个"放样"生成器的父级，效果如图 3-102 所示。

图 3-101　复制圆环并将其"半径"设置为 100 cm　　　　图 3-102　放样后的效果

⑦ 此时放样后的模型产生了明显的变形，下面在"放样"属性面板"对象"选项卡中选中"线性插值"复选框，此时放样后的模型就显示正常了，如图 3-103 所示。

⑧ 制作瓶身底部的圆角效果。方法：进入"放样"属性面板的"封顶"选项卡，将"末端"设置为"圆角封顶"，再将"半径"设置为 10 cm，"步幅"设置为 5，如图 3-104 所示。

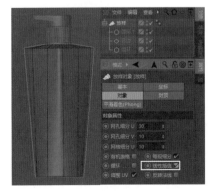

图 3-103　选中"线性插值"复选框后的放样效果　　　图 3-104　将"末端"设置为"圆角封顶"

⑨ 制作瓶身顶部的效果。方法：在"放样"属性面板的"封顶"选项卡中将"顶端"设置为"无"，然后按快捷键【F1】，切换到透视视图。接着在对象面板中选中所有的对象，右击，从弹出的快捷菜单中选择"连接对象+删除"命令，将它们转为一个可编辑对象。再利用 ✛ （移动工具）在瓶口处双击，从而选中瓶口处的一圈边，如图 3-105 所示。最后按住键盘上的【Ctrl】键，将其沿 Y 轴向上挤压，如图 3-106 所示。

⑩ 为了稳定瓶口转角处的结构，下面对转角处的边进行倒角处理。方法：利用 ✛ （移动工具），选择 ⬡ （边模式），在瓶口转角处双击，从而选中转角处的一圈边，如图 3-107 所示。然后右击，从弹出的快捷菜单中选择"倒角"命令，再在视图中对边进行倒角处理，并在属性面板中将"偏移"设置为 3 cm，"细分"设置为 1，效果如图 3-108 所示。

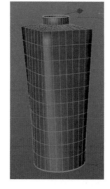
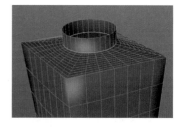

图 3-105　选中瓶口处的一圈边　　图 3-106　沿 Y 轴向上挤压　　图 3-107　选中转角处的一圈边

⑪ 至此，瓶身模型制作完毕，下面对其进行平滑处理。方法：按住键盘上的【Alt】键，单击工具栏中的 ⬢ （细分曲面）工具，给它添加一个的"细分曲面"生成器的父级，效果如图 3-109 所示。最后为了便于区分，下面再将"细分曲面"重命名为"瓶身"。

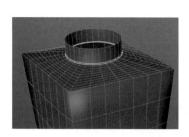

图 3-108　对转角处的边进行倒角处理　　　　图 3-109　"细分曲面"的效果

2. 制作防滑模型

① 按快捷键【F4】，切换到正视图。然后在视图中创建一个圆柱，并参照背景图的防滑部分将其沿 Y 轴向上移动到合适位置，再调整其半径和高度，使之与背景图中的防滑部分尽量匹配。接着执行"视图"菜单中的"显示"|"光影着色（线条）"命令，将其以光影着色线条的方式显示，再将圆柱的"旋转分段"设置为 120，效果如图 3-110 所示。最后进入"封顶"选项卡，取消选中"封顶"复选框，如图 3-111 所示，从而使圆柱形成中空的结构。

图 3-110 调整圆柱的位置和参数

图 3-111 取消选中"封顶"复选框

② 在编辑模式工具栏中单击 （转为可编辑对象）按钮（快捷键是【C】），将其转为可编辑对象。然后进入 （边模式），按【K+L】组合键，切换到循环/路径切割工具，再在属性面板中选中"镜像切割"复选框，接着参照背景图，在圆柱上单击，从而在圆柱上下各切割出一圈边，如图 3-112 所示。

图 3-112 在圆柱上下各切割出一圈边

③ 为了便于操作，下面在编辑模式工具栏中选择 （视窗单体独显）按钮，使视图中只显示作为杯盖的圆柱。

④ 选择 （框选工具），进入 （多边形）模式，接着执行菜单中的"选择"|"循环选择"（【U+L】组合键）命令，再在圆柱的中间单击，从而选中圆柱中间循环选择多边形，如图 3-113 所示。

提示

选择 （实体选择工具），进入 （多边形）模式，然后在属性面板中取消选中"仅选择可见元素"复选框，如图 3-114 所示，接着在视图中拖过拖动鼠标的方法也可以选择圆柱中间循环选择多边形。

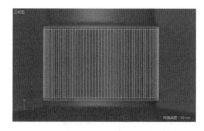 

图 3-113 选中圆柱中间循环选择多边形　　图 3-114 取消选中"仅选择可见元素"复选框

⑤ 右击，从弹出的快捷菜单中选择"内部挤压"（快捷键【I】）命令，然后在属性面板中取消选中"保持群组"复选框，再对多边形进行内部挤压，如图 3-115 所示。

⑥ 右击，从弹出的快捷菜单中选择"挤压"（快捷键【D】）命令，然后对多边形向外进行挤压，并在属性面板中将挤压"偏移"设置为 1 cm，如图 3-116 所示。

图 3-115　对多边形进行内部挤压

图 3-116　对多边形向外进行挤压

⑦ 为了稳定挤压后的结构，下面按【K+L】组合键，切换到循环/路径切割工具，然后在圆柱挤压后的多边形上下各切割出一圈边，如图 3-117 所示。

⑧ 挤压底部侧面的多边形。方法：按【U+L】组合键，切换到循环选择工具，再选中圆柱底部的一圈多边形，然后按快捷键【D】，切换到"挤压"工具，再对其向外挤压 1 cm，如图 3-118 所示。

⑨ 圆柱顶部进行封口处理。方法：按快捷键【F1】，切换到透视视图，然后利用 ✛（移动工具），

图 3-117　在挤压后的多边形上下各切割出一圈边

进入 ⬚（边模式），在圆柱的顶部双击，从而选择顶部的一圈边，如图 3-119 所示。接着利用 ⬚（缩放工具），按住键盘上的【Ctrl】键，向内进行缩放挤压，如图 3-120 所示。最后在属性栏中将 X、Y、Z 的尺寸均设置为 0，如图 3-121 所示，从而制作出顶部的封口效果，如图 3-122 所示。

图 3-118　对多边形向外进行挤压 1 cm

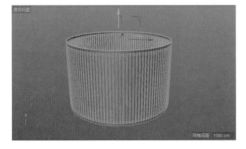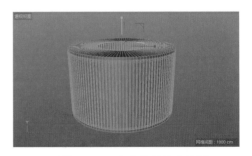

图 3-119　选择顶部的一圈边　　　　　　　　图 3-120　向内进行缩放挤压

图 3-121　将 X、Y、Z 的尺寸均设置为 0

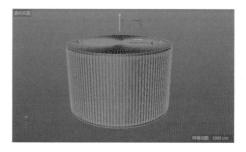

图 3-122　顶部的封口效果

⑩ 制作顶部的斜角效果。方法：利用 ✛（移动工具），进入 ⬚（边模式），在圆柱顶部的转角处双击，从而选中转角处的一圈边，如图 3-123 所示。然后右击，从弹出的快捷菜单中选择"倒角"（【M+S】组合键）命令，接着对其进行倒角，并在属性面板中设置相应的倒角参数，效果如图 3-124 所示。最后为了稳定斜角结构，再同时选择斜角处的两圈边，如图 3-125 所示，对齐进行倒角处理，如图 3-126 所示。

图 3-123　选中转角处的一圈边

图 3-124　倒角效果

图 3-125　同时选择斜角处的两圈边

图 3-126　倒角效果

⑪ 至此，防滑模型制作完毕，下面对其进行平滑处理。方法：按住键盘上的【Alt】键，单击工具栏中的 ⬡（细分曲面）工具，给它添加一个的"细分曲面"生成器的父级，效果如图 3-127 所示。最后为了便于区分，下面再将"细分曲面"重命名为"防滑"。

3. 制作装饰模型

① 在编辑模式工具栏中选择 ⓢ（关闭视窗独显）按钮，显示出所有模型。

② 按快捷键【F4】键，切换到正视图，然后在视图中创建一个圆柱。接着参照背景图将其放置到合适位置，并在属性面板"对象"选项卡中设置"半径"和"高度"参数，使之与背景图中的装饰部分尽量匹配，如图 3-128 所示。最后进入"封顶"选项卡，选中"圆角"复选框，从而使圆柱产生圆角效果，如图 3-129 所示。

③ 为了便于区分，下面再将"圆柱"重命名为"装饰"。

图 3-127　"细分曲面"的效果

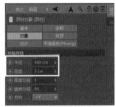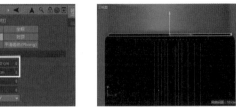

图 3-128　将圆柱放置到合适位置并调整参数　　　　　　图 3-129　选中"圆角"复选框

4. 制作瓶盖模型

① 在正视图中创建一个圆柱，然后参考背景图将其移动到合适位置，并在属性面板中调整其参数，使之与背景图中的瓶盖部分尽量匹配，如图 3-130 所示。

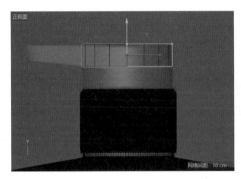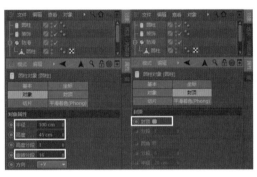

图 3-130　将圆柱移动到合适位置并设置其参数

② 为了便于操作，下面在编辑模式工具栏中选择 [S]（视窗单体独显）按钮，使视图中只显示作为瓶盖的圆柱。

③ 在顶视图中显示作为参照的背景图。方法：按快捷键【F2】键，切换到顶视图，然后按【Shift+V】组合键，再在属性面板"背景"选项卡中指定给"背景"右侧配套资源中的"源文件\洗发水\顶视图参照图.jpg"图片。接着在属性面板"背景"选项卡中将调整背景图的大小和位置，使背景图中的瓶盖半径与圆柱的半径尽量匹配。最后再将背景图的"透明"设置为50%，效果如图 3-131 所示。

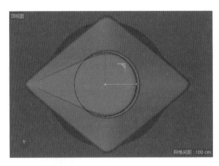

图 3-131　在顶视图中显示背景图并调整大小和透明度

④ 按快捷键【C】，将其转换为可编辑对象。

⑤ 在顶视图中调整出瓶盖的大体形状。方法：选择 ■（框选工具），进入 ■（多边形模式），然后框选如图 3-132 所示的多边形，再利用 ■（移动工具），配合【Ctrl】键将其沿 X 轴向左进行挤压，如图 3-133 所示。接着在变换栏中将 X 的尺寸设置为 0，如图 3-134 所示，效果如图 3-135 所示。再利用 ■（缩放工具）将其沿 Z 轴进行缩小，使之与背景图中的瓶嘴形状尽量匹配，效果如图 3-136 所示。

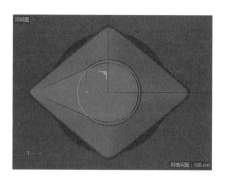

图 3-132　框选多边形

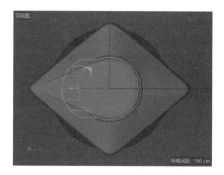

图 3-133　沿 X 轴向左进行挤压边

图 3-134　将 X 的尺寸设置为 0

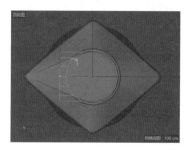

图 3-135　将 X 的尺寸设置为 0 的效果

⑥ 同理，对选中的多边形进行继续挤压和缩放，效果如图 3-137 所示。

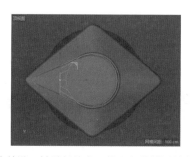

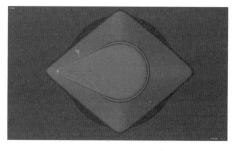

图 3-136　将其沿 Z 轴进行缩小，使之与背景图的瓶嘴大小尽量匹配　　图 3-137　对选中的边进行继续挤压和缩放

⑦ 按快捷键【F4】键，切换到正视图，如图 3-138 所示。然后利用 ▣（框选工具），进入 ▣（点模式），调整相应顶点的位置和方向，使之与背景图片尽量匹配，如图 3-139 所示。

图 3-138　切换到正视图

图 3-139　调整相应顶点的位置和方向

⑧ 按快捷键【F1】，切换到透视视图，然后进入 ▣（多边形模式），如图 3-140 所示。再利用内部挤压命令对其进行挤压，效果如图 3-141 所示。

在使用内部挤压命令挤压之前,一定要选中"保持群组"复选框。

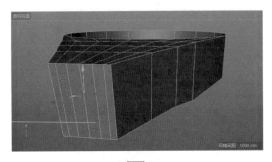

图 3-140 进入 （多边形模式）

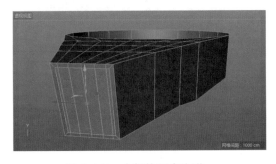

图 3-141 内部挤压多边形

⑨ 利用 （移动工具），按住【Ctrl】键沿 X 轴将其向内进行挤压,从而形成瓶嘴的厚度,如图 3-142 所示。再按【Delete】键,删除选中的多边形。

⑩ 为了稳定瓶口的结构,下面按【K+L】组合键,切换到循环/路径切割工具,然后在瓶口四周切割出几圈边,如图 3-143 所示。

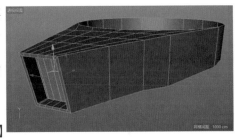

图 3-142 挤压出瓶嘴的厚度

⑪ 对瓶盖进行平滑处理。方法:按住键盘上的【Alt】键,单击工具栏中的 （细分曲面）工具,给它添加一个的"细分曲面"生成器的父级,效果如图 3-144 所示。

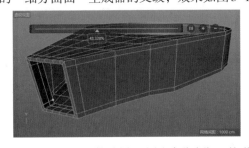

图 3-143 在瓶口四周切割出几圈边来稳定瓶口的形状

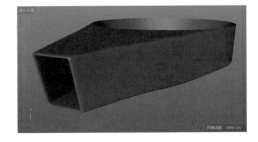

图 3-144 "细分曲面"的效果

⑫ 对瓶盖顶部进行封口处理。方法:按住键盘上的【Alt】键并单击,将视图旋转到合适角度,显示出瓶盖开口位置,如图 3-145 所示。然后关闭细分曲面的显示,再选择"圆柱",如图 3-146 所示。接着进入 （边模式），执行菜单中的"选择"|"循环选择"（【U+L】组合键）命令,再在属性面板中选中"选择边界循环"复选框,最后在瓶盖顶部开口处单击,从而选中顶部开口处的一圈边,如图 3-147 所示。

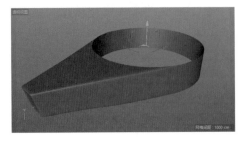

图 3-145 显示出瓶盖开口位置

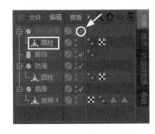

图 3-146 选择"圆柱"

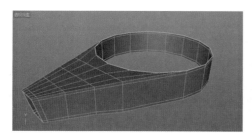
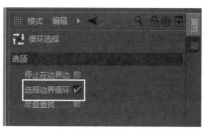

图 3-147 选中顶部开口处的一圈边

⑬ 利用 （缩放工具），配合【Ctrl】键，对选中的一圈边向内挤压两次，如图 3-148 所示。然后在变换栏中将 X、Y、Z 的尺寸均设置为 0，从而制作出瓶盖顶部的封口效果，如图 3-149 所示。

> 提示
>
> 向内挤压两次，而不是一次，是为了通过多添加一圈边稳定瓶盖封口处的结构。

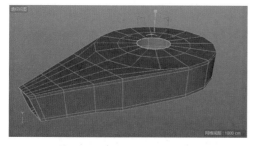
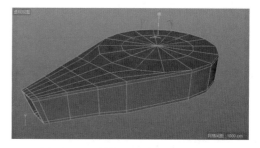

图 3-148 对选中的一圈边向内挤压两次　　　　图 3-149 制作出瓶盖顶部的封口效果

⑭ 制作出瓶盖下方的收口形状。方法：将视图旋转到合适角度，显示出瓶盖下方的开口位置，然后按【U+L】组合键，选择底部的一圈边，如图 3-150 所示。再在编辑模式工具栏中选择 S（关闭视窗独显）按钮，显示出所有模型。接着利用 ✛（移动工具），配合【Ctrl】键将其沿 Y 轴向下进行挤压，效果如图 3-151 所示。

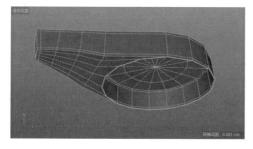
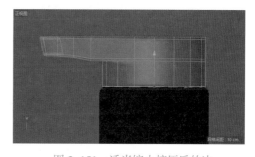

图 3-150 显示出瓶盖下方的开口位置　　　　图 3-151 适当缩小挤压后的边

⑮ 利用 🔲（缩放工具），配合【Ctrl】键，对选中的一圈边向内缩放挤压，如图 3-152 所示。

⑯ 对瓶盖底部边缘进行倒角处理。方法：利用 ✛（移动工具），在圆柱底部边缘双击，从而选择一圈边，如图 3-153 所示。然后右击从弹出的快捷菜单中选择"倒角"命令，对其进行倒角，并在属性面板中设置倒角参数，效果如图 3-154 所示。

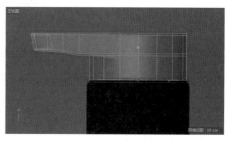

图 3-152 向内缩放挤压

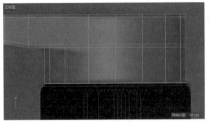
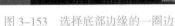

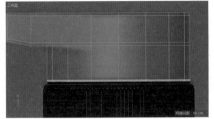

图 3-153　选择底部边缘的一圈边　　　　　　图 3-154　倒角效果

⑰ 为了稳定瓶盖转角处的结构，下面按【K+L】组合键，切换到循环/路径切割工具，然后在瓶盖转角处切割出一圈边，如图 3-155 所示。

⑱ 在对象面板恢复"细分曲面"的显示，然后利用█（缩放工具）适当放大瓶盖模型使之与装饰模型的宽度匹配，效果如图 3-156 所示。接着为了便于区分，再将"细分曲面"重命名为"瓶盖"。

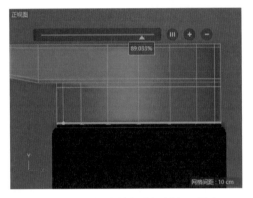
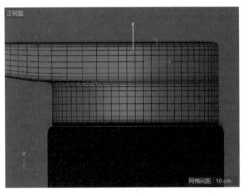

图 3-155　在瓶盖转角处切割出一圈边　　图 3-156　适当放大瓶盖模型使之与装饰模型的宽度匹配

⑲ 至此，洗发水瓶模型制作完毕。下面按快捷键【F1】，切换到透视视图，查看整体效果，效果如图 3-157 所示。

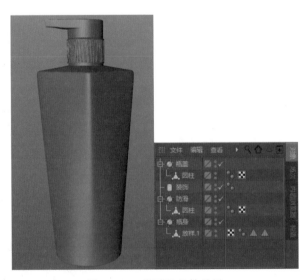

图 3-157　模型的整体效果

⑳ 至此，洗发水瓶模型制作完毕。下面执行菜单中的"文件"|"保存工程（包含资源）"命令，将文件保存打包。

3.6　牛 仔 帽 子

牛仔帽子

要点：

本例将制作一个牛仔帽子模型，如图3-158（a）所示，赋予材质后利用C4D默认
渲染器渲染效果如图3-158（b）所示。通过本例的学习，读者应掌握（框选工具）、（实体选
择工具）、（点模式）、（多边形模式）、（边模式）、（缩放工具）、（移动工具）"细
分曲面"生成器、"布料曲面"命令、"提取样条"命令、"连接+删除"命令、"分裂"命令和"克隆"
命令等一系列操作的方法。

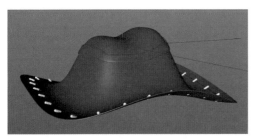
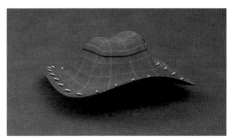

（a）模型效果　　　　　　　　　　　　　　　（b）默认渲染效果

图 3-158　牛仔帽子效果

操作步骤：

1. 制作牛仔帽子的大体模型

① 在工具栏中单击（立方体）工具，在视图中创建一个立方体，如图3-159所示。

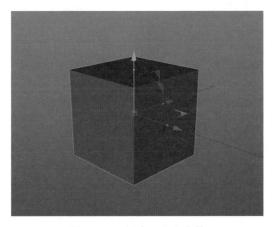

图 3-159　创建一个立方体

② 在编辑模式工具栏中单击（转为可编辑对象）按钮（快捷键是【C】），将其转为可编
辑对象。

③ 选择工具栏中的（框选工具），再在左侧编辑模式工具栏中选择（点模式），然后框选立
方体顶部的4个顶点，再利用（缩放工具）对顶部进行缩小，如图3-160所示。接着利用工具栏中
的（移动工具）将其沿Y轴向下移动，从而将其压扁，如图3-161所示。

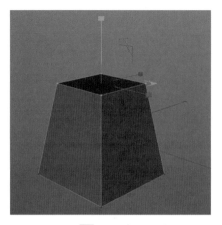

图 3-160 利用 ▣（缩放工具）缩小顶部

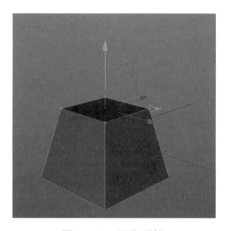

图 3-161 压扁顶部

④ 制作出帽子底部的空洞效果。方法：选择工具栏中的 ▣（实体选择工具），再在左侧编辑模式工具栏中选择 ▣（多边形模式），然后按住键盘上【Alt】的同时单击，将透视图旋转一定角度，显示出立方体的底部。接着在底部单击，从而选中立方体底部多边形，如图 3-162 所示。最后按【Delete】键进行删除，效果如图 3-163 所示。

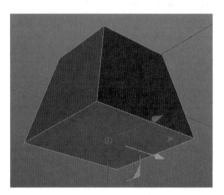

图 3-162 选中立方体底部多边形

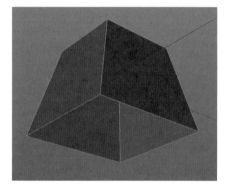

图 3-163 删除底部多边形

⑤ 制作出帽檐大体形状。方法：选择工具栏中的 ✛（移动工具），再在左侧编辑模式工具栏中选择 ▣（边模式），然后在底部边上双击鼠标，从而选中底部的一圈边。接着将透视图旋转到合适角度，再按住键盘上的【Ctrl】键，将其沿 Y 轴向下挤压，如图 3-164 所示。最后利用 ▣（缩放工具）将其等比例放大，效果如图 3-165 所示。

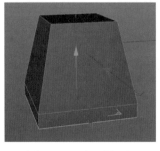

图 3-164 向下挤压

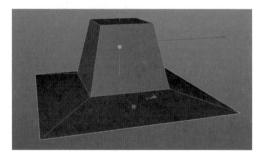

图 3-165 等比例放大顶部一圈边

⑥ 对模型进行平滑处理。方法：按住键盘上的【Alt】键，单击工具栏中的 ▣（细分曲面）工具，给它添加一个"细分曲面"的父级，此时对象面板如图 3-166 所示，效果如图 3-167 所示。

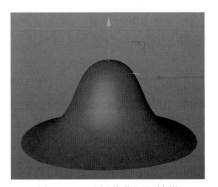

图 3-166　添加 "细分曲面" 的父级 　　　　　图 3-167　"细分曲面" 效果

⑦ 在对象面板中选择 "立方体"，然后在视图中右击，从弹出的快捷菜单中选择 "循环/路径切割"（【K+L】组合键）命令，如图3-168所示。接着在帽子垂直方向切割出一圈边，再单击上方的■（切割到中间）按钮，使切割出的边处于中间位置，如图3-169所示。

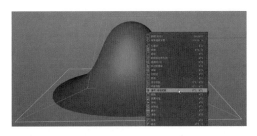

图 3-168　选择 "循环/路径切割" 命令 　　　　图 3-169　"细分曲面" 效果

⑧ 调整帽子顶部形状。方法：选择工具栏中的■（框选工具），再在左侧编辑模式工具栏中选择■（点模式），然后框选顶部中间的顶点，再利用■（移动工具）将其沿Y轴向下移动，如图3-170所示。接着利用■（框选工具）顶部右侧的顶点，再利用■（移动工具）将其沿Y轴向上移动，效果如图3-171所示。

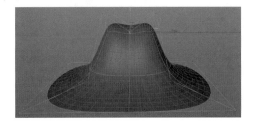

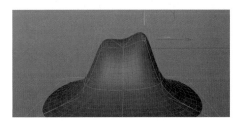

图 3-170　将顶部中间的顶点向下移动 　　　　图 3-171　将顶部右侧的顶点向上移动

⑨ 同理，调整帽子底部顶点的位置，如图3-172所示。

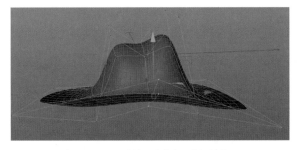

图 3-172　调整帽子底部顶点的位置

⑩ 将视图旋转到帽子侧面，然后按【K+L】组合键，切换为"循环/路径切割"，再在侧面中间切割出一圈边，如图3-173所示。接着调整帽子中间和后面顶点的位置，从而形成牛仔帽子的形状，如图3-174所示。

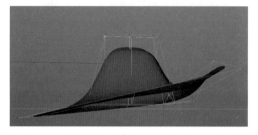

图3-173　在侧面中间切割出一圈边

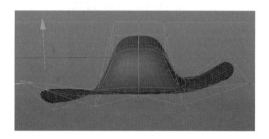

图3-174　调整顶点的位置

⑪ 在左侧编辑模式工具栏中单击 （可编辑对象）按钮（快捷键是【C】），将其转为可编辑对象。然后将视图旋转到合适角度，如图3-175所示。

⑫ 提取帽檐的一圈边。方法：选择 （移动工具），进入 （点模式），然后在帽檐边缘适当位置双击，从而选中帽檐边缘的一圈边，如图3-176所示。接着执行菜单中的"网格"|"命令"|"提取样条"命令，从而将这圈边提取出来，此时对象面板如图3-177所示。接着将提取出来的"细分曲面.样条"拖到"细分曲面"的外面，如图3-178所示。

图3-175　将视图旋转到合适角度

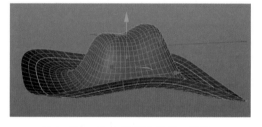

图3-176　选中帽檐边缘的一圈边

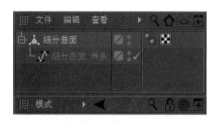

图3-177　对象面板

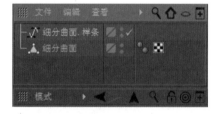

图3-178　将提取出来的"细分曲面.样条"拖到"细分曲面"的外面

⑬ 制作帽子的厚度。方法：执行菜单中的"模拟"|"布料"|"布料曲面"命令，添加一个"布料曲面"对象，如图3-179所示，然后将"细分曲面"拖入"布料曲面"成为子集，接着再在属性面板中将"厚度"设置为3 cm，如图3-180所示，效果如图3-181所示。最后按住键盘上的【Alt】键，单击工具栏中的 （细分曲面）工具，给它添加一个"细分曲面"的父级，效果如图3-182所示。

提示

在"对象"面板中选择"细分曲面"，然后选择 （框选工具），进入 （多边形模式），再框选所有的多边形，如图3-183所示，接着右击，从弹出的快捷菜单中选择"挤压"（快捷键【D】）命令，再对多边形进行挤压，并在属性面板中选中"创建封顶"复选框，如图3-184所示，也可以制作出帽子的厚度，如图3-185所示。

图 3-179　添加一个"布料曲面"对象

图 3-180　添加一个"布料曲面"对象

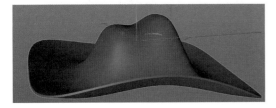

图 3-181　利用"布料曲面"添加厚度的效果

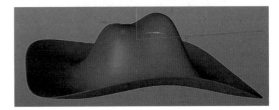

图 3-182　细分曲面效果

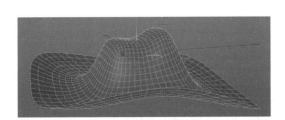

图 3-183　框选所有的多边形

图 3-184　选中"创建封顶"复选框

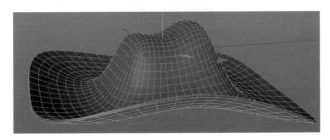

图 3-185　通过挤压制作出帽子的厚度

2. 制作帽子边缘的装饰物

① 在工具栏 ▦（立方体）工具上按住鼠标左键，从弹出的隐藏工具中选择 ▦ 胶囊 ，如图 3-186 所示，从而在视图中创建一个胶囊，接着在属性面板中将其"半径"设为 2 cm，"高度"设为 12 cm，如图 3-187 所示。再执行菜单中的"运动图形"｜"克隆"命令，添加一个"克隆"对象，然后将"胶囊"拖入"克隆"成为其子集，如图 3-188 所示，效果如图 3-189 所示。

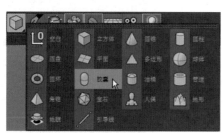

图 3-186　选择　胶囊

图 3-187　设置胶囊参数

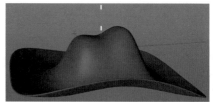

图 3-188　将"胶囊"拖入"克隆"成为子集

图 3-189　默认克隆效果

② 制作胶囊环绕帽檐的效果。方法：在对象面板中选择"克隆"，然后在属性面板中将"模式"设为"对象"，再将前面提取出来的"细分曲面.样条"拖到"对象"右侧，如图 3-190 所示，效果如图 3-191 所示。接着进入"变换"选项卡，旋转"H"和"P"的度数，如图 3-192 所示，使胶囊与帽檐角度尽量匹配，最后在对象面板中选择"细分曲面.样条"，将其沿 Y 轴略微向上移动一下，效果如图 3-193 所示。

图 3-190　设置克隆参数

图 3-191　设置克隆参数后的效果

图 3-192　设置"H"和"P"的旋转度数

图 3-193　设置"H"和"P"的旋转度数后的效果

③ 此时胶囊体的数量过少，下面进入"对象"选项卡，将"分布"设为"平均"，"数量"设为 30，如图 3-194 所示，效果如图 3-195 所示。

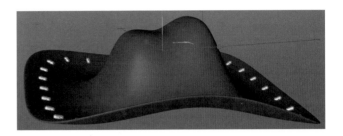

图 3-194　设置"对象"选项卡参数　　　　　图 3-195　设置"对象"选项卡参数后的效果

3. 制作帽子顶部的带子

① 在对象面板中同时选择"布料曲面"和"细分曲面"，如图 3-196 所示。然后单击右键，从弹出的快捷菜单中选择"连接对象+删除"命令，将其转换为一个可编辑对象，如图 3-197 所示。

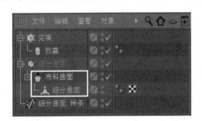

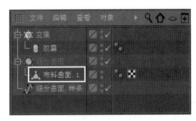

图 3-196　同时选择"布料曲面"和"细分曲面"　　　图 3-197　转换为一个可编辑对象

② 选择　（实体选择工具），进入　（多边形模式），然后执行菜单中的"选择" | "循环选择"（【U+L】组合键）命令，再在视图中配合【Shift】键选择帽子顶部的两圈多边形，如图 3-198 所示。接着单击右键，从弹出的快捷菜单中选择"分裂"命令，从而将这两圈边从原来模型上分裂出来，而原有模型保持不变。

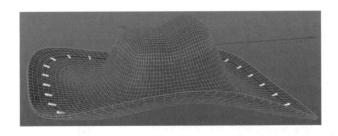

图 3-198　选择帽子顶部的两圈多边形

③ 在对象面板中选择分裂出来的"细分曲面"，如图 3-199 所示。然后利用　（框选工具）框选所有的多边形，再按快捷键【D】，切换到"挤压"命令，接着对其挤压出一个厚度，并在属性面板中选中"创建封顶"复选框，效果如图 3-200 所示。最后按住键盘上的【Alt】键，单击工具栏中的

（细分曲面）工具，给它添加一个"细分曲面"的父级，效果如图3-201所示。

④ 为了后面便于区分，下面在对象面板中重命名对象，如图3-202所示。

图 3-199　选择分裂出来的"细分曲面"

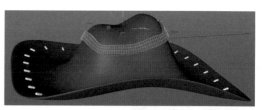

图 3-200　挤压出一个厚度

图 3-201　细分曲面效果

图 3-202　重命名对象

4. 赋予帽子模型材质

① 在材质栏中双击鼠标，新建一个材质球，然后在名称处双击鼠标将其重命名为"帽子"，如图3-203所示。接着双击材质球进入"材质编辑器"窗口，如图3-204所示。

图 3-203　新建材质球并将其重命名为"帽子"

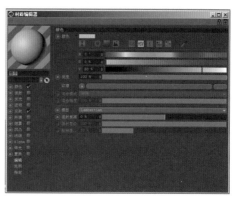

图 3-204　重命名对象

② 在左侧选择"颜色"复选框，然后单击"纹理"右侧的 ▇▇▇ 按钮，指定给配套资源中的"源文件\牛仔帽子\tex\alcantara_topstitch_square_Base_Color.jpg"贴图，如图3-205所示。

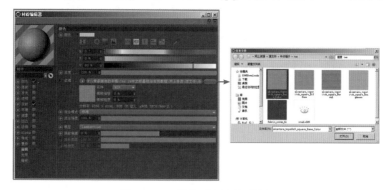

图 3-205　指定"颜色"贴图

③ 同理，分别指定给"漫射"纹理配套资源中的"源文件\牛仔帽子\tex\alcantara_topstitch_square_Diffuse"贴图；指定给"凹凸"纹理配套资源中的"源文件\牛仔帽子\tex\alcantara_topstitch_square_Roughness"贴图；指定给"法线"纹理配套资源中的"源文件\牛仔帽子\tex\alcantara_topstitch_square_Normal"贴图。然后取消选中"反射"复选框，此时"材质编辑器"窗口如图3-206所示。

④ 关闭材质编辑器。然后将"帽子"材质拖给场景中的"帽子"和"带子"模型，效果如图3-207所示。

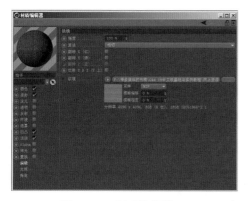

图 3-206　材质编辑器

图 3-207　赋予帽子材质后的效果

⑤ 在材质栏中双击鼠标，新建一个材质球，然后将其重命名为"装饰"。接着将其赋予帽子上的"装饰"模型。

⑥ 至此，整个牛仔帽子制作完毕。下面执行菜单中的"文件"|"保存工程（包含资源）"命令，将文件保存打包。

视频

足球

3.7　足　　球

要点：

本例将制作一个足球效果，如图3-208（a）所示，赋予材质后利用C4D默认渲染器渲染效果如图3-208（b）所示。通过本例的学习，读者应掌握█（实体选择工具）、█（多边形模式）、█（边模式）、█（缩放工具）、"细分曲面"生成器和根据需要赋予模型不同位置相应材质的方法。

（a）模型效果

（b）默认渲染效果

图 3-208　足球效果

操作步骤：

1. 创建足球模型

① 在工具栏 （立方体）工具上按住鼠标左键，从弹出的隐藏工具中选择 球体，如图 3-209 所示，从而在视图中创建一个球体，如图 3-210 所示。然后执行"视图"菜单中的"显示"|"光影着色（线条）"（【N+B】组合键）命令，将其以光影着色（线条）的方式进行显示，效果如图 3-211 所示。

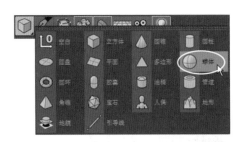

图 3-209　从弹出的隐藏工具中选择 球体

图 3-210　创建一个球体

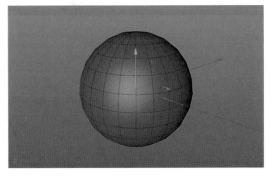

图 3-211　将球体以光影着色（线条）的方式显现

② 在属性栏中将球体"分段"设置为 19，"类型"设置为"二十面体"，如图 3-212 所示，效果如图 3-213 所示。

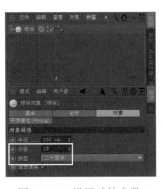

图 3-212　设置球体参数

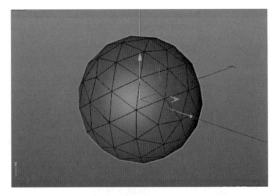

图 3-213　设置球体参数后的效果

③ 在编辑模式工具栏中单击 （转为可编辑对象）按钮（快捷键是【C】），将其转为可编辑对象。

④ 选择工具栏中的 （实体选择工具）（快捷键是【9】），然后在编辑模式工具栏中选择 （边模式），再将鼠标放置在球体五边形中心处，此时实体选择范围内的多边形会高亮显示，如图 3-214 所示，接着单击鼠标即可选中五边形，如图 3-215 所示。

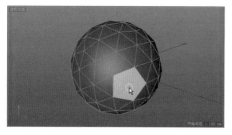

图 3-214　实体选择范围内的多边形会高亮显示

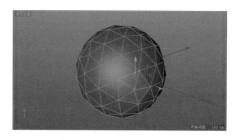

图 3-215　选中五边形

⑤ 配合键盘上的【Shift】键，进行加选球体上其余的 11 个五边形，如图 3-216 所示。然后执行菜单中的"选择"|"设置选集"命令，将其设置为一个选集，此时对象面板会显示出一个 （多边形选集）图标，如图 3-217 所示。

图 3-216　选中球体上所有的五边形

图 3-217　将所有五边形设置为一个选集

⑥ 按住键盘上的【Shift】键，在编辑模式工具栏中单击 🔲 （边模式），从而将选中的五边形转换为边，如图 3-218 所示。然后配合键盘上的【Ctrl】键，减选五边形内部的边，只保留边界处的边，如图 3-219 所示。

图 3-218　将五边形转换为边

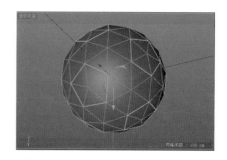

图 3-219　只保留五边形边界处的边

⑦ 按住键盘上的【Shift】键，加选足球上所有要制作凹痕处的边，如图 3-220 所示。然后执行菜单中的"选择"|"设置选集"命令，将其设置为一个选集，此时对象面板会显示出一个  （边选集）图标，如图 3-221 所示。

图 3-220　选中足球上所有要制作凹痕处的边

图 3-221　将所有要制作凹痕的边设置为一个选集

⑧ 按住键盘上的【Alt】键，单击工具栏中的 ▣（细分曲面）工具，给球体添加一个"细分曲面"的父级，如图 3-222 所示，效果如图 3-223 所示。

图 3-222　给球体添加一个"细分曲面"的父级

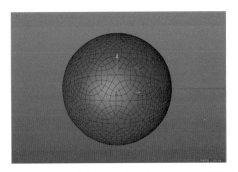

图 3-223　给球体添加一个"细分曲面"后的效果

⑨ 在对象面板中同时选择"细分曲面"和"球体"，在编辑模式工具栏中单击 ▣（转为可编辑对象）按钮（快捷键是【C】），将其转为可编辑对象，效果如图 3-224 所示。

⑩ 按住键盘上的【Alt】键，单击工具栏中的 ▣（细分曲面）工具，再给球体添加一个"细分曲面"生成器，效果如图 3-225 所示。

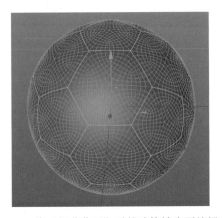

图 3-224　将"细分曲面"后的球体转为可编辑对象

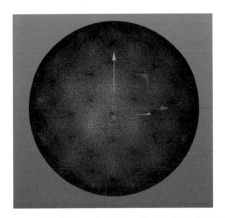

图 3-225　再次添加"细分曲面"生成器后的效果

⑪ 在对象面板中选择"细分曲面"子集，再选择 ▲（边选集），如图 3-226 所示。然后利用 ▣（缩放工具）对其进行适当缩小，从而形成足球上的凹痕效果，如图 3-227 所示。

图 3-226　选择 ▲（边选集）

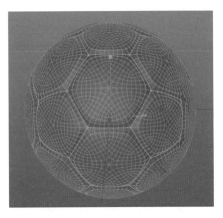

图 3-227　形成足球上的凹痕效果

⑫ 执行"视图"菜单中的"显示"|"光影着色"(【N+A】组合键)命令，将其以光影着色的方式进行显示，效果如图3-228所示。

2. 赋予足球模型材质

① 在材质栏中双击，新建一个材质球，然后在名称处双击将其重命名为"白色"，如图3-229所示。接着双击材质球进入"材质编辑器"窗口，如图3-230所示。

② 在左侧选择"颜色"复选框，然后单击"纹理"右侧的  按钮，从弹出的"打开文件"对话框中选择配套资源中的"源文件\3.7足球\tex\白色皮革.jpg"贴图，单击"打开"按钮，如图3-231所示。接着在弹出的对话框中单击"否"按钮，如图3-232所示。再接着在左侧选中"凹凸"复选框，再在右侧指定给纹理配套资源中的"源文件\3.7足球\tex\凹凸纹理.jpg"贴图，如图3-233所示，最后单击右上方的 ☒ 按钮，关闭"材质编辑器"窗口。再将"白色"材质拖给场景中的足球模型，效果如图3-234所示。

图 3-228　光影着色的显示效果

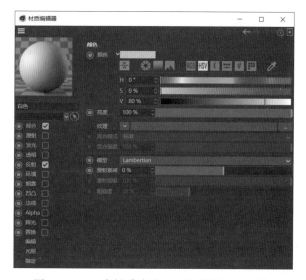

图 3-229　新建材质球并将其重命名为"白色"　　　　图 3-230　双击材质球进入"材质编辑器"窗口

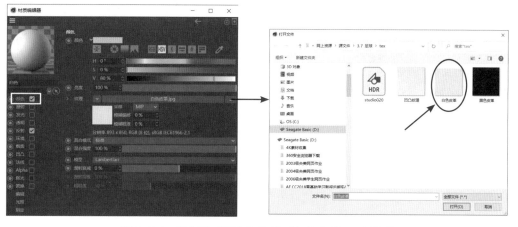

图 3-231　指定给"颜色"纹理"白色皮革.jpg"贴图

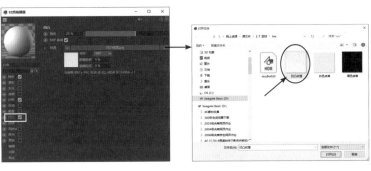

图 3-232 单击"否"按钮　　　　　　　图 3-233 指定给"凹凸"纹理"凹凸纹理 .jpg"贴图

③ 在材质栏中选中"黑色"材质球,然后按住键盘上的【Ctrl】键复制出一个"白色"材质球,再将其重命名为"黑色",如图 3-235 所示。接着双击材质球进入"材质编辑器"窗口,再指定给"颜色"右侧"纹理"配套资源中的"源文件\3.7 足球\tex\黑色皮革.jpg"贴图,如图 3-236 所示,再关闭"材质编辑器"窗口。最后将"黑色"材质拖给场景中的足球模型,效果如图 3-237 所示。

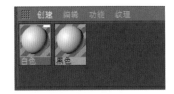

图 3-234 赋予足球白色材质的效果　　　　　　　　图 3-235 将复制的材质球重命名为"黑色"

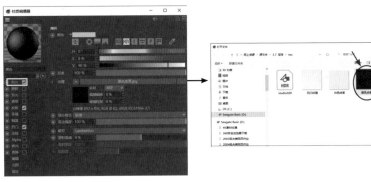

图 3-236 指定给"颜色"右侧"纹理"一个"黑色皮革.jpg"贴图　图 3-237 赋予足球黑色材质的效果

④ 此时足球整体是黑色的,下面通过设置选集的方法将黑色材质指定给相应的多边形。方法:在对象面板中选择"黑色"材质,然后将前面设置好的 ▲（多边形选集）拖给下方的"选集"右侧,如图 3-238 所示,效果如图 3-239 所示。

⑤ 至此,整个足球制作完毕。下面执行菜单中的"文件" |"保存工程（包含资源）"命令,将文件保存打包。

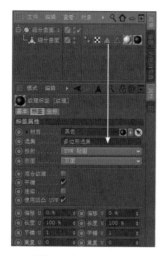

图 3-238　将█（多边形选集）拖给黑色材质

图 3-239　最终效果

3.8　陶　　罐

视频
陶罐

要点：

　　本例将制作一个陶罐模型，如图 3-240 所示。通过本例的学习，读者应掌握"连接对象＋删除"命令，FFD 和"收缩包裹"变形器、挤压、倒角等一系列操作的方法。

操作步骤：

一、创建陶罐模型

　　创建陶罐模型分为制作陶罐大体形状、制作陶罐转角处的绳索和制作陶罐上的贴纸模型三个部分。

图 3-240　陶罐模型

1. 制作陶罐大体形状

　　① 在工具栏█（立方体）工具上按住鼠标左键，从弹出的隐藏工具中选择█ █，如图 3-241 所示，从而在视图中创建一个球体，然后将其以光影着色（线条）的方式进行显示，如图 3-242 所示。

图 3-241　从弹出的隐藏工具中选择█ █

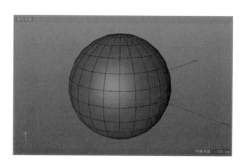

图 3-242　创建一个球体

② 在属性栏中将球体"分段"设置为12,"类型"设置为"六面体",如图3-243所示,效果如图3-244所示。

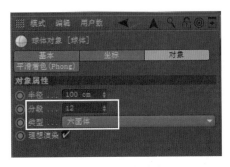

图 3-243 设置球体参数

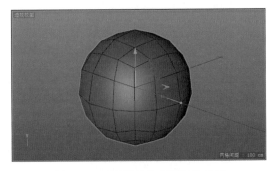

图 3-244 设置球体参数后的效果

③ 在左侧编辑模式工具栏中单击 （转为可编辑对象）按钮（快捷键是【C】），将其转为可编辑对象。

④ 在上方工具栏中 （扭曲）工具上按住鼠标左键,从弹出的隐藏工具中选择 FFD,如图3-245所示,从而将FFD变形器添加到对象面板中,如图3-246所示。接着将其拖到"球体"下方作为子集,如图3-247所示,效果如图3-248所示。

提示

按住键盘上【Shift】键,从弹出的隐藏工具中选择 FFD,可以直接将FFD变形器作为"球体"的子集。

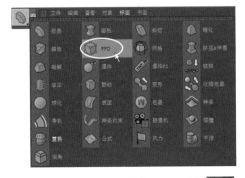

图 3-245 从弹出的隐藏工具中选择 FFD

图 3-246 将 FFD 变形器添加到对象面板中

图 3-247 将 FFD 变形器作为球体的子集

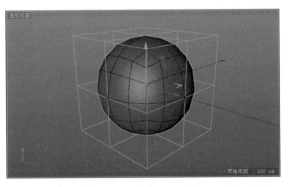

图 3-248 将 FFD 变形器作为球体的子集的效果

⑤ 按快捷键【F4】，切换到正视图。然后在对象面板中选择FFD，再在工具栏中选择（框选工具），在编辑模式工具栏中选择📦（点模式），接着在正视图中框选FFD中下方的六个控制点，如图3-249所示，再利用🔲（缩放工具）对其进行适当等比例放大，如图3-250所示。最后按空格键切换到上一步使用的🔲（框选工具），框选FFD下方的3个控制点，再按空格键切换到上一步使用的🔲（缩放工具），再对其进行适当等比例放大，从而形成上面小下面大的效果，如图3-251所示。

> 提示
>
> 按键盘上的空格键，可以切换到用户上一次的操作，从而大大工作效率。

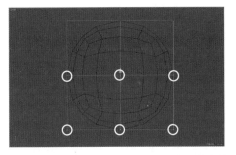

图3-249　在正视图中框选FFD中下方的控制点

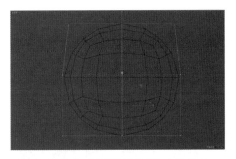

图3-250　对其进行适当等比例放大

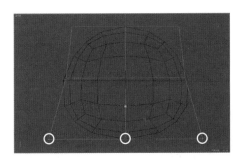

图3-251　形成上面小下面大的效果

⑥ 按快捷键【F1】，切换到透视图。然后利用🔲（框选工具）框选FFD上方中间的三个控制点沿Y轴向下拖动，如图3-252所示，从而压扁顶部。然后按快捷键【F4】，切换到正视图，在框选下方中间的控制点沿Y轴向上拖动，从而压扁底部，如图3-253所示。

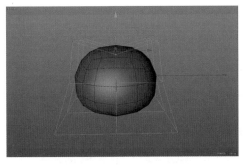

图3-252　压扁顶部

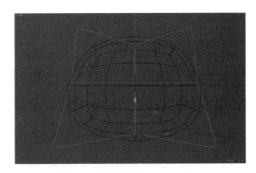

图3-253　压扁底部

⑦ 在对象面板中同时选择"球体"和"FFD"，如图3-254所示，然后右击，从弹出的快捷菜单中选择"连接对象+删除"命令，将其转换为一个可编辑对象，如图3-255所示。

图 3-254　同时选择"球体"和"FFD"

图 3-255　转换为一个可编辑对象

⑧ 在工具栏中选择 ，然后在编辑模式工具栏中选择 ，再在正视图中框选下方的两个顶点，如图 3-256 所示，沿 Y 轴适当向上移动，从而形成陶罐底部形状，如图 3-257 所示。

图 3-256　在正视图中框选下方的两个顶点

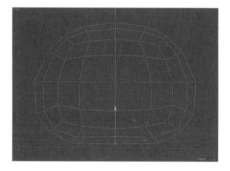

图 3-257　沿 Y 轴适当向上移动

⑨ 在编辑模式工具栏中选择 ，然后在正视图中框选图 3-258 所示的多边形。接着按快捷键【F1】，切换到透视图，按住【Ctrl】键沿 Y 轴向上挤压，如图 3-259 所示。再选择工具栏中的 ，整体放大，如图 3-260 所示。最后按【Delete】键，删除多边形，如图 3-261 所示。

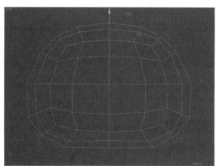

图 3-258　框选多边形

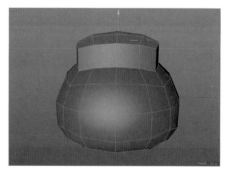

图 3-259　按住【Ctrl】键沿 Y 轴向上挤压

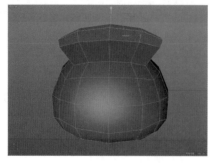

图 3-260　整体放大

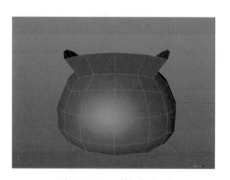

图 3-261　删除多边形

⑩ 此时在编辑模式工具栏中选择■（点模式），会发现删除多边形后会产生多余的顶点。下面按快捷键【Ctrl+A】选择全部顶点，如图3-262所示，然后右击，从弹出的快捷菜单中选择"优化"命令，即可去除多余的顶点，如图3-263所示。

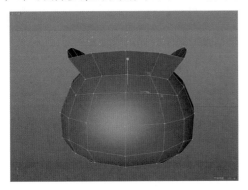

图 3-262　选择全部顶点

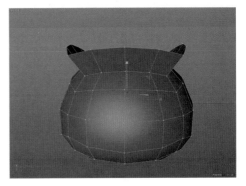

图 3-263　去除多余的顶点

⑪ 按快捷键【F4】，切换到正视图。然后利用■（框选工具）框选上方的三个顶点，如图3-264所示，沿Y轴向上移动，如图3-265所示。接着再框选中间的一个顶点沿Y轴向上移动，从而形成高低变化，如图3-266所示。

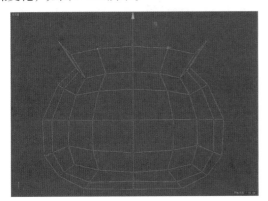

图 3-264　框选上方的 3 个顶点

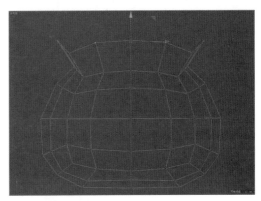

图 3-265　沿 Y 轴向上移动

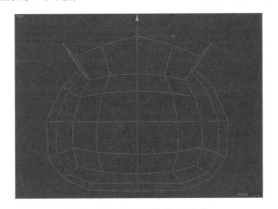

图 3-266　沿 Y 轴向上移动

⑫ 放大陶罐口的形状。方法：在正视图中框选图3-267所示的六个顶点，然后按快捷键【F1】，切换透视图，再利用■（缩放工具）整体放大，效果如图3-268所示。接着按快捷键【F3】，切换右视图，再框选图3-269所示的六个顶点。最后按快捷键【F1】，切换透视图，再利用■（缩放工具）

整体放大，效果如图 3-270 所示。

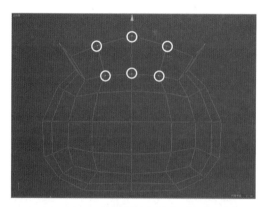

图 3-267　在正视图中框选顶点

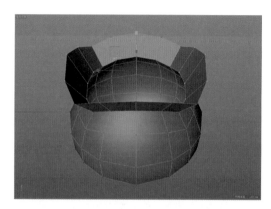

图 3-268　在透视图中整体放大

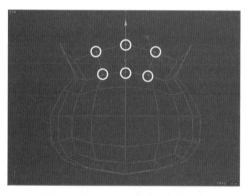

图 3-269　在右视图中框选顶点

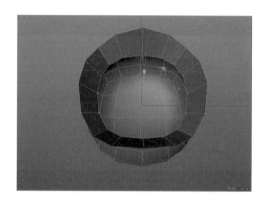

图 3-270　在透视图中整体放大

⑬ 调整陶罐转角处的边。方法：按快捷键【F4】，切换到正视图。然后选择工具栏中的 ⊕（移动工具），再在编辑模式工具栏中选择 ◙（边模式），接着在陶罐转角处双击，从而选中转角处的一圈边，如图 3-271 所示。最后选择 ▣（缩放工具）沿 Y 轴向下移动，使转角处的边成一条直线（也就是 Y 轴尺寸归 0），效果如图 3-272 所示。

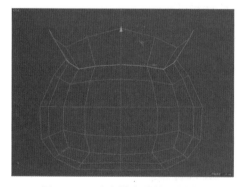

图 3-271　选中转角处的一圈边

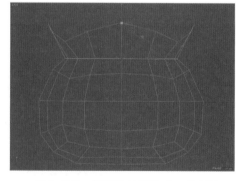

图 3-272　使转角处的边成一条直线

⑭ 提取陶罐转角处的边作为绳索的路径。方法：执行主菜单中的"网格"|"命令"|"提取线条"命令，从而将转角处的边提取出来，此时对象面板如图 3-273 所示。然后将提取出来的"球体.1.样条"拖到"球体.1"的外面，如图 3-274 所示。

图 3-273　提取线条后的对象面板

图 3-274　将提取出来的"球体.1.样条"拖到"球体.1"的外面

⑮ 制作陶罐的厚度。方法：按快捷键【F1】，切换透视图。然后按住【Alt】键并单击，将透视图旋转一定角度，完全显示出陶罐口，如图 3-275 所示。接着在对象面板中选择"球体 1"，然后在工具栏中选择 ![框选工具] （框选工具），再在编辑模式工具栏中选择 ![多边形模式] （多边形模式），接着在视图中框选所有的多边形，如图 3-276 所示，再右击，从弹出的快捷菜单中选择"挤压"命令，并在属性栏中选中"创建封顶"复选框，再向内进行挤压，效果如图 3-277 所示。

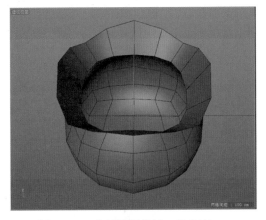

图 3-275　将透视图旋转一定角度

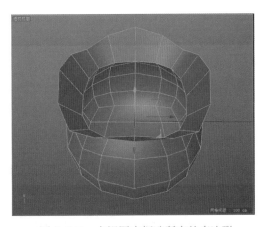

图 3-276　在视图中框选所有的多边形

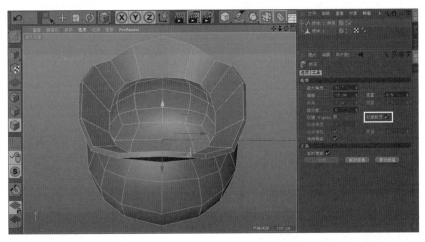

图 3-277　挤压出陶罐厚度

⑯ 通过倒角细化陶罐结构。方法：在工具栏中选择 ![移动工具] （移动工具），然后在编辑模式工具栏中选择 ![边模式] （边模式），再在陶罐口和陶罐转角处双击鼠标，从而选中三圈边，如图 3-278 所示。接着右击，从弹出的快捷菜单中选择"倒角"命令，再在视图中拖动鼠标，并在右侧属性栏中将"偏移"设为1，"细分"设为 0，效果如图 3-279 所示。

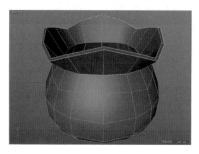
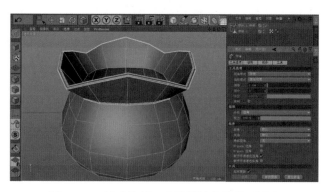

图 3-278　选中陶罐口和陶罐转角处的 3 圈边　　　图 3-279　选中陶罐口和陶罐转角处的 3 圈边

⑰ 按住键盘上的【Alt】键，单击工具栏中的 （细分曲面）工具，给陶罐添加一个"细分曲面"的父级，如图 3-280 所示。

⑱ 至此，陶罐效果制作完毕，效果如图 3-281 所示。下面在对象面板中同时选择"细分曲面"和"球体1"，然后在左侧工具栏中单击 （可编辑对象）按钮（快捷键【C】），将它们转为一个可编辑对象，并将其重命名为"陶罐"，如图 3-282 所示。

图 3-280　给陶罐添加一个"细分曲面"的父级

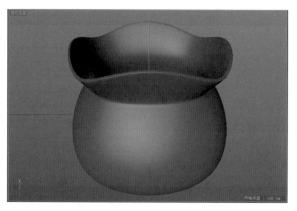

图 3-281　"细分曲面"的效果　　　图 3-282　重命名为"陶罐"

2. 制作陶罐转角处的绳索

① 执行主菜单中的"插件"|Reeper 命令，添加一个 Reeper 生成器，此时对象面板如图 3-283 所示。然后将前面"球体.1.样条"拖入 Reeper 作为子集，如图 3-284 所示，效果如图 3-285（a）所示。

图 3-283　添加一个 Reeper 生成器　　　图 3-284　将"球体.1.样条"拖入 Reeper 作为子集

② 下面在属性面板的"常规"选项中将"半径"设为 3 cm，"距离"设为 3 cm，"模式"设为"简单编织（3 缕线）"，效果如图 3-285（b）所示。

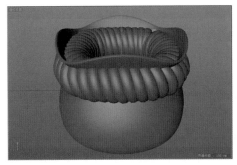

（a）"Reeper"效果

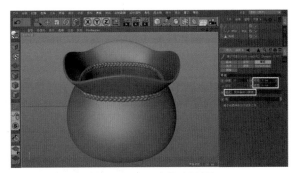

（b）调整"Reeper"参数后的效果

图 3-285　添加 Reeper 生成器

③ 此时绳索半径过小，下面就来解决这个问题。方法：在对象面板中选择 Reeper，执行主菜单中的"网格"|"重置轴心"|"轴对齐"命令，在弹出的"轴对齐"对话框中选中"点中心"、"包括子集"和"使用所有对象"三个复选框，如图 3-286 所示，单击"执行"按钮。然后选择上方工具栏中的 🔲（缩放工具），再在左侧工具栏中选择 🔲（模型模式），接着在视图中适当放大绳索，效果如图 3-287 所示。最后为了便于区分，在对象面板中将 Reeper 重命名为"绳索"。

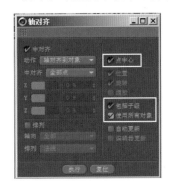

图 3-286　设置"轴对齐"参数

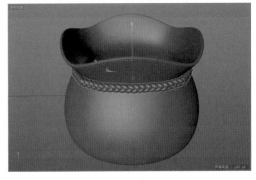

图 3-287　在视图中适当放大绳索

3. 制作陶罐上的贴纸模型

① 在工具栏 🔲（立方体）工具上按住鼠标左键，从弹出的隐藏工具中选择 🔲 平面，从而在视图中创建一个平面，然后在透视图中，执行"视图"菜单栏中的"显示"|"光影着色（线条）"（【N+B】组合键）命令，以光影线条方式显示对象，效果如图 3-288 所示。

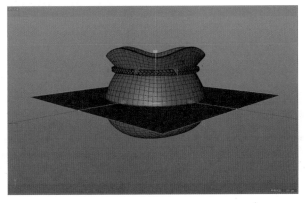

图 3-288　光影线条方式显示对象

② 为了保证贴纸能够与陶罐完全吻合，下面将平面的"宽度分段"和"高度分段"均设为20，然后利用 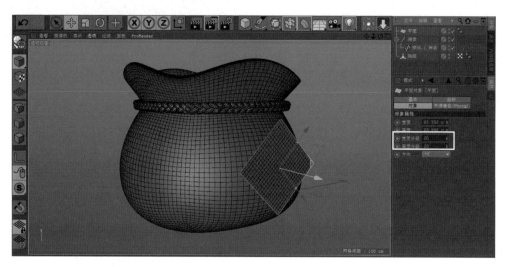（旋转工具）将其沿X轴旋转90°，再沿Y轴选择135°，接着利用 （缩放工具）将其整体缩小，并放置到陶罐前面，如图3-289所示。

图3-289　将平面旋转缩放后放置到陶罐前面

提示

先利用 （旋转工具）进行旋转，然后旋转过程中再按住键盘上的【Shift】键，可以以10°的倍数进行旋转。另外旋转后在变换栏中直接输入旋转的度数也可以进行精确度数的旋转，如图3-290所示。

③ 在编辑模式工具栏中单击 （转为可编辑对象）按钮（快捷键【C】），将平面转为可编辑对象。

④ 在工具栏中 （扭曲）工具上按住鼠标左键，从弹出的隐藏工具中选择 ，如图3-291所示，从而将"收缩包裹"变形器添加到对象面板中，如图3-292所示。接着将其拖到"平面"下方作为子集，如图3-293所示。最后在属性面板"对象"选项中单击"目标对象"后的 按钮后，再单击视图中的陶罐模型，即可将平面附到陶罐上，效果如图3-294所示。

图3-290　输入要具体旋转的度数

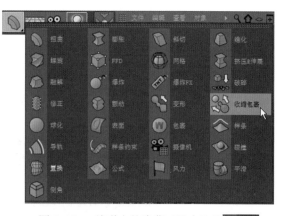

图3-291　从弹出的隐藏工具中选择

图 3-292　添加 "收缩包裹" 变形器

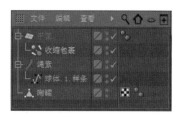
图 3-293　将 "收缩包裹" 变形器作为 "平面" 的子集

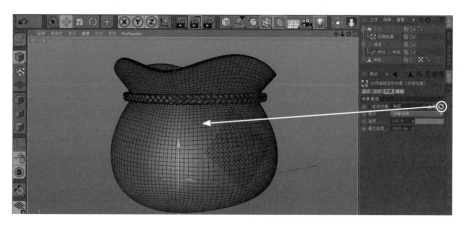
图 3-294　将平面附到陶罐上

⑤ 在对象面板中同时选择 "平面" 和 "收缩包裹"，然后右击，从弹出的快捷菜单中选择 "连接对象+删除" 命令，将它们转为一个可编辑对象。接着为了便于区分，将其重命名为 "贴纸"，如图 3-295 所示。

⑥ 为了避免后面陶罐材质遮挡贴纸材质效果，下面作为将作为贴纸的平面沿 Y 轴向外略微移动一下，如图 3-296 所示。

⑦ 至此，陶罐模型制作完毕。下面在对象面板选择所有模型，按【Alt+G】组合键，将它们组成一个组，并将名称命名为 "陶罐组"，如图 3-297 所示。

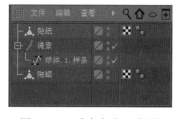
图 3-295　重命名为 "贴纸"

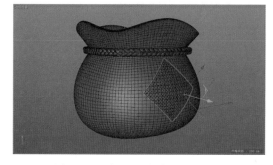
图 3-296　框选组成贴纸的多边形

图 3-297　创建 "陶罐组"

二、设置渲染输出尺寸和创建地面背景

1. 设置渲染输出尺寸

在工具栏中单击■（编辑渲染设置）按钮，从弹出的 "渲染设置" 窗口中将输出尺寸设置为 1 280×720 像素，如图 3-298 所示，然后单击右上方的▣按钮，关闭窗口。

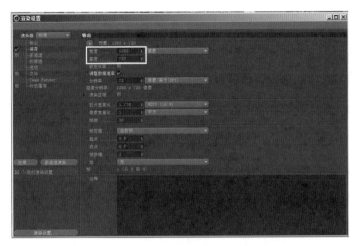

图 3-298　将输出尺寸设置为 1 280 × 720 像素

2. 创建地面背景

① 在创建地面背景之前，首先选择"陶罐组"，然后在左侧工具栏中选择 （模型模式），执行主菜单中的"插件"|Drop2Floor命令，将其对齐到地面。

提示

Drop2Floor插件可以在资源包中下载。

② 创建地面背景。方法：执行主菜单中的"插件"|L-Object命令，创建一个地面背景，如图 3-299所示。

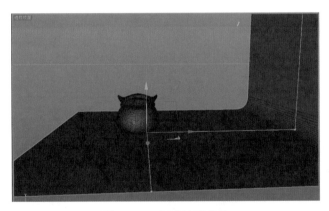

图 3-299　创建地面背景

③ 在属性面板中将L-Object(创建的地面)的"曲线偏移"设为1000，然后在透视图中调整地面的长度和宽度，以及位置，如图3-300所示。

提示

将"曲线偏移"设为1000，是为了避免渲染时地面和背景转角处过渡不自然，以免在渲染时产生折痕。

④ 按住【Alt】键并单击，将透视图旋转到合适角度，然后在透视图中执行"视图"菜单中的"显示"|"光影着色"（【N+A】组合键）命令，以光影着色方式显示对象，效果如图3-301所示。

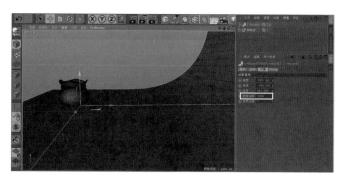

图 3–300　调整地面参数和地面位置

⑤ 在工具栏中单击（渲染到图片查看器）按钮，在弹出的"图片查看器"中查看白模整体效果，如图 3–302 所示。然后单击右上方的✕按钮，关闭窗口。

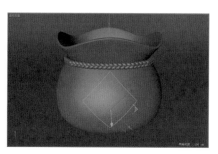

图 3–301　以光影着色方式显示对象

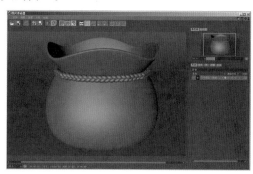

图 3–302　渲染白模效果

⑥ 至此，陶罐模型制作完毕。下面执行菜单中的"文件"|"保存工程（包含资源）"命令，将文件保存打包。

提示

关于陶罐材质制作部分请参见"4.4 陶罐材质"。

 课后练习

制作图 3-303 所示的游戏机。

图 3–303　游戏机

材质与贴图 **第4章**

本章重点

在Cinema 4D R19中制作好模型，接下来就是赋予模型适合的材质。通过本章的学习，读者应掌握金、银、玉、塑料、玻璃等一些常用材质的制作方法。

4.1 金、银、玉、塑料材质

要点：

本例将制作赋予模型金、银、玉和塑料四种材质，如图4-1所示。通过本例的学习，读者应掌握金、银、玉和塑料四种材质的制作方法。

（a）金材质 　　　　（b）银材质 　　　　（c）玉材质 　　　　（d）塑料材质

图4-1 金、银、玉、塑料材质

操作步骤：

1. 制作金材质

① 执行菜单中的"文件"|"打开"（组合键是【Ctrl+O】）命令，打开配套资源中的"源文件\4.1金、银、玉、塑料材质\源文件\源文件.c4d"文件。

② 在材质栏中双击鼠标，新建一个材质球，然后在名称处双击将其重命名为"金"，如图4-2所示。

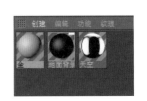

图4-2 新建并重命名材质球

③ 双击材质球进入"材质编辑器"窗口，取消选中"颜色"复选框。然后在左侧选择"反射"复选框，再在右侧单击"添加"按钮，从弹出的下拉菜单中选择"GGX"，如图 4-3 所示。再展开"层菲涅耳"选项组，单击"菲涅耳"右侧下拉列表，从中选择"导体"。接着从"预置"下拉列表中选择"金"，如图 4-4 所示。

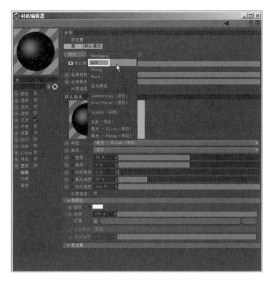

图 4-3 选择 GGX

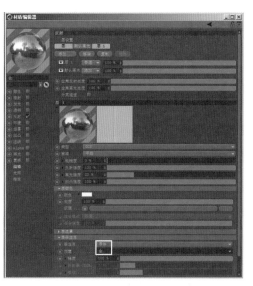

图 4-4 设置"层菲涅耳"参数

④ 此时金材质过于光滑，反射也过强。下面将"粗糙度"的数值设置 30%，"反射强度"的数值设置为 80%，如图 4-5 所示。

⑤ 此时金色颜色过浅。下面将"层颜色"选项组中的"颜色"设置为一种金黄色[HSB 的数值为（50，70，100）]，如图 4-6 所示。再单击右上方的 ✖ 按钮，关闭"材质编辑器"窗口。

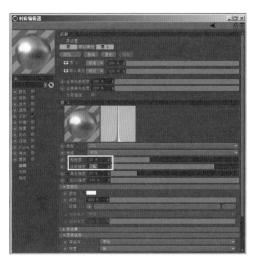

图 4-5 将"粗糙度"设置 30%，"反射强度"设置为 80%

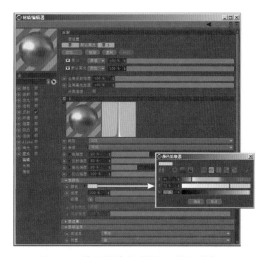

图 4-6 将"颜色"设置一种金黄色

⑥ 关闭"材质编辑器"窗口。然后将"金"材质拖给场景中的模型，接着在工具栏中单击 ![icon]（渲染到图片查看器）按钮，渲染效果如图 4-7 所示。

⑦ 执行菜单中的"文件"|"保存工程（包含资源）"命令，将文件保存打包。

2. 制作银材质

① 执行菜单中的"文件"|"打开"(【Ctrl+O】组合键)命令,打开配套资源中的"源文件\4.1 金、银、玉、塑料材质\源文件\源文件.c4d"文件。

② 在材质栏中双击,新建一个材质球,然后在名称处双击鼠标将其重命名为"银"。再双击材质球进入"材质编辑器"窗口,取消选中"颜色"复选框。接着在左侧选择"反射"复选框,再在右侧单击"添加"按钮,从弹出的下拉菜单中选择"GGX"。再展开"层菲涅耳"选项组,单击"菲涅耳"右侧下拉列表,从中选择"导体"。接着从"预置"下拉列表中选择"银",如图4-8所示。

图4-7　金渲染效果

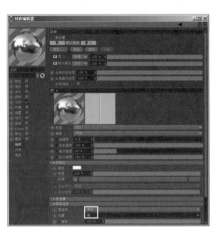

图4-8　设置"层菲涅耳"参数

③ 此时银材质过于光滑,反射也过强。下面将"粗糙度"的数值设置30%,"反射强度"的数值设置为80%,如图4-9所示。

④ 关闭"材质编辑器"窗口。然后将"银"材质拖给场景中的模型,接着在工具栏中单击 按钮,渲染效果如图4-10所示。

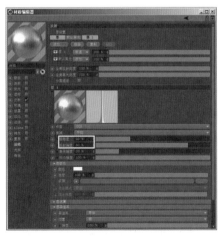

图4-9　将"粗糙度"设置30%,"反射强度"设置为80%

图4-10　银渲染效果

⑤ 执行菜单中的"文件"|"保存工程(包含资源)"命令,将文件保存打包。

3. 制作玉材质

① 执行菜单中的"文件"|"打开"(【Ctrl+O】组合键)命令,打开配套资源中的"源文件\4.1 金、银、玉、塑料材质\源文件\源文件.c4d"文件。

② 在材质栏中双击，新建一个材质球，然后在名称处双击鼠标将其重命名为"玉石"。再双击材质球进入"材质编辑器"窗口，取消选中"颜色"复选框。接着选中"发光"复选框，再单击"纹理"右侧 ● 按钮，从弹出的下拉菜单中选择"效果"|"次表面散射"命令，如图4-11所示。最后将"颜色"设置为一种绿色[HSB的数值为（120，90，80）]，如图4-12所示。

图4-11　选择"效果"|"次表面散射"命令

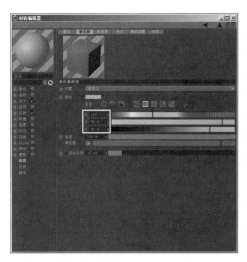
图4-12　将"颜色"设置为一种绿色

③ 在左侧选择"反射"复选框，再在右侧单击"添加"按钮，从弹出的下拉菜单中选择"GGX"。再展开"层菲涅耳"选项组，单击"菲涅耳"右侧下拉列表，从中选择"绝缘体"。接着从"预置"下拉列表中选择"翡翠"，如图4-13所示。

④ 关闭"材质编辑器"窗口。然后将"玉石"材质拖给场景中的模型，接着在工具栏中单击 ■（渲染到图片查看器）按钮，渲染效果如图4-14所示。

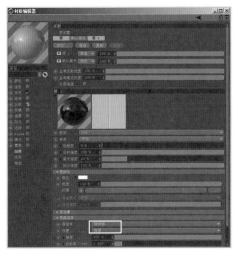
图4-13　设置"层菲涅耳"参数

图4-14　玉渲染效果

⑤ 执行菜单中的"文件"|"保存工程（包含资源）"命令，将文件保存打包。

4. 制作塑料材质

① 执行菜单中的"文件"|"打开"（【Ctrl+O】组合键）命令，打开配套资源中的"源文件\金、银、玉、塑料材质\源文件\源文件.c4d"文件。

② 在材质栏中双击，新建一个材质球，然后在名称处双击鼠标将其重命名为"塑料"。再双击材质球进入"材质编辑器"窗口，接着将"颜色"设置为一种绿色[HSB的数值为（120，90，80）]，如图4-15所示。

③ 在左侧选择"反射"，再在右侧单击"添加"按钮，从弹出的下拉菜单中选择"GGX"。再展开"层菲涅耳"选项组，单击"菲涅耳"右侧下拉列表，从中选择"绝缘体"。接着从"预置"下拉列表中选择"聚酯"，再将"粗糙度"设置为30%，如图4-16所示。

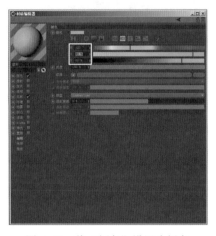

图 4-15 将"颜色"设置为绿色

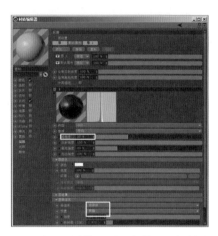

图 4-16 设置"层菲涅耳"参数和"粗糙度"

④ 关闭"材质编辑器"窗口。然后将"塑料"材质拖给场景中的模型，接着在工具栏中单击 ![按钮]（渲染到图片查看器）按钮，渲染效果如图4-17所示。

图 4-17 塑料渲染效果

⑤ 执行菜单中的"文件"|"保存工程（包含资源）"命令，将文件保存打包。

4.2 银色拉丝和金色拉丝材质

● 视频

银色拉丝和金色拉丝材质

要点：

本例将制作银色拉丝和金色拉丝材质，如图4-18所示。通过本例的学习，读者应掌握银色拉丝和金色拉丝材质的制作方法。

（a）模型效果

（b）银色拉丝材质

（c）金色拉丝材质

图 4-18　银色拉丝和金色拉丝材质

操作步骤：

1. 制作银色拉丝材质

① 执行菜单中的"文件"｜"打开"（【Ctrl+O】组合键）命令，打开配套资源中的"源文件\4.2 金银色拉丝和金色拉丝材质\银色拉丝和金色拉丝材质（白模）.c4d"文件。

② 在材质栏中双击，新建一个材质球，然后在名称处双击将其重命名为"银色拉丝"，如图 4-19 所示。

图 4-19　新建并重命名材质球

③ 双击材质球进入"材质编辑器"窗口，取消选中"颜色"复选框。然后在左侧选择"反射"，再在右侧单击"添加"按钮，从弹出的下拉菜单中选择"各向异性"，如图 4-20 所示。再展开"层各向异性"选项组，将"划痕"设置为"主级"，如图 4-21 所示。

图 4-20　选择"各向异性"

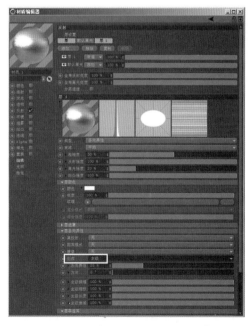
图 4-21　将"划痕"设置为"主级"

④ 将"主级振幅"设置为180%，从而使拉丝效果更明显。然后将"主级缩放"设置为30%，从而使拉丝效果更细腻。接着将"主级长度"设置为20%，从而使金属拉丝形成断断续续的效果，如图4-22所示。

⑤ 此时银色材质中自身就有白色的成分，为了防止曝光过度，下面展开"层颜色"选项组，将"亮度"设置为80%，如图4-23所示。

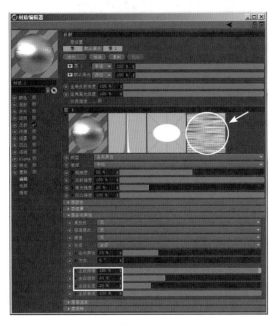

图 4-22　设置拉丝参数

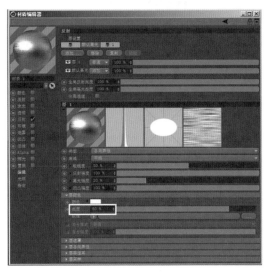

图 4-23　将"亮度"设置为80%

⑥ 关闭"材质编辑器"窗口。然后将"银色拉丝"材质拖给场景中的模型，接着在工具栏中单击 （渲染到图片查看器）按钮，渲染效果如图4-24所示。

⑦ 执行菜单中的"文件"|"保存工程（包含资源）"命令，将文件保存打包。

2. 制作金色拉丝材质

① 执行菜单中的"文件"|"打开"（【Ctrl+O】组合键）命令，打开配套资源中的"源文件\4.2金银色拉丝和金色拉丝材质\银色拉丝和金色拉丝材质（白模）.c4d"文件。

② 在材质栏中双击，新建一个材质球，然后在名称处双击将其重命名为"金色拉丝"。再双击材质球进入"材质编辑器"窗口，取消选中"颜色"复选框。接着在左侧选择"反射"，再在右侧单击"添加"按钮，从弹出的下拉菜单中选择"各向异性"，再展开"层各向异性"选项组，将"划痕"设置为"主级"。

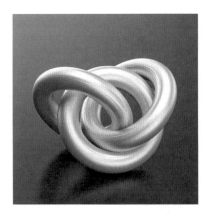

图 4-24　银色拉丝渲染效果

③ 将"主级振幅"设置为180%，从而使拉丝效果更明显。然后将"主级缩放"设置为30%，从而使拉丝效果更细腻。接着将"主级长度"设置为20%，从而使金属拉丝形成断断续续的效果，如图4-25所示。

④ 展开"层非涅耳"选项组，单击"菲涅耳"右侧下拉列表，从中选择"导体"。接着从"预置"下拉列表中选择"金"，如图4-26所示。

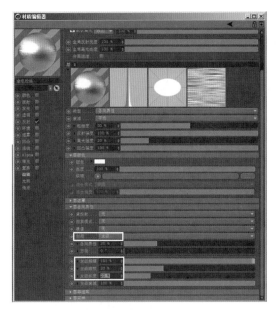

图 4-25　设置拉丝参数

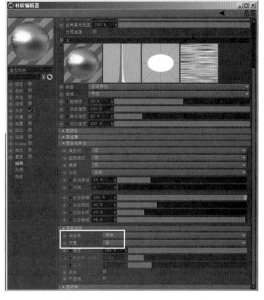

图 4-26　设置"层非涅耳"参数

⑤ 关闭"材质编辑器"窗口。然后将"金色拉丝"材质拖给场景中的模型，接着在工具栏中单击 ![] （渲染到图片查看器）按钮，渲染效果如图 4-27 所示。

图 4-27　金色拉丝渲染效果

⑥ 执行菜单中的"文件"|"保存工程（包含资源）"命令，将文件保存打包。

4.3　光滑玻璃和毛玻璃材质

视频 ●┄┄┄

光滑玻璃
和毛玻璃材质

 要点：

　　本例将制作光滑玻璃和毛玻璃材质，如图 4-28 所示。通过本例的学习，读者应掌握光滑玻璃和毛玻璃材质的制作方法。

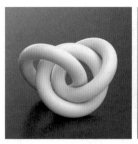  

（a）模型效果　　　　（b）光滑玻璃材质　　　　（c）毛玻璃材质

图 4-28　光滑玻璃和毛玻璃材质

操作步骤：

1. 制作光滑玻璃材质

① 执行菜单中的"文件"|"打开"（【Ctrl+O】组合键）命令，打开配套资源中的"源文件\4.3 光滑玻璃和毛玻璃材质\光滑玻璃和毛玻璃（白模）.c4d"文件。

② 在材质栏中双击，新建一个材质球，然后在名称处双击将其重命名为"光滑玻璃"，如图 4-29 所示。

图 4-29　新建并重命名材质球

③ 双击材质球进入"材质编辑器"窗口，取消选中"颜色"和"反射"复选框。然后选中"透明"复选框，再在右侧单击"折射率预设"右侧下拉列表，从中选择"钻石"，如图 4-30 所示。

④ 关闭"材质编辑器"窗口。然后将"光滑玻璃"材质拖给场景中的模型，接着在工具栏中单击 █（渲染到图片查看器）按钮，渲染效果如图 4-31 所示。

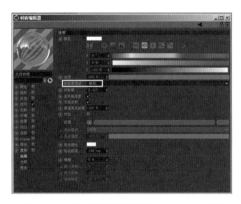 

图 4-30　将"折射率预设"设为"钻石"　　　　图 4-31　光滑玻璃渲染效果

⑤ 执行菜单中的"文件"|"保存工程（包含资源）"命令，将文件保存打包。

2. 制作毛玻璃材质

① 执行菜单中的"文件"|"打开"（【Ctrl+O】组合键）命令，打开配套资源中的"源文件\4.3 光滑玻璃和毛玻璃材质\光滑玻璃和毛玻璃（白模）.c4d"文件。

② 在材质栏中双击，新建一个材质球，然后在名称处双击将其重命名为"毛玻璃"。

③ 双击材质球进入"材质编辑器"窗口，取消选中"颜色"和"反射"复选框。然后选中"透明"复选框，再在右侧单击"折射率预设"右侧下拉列表，从中选择"钻石"。接着将"模糊"设置

为 30%，如图 4-32 所示。

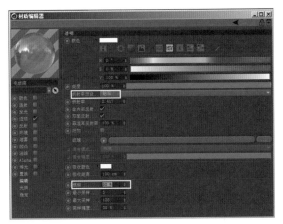

图 4-32　将"折射率预设"设为"钻石"，"模糊"设置为 30%

④ 在左侧选择"反射"，然后在右侧单击"透明度"，再将"粗糙度"设置为 30%，如图 4-33 所示。

 提示

　　此时不需要选中"反射"复选框，因为将"透明"的"折射率预设"设为"钻石"后，软件会默认启用反射的相关参数。

⑤ 关闭"材质编辑器"窗口。然后将"毛玻璃"材质拖给场景中的模型，接着在工具栏中单击 （渲染到图片查看器）按钮，渲染效果如图 4-34 所示。

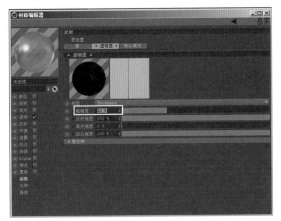

图 4-33　将"粗糙度"设置为 30%

图 4-34　毛玻璃渲染效果

⑥ 执行菜单中的"文件"|"保存工程（包含资源）"命令，将文件保存打包。

4.4　陶 罐 材 质

要点：

　　本例将给前面制作好的陶罐模型赋予材质，渲染后的效果如图 4-35 所示。本例中

的重点在于制作陶罐和金属材质，调整贴纸上的字。通过本例的学习，读者应掌握制作材质、添加全局光照和天空HDR，利用Photoshop对渲染输出的图片进行后期处理等一系列操作的方法。

 操作步骤：

图 4-35　赋予陶罐材质后的渲染效果

一、赋予模型材质

1. 制作陶罐材质

① 执行菜单中的"文件" | "打开"（【Ctrl+O】组合键）命令，打开前面制作好的配套资源中的"源文件\3.8 陶罐\陶罐（白模）.c4d"文件。

② 在材质栏中双击，新建一个材质球，如图4-36所示。然后双击材质球进入"材质编辑器"窗口，在左侧选择"颜色"复选框，然后在右侧将"颜色"设置为一种棕黄色[HSB的数值为（40，80，50）]，如图4-37所示。

图 4-36　新建一个材质球

图 4-37　将颜色设置为一种棕黄色

③ 在左侧选择"反射"复选框，然后在右侧单击"添加"按钮，在弹出的下拉菜单中选择GGX，如图4-38所示。接着展开"层菲涅耳"选项组，单击"菲涅耳"右侧下拉列表，从中选择"绝缘体"，如图4-39所示。再从"预置"下拉列表中选择"聚酯"，如图4-40所示。

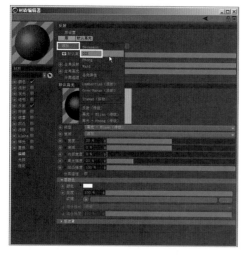

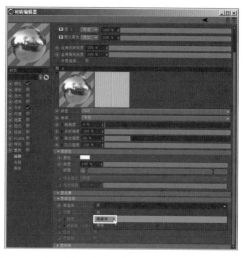

图 4-38　选择 GGX

图 4-39　从"菲涅耳"下拉列表中选择"绝缘体"

④ 此时从左上方材质显示中可以看到材质表面过于光滑，下面将"粗糙度"的数值提高到10%，如图4-41所示。至此，陶瓷材质制作完毕，下面单击右上方的 ✕ 按钮，关闭"材质编辑器"窗口。

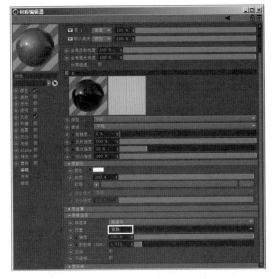

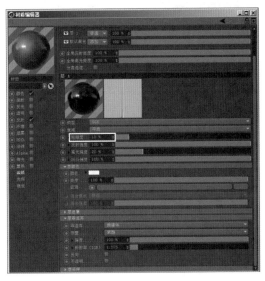

图4-40　从"预置"下拉列表中选择"聚酯"　　　　图4-41　将"粗糙度"的数值提高到10%

⑤ 重命名材质。方法：在材质栏中双击"材质"名称，然后将其重命名为"陶罐"，如图4-42所示。

⑥ 将"陶罐"材质直接拖到场景中的陶罐模型上，即可赋予模型材质，效果如图4-43所示。

图4-42　将材质重命名为"陶罐"

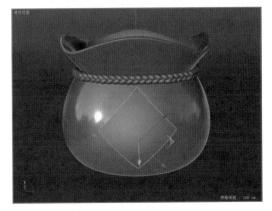

图4-43　赋予陶罐材质

2. 制作金色绳索材质

① 在材质栏中双击，新建一个材质球。然后双击材质球进入"材质编辑器"窗口，在左侧取消选中"颜色"复选框，如图4-44所示。

② 在左侧选择"反射"复选框，然后在右侧单击"添加"按钮，从弹出的下拉菜单中选择GGX。再展开"层菲涅耳"选项组，单击"菲涅耳"右侧下拉列表，从中选择"导体"，再将"粗糙度"的数值设置20%。最后将"层颜色"选项组中的"颜色"设置为一种金黄色[HSB的数值为（35，100，100）]，如图4-45所示。再单击右上方的 ✕ 按钮，关闭"材质编辑器"。

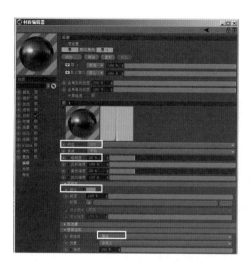

图 4-44　取消选中"颜色"复选框

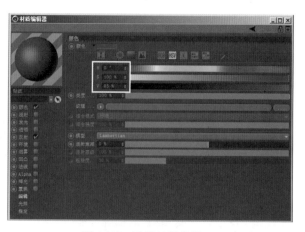

图 4-45　设置材质参数

③ 在材质栏中将材质重命名为"金色",如图4-46所示,然后将"金色"材质直接拖到场景中的绳索模型上,即可赋予模型材质,效果如图4-47所示。

图 4-46　将材质重命名为"金色"

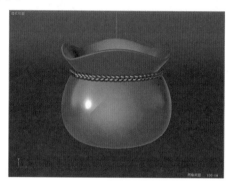

图 4-47　赋予绳索材质

3. 制作红色贴纸材质

① 在材质栏中双击,新建一个材质球。然后双击材质球进入"材质编辑器"窗口,再将"颜色"设置为一种红色[HSB的数值为(0,100,85)],如图4-48所示。接着单击右上方的 ✕ 按钮,关闭"材质编辑器"窗口。

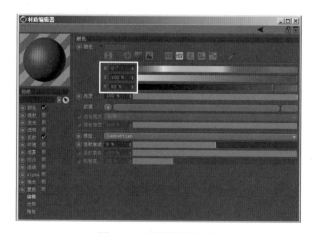

图 4-48　设置贴纸颜色

② 在材质栏中将材质重命名为"贴纸"，如图4-49所示，然后将"贴纸"材质直接拖到场景中的贴纸模型上，即可赋予模型材质，效果如图4-50所示。

图 4-49　将材质重命名为"贴纸"

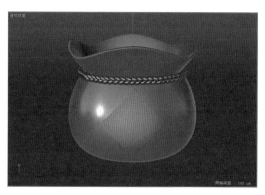

图 4-50　赋予贴纸材质

4. 制作贴纸上的黑字材质

① 在材质栏中双击，新建一个材质球。然后双击材质球进入"材质编辑器"窗口，取消选中"颜色"和"反射"复选框，选中"Alpha"复选框，如图4-51所示。接着在右侧单击"纹理"右侧的 ▇▇ 按钮，从弹出的"打开文件"对话框中选择配套资源中的"源文件\4.4陶罐材质\tex\福.jpg"图片，如图4-52所示，单击"打开"按钮，再在弹出的对话框中单击"否"按钮，如图4-53所示，此时"材质编辑器"窗口如图4-54所示。最后单击右上方的 ▇ 按钮，关闭"材质编辑器"窗口。

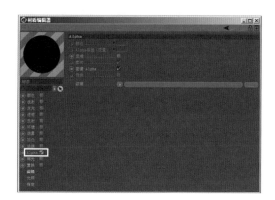

图 4-51　将材质重命名为"贴纸"

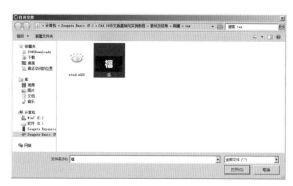

图 4-52　选择"福.jpg"

图 4-53　单击"否"按钮

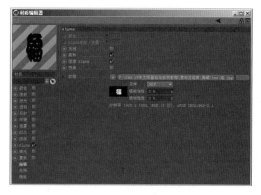

图 4-54　"材质编辑器"窗口

② 在材质栏中将材质重命名为"字",如图4-55所示,然后将"字"材质直接拖到场景中的贴纸模型上,即可赋予模型材质,效果如图4-56所示。

图 4-55　将材质重命名为"字"

图 4-56　赋予贴纸材质

③ 此时贴纸上的文字不是水平显示,下面就来解决这个问题。方法:在对象面板中选择"贴纸",然后选择,再在属性面板中将"投射"设置为"平直",如图4-57所示,效果如图4-58所示。

图 4-57　属性面板设置

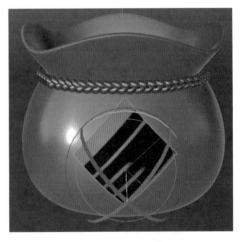

图 4-58　文字扭曲

④ 此时文字发生了扭曲,这是因为贴图方向不对。下面在编辑模式工具栏中选择 (纹理模式),效果如图4-59所示。然后利用工具栏中的 (旋转工具)旋转纹理,效果如图4-60所示。接着利用工具栏中的 (缩放工具)缩小纹理,再利用 (移动工具)将其移动到贴纸中央位置,效果如图4-61所示。

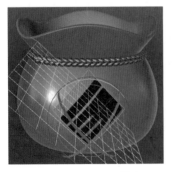

图 4-59　进入纹理模式

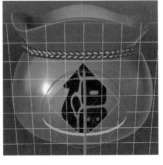

图 4-60　旋转纹理

图 4-61　最后效果

5. 制作地面背景材质

① 在材质栏中双击，新建一个材质球。然后将其重命名为"地面背景"，接着将其赋予场景中的地面背景模型。

② 在工具栏中单击![](渲染到图片查看器）按钮，在弹出的"图片查看器"窗口中查看赋予模型材质后的整体渲染效果，如图4-62所示。然后单击右上方的 ⊠ 按钮，关闭窗口。

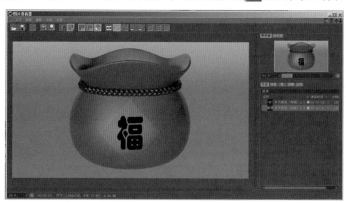

图 4-62　渲染效果

二、添加全局光照和天空 HDR

从上面效果可以看出陶罐由于缺少反射效果，不太真实。下面通过给场景添加全局光照和天空 HDR，来解决这个问题。

1. 添加全局光照

在工具栏中单击![](编辑渲染设置）按钮，从弹出的"渲染设置"窗口中单击左下方的![效果]按钮，然后从弹出的下拉菜单中选择"全局光照"命令，如图4-63所示。接着在右侧"常规"选项卡中将"预设"设置为"室内–预览（小型光源）"，如图4-64所示。

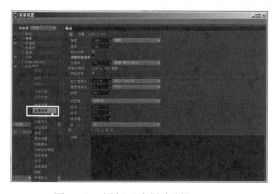

图 4-63　添加"全局光照"

图 4-64　将"预设"设置为"室内–预览（小型光源）"

提示

　　添加"全局光照"就是给场景添加一个真实的环境反射。此时渲染场景是全黑的，如图4-65所示。这是因为全局光照的原理就是模拟真实环境，当真实环境中没有任何光照时，就看不到任何物体。如果要看到场景中的物体有两种方法：一种是给场景中添加灯光，另一种就是添加天空 HDR。本例采用的是添加天空 HDR。

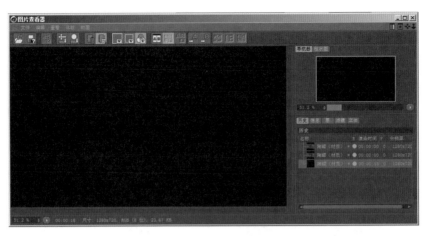

图 4-65　渲染场景是全黑的

2. 添加天空 HDR

① 在工具栏 工具上按住鼠标左键，从弹出的隐藏工具中选择 ![] ，如图 4-66 所示，从而给场景添加一个"天空"效果，此时对象面板显示如图 4-67 所示。

图 4-66　选择"天空"

图 4-67　将"天空"添加到对象面板

② 在材质栏中双击，新建一个材质球。然后双击材质球进入"材质编辑器"窗口，再取消选中"颜色"和"反射"复选框，选中"发光"复选框，如图 4-68 所示。接着单击"纹理"右侧的 ![] 按钮，从弹出的"打开文件"对话框中选择配套资源中的"源文件\4.4陶罐材质\tex\studio020.hdr"图片，单击"打开"按钮，再在弹出的对话框中单击"否"按钮，如图 4-69 所示，此时"材质编辑器"窗口如图 4-70 所示。最后单击右上方的 ![X] 按钮，关闭"材质编辑器"窗口。

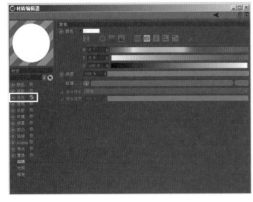

图 4-68　选中"发光"复选框

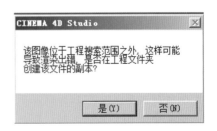

图 4-69　单击"否"按钮

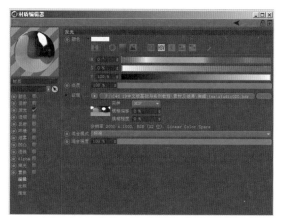

图 4-70 "材质编辑器"窗口

③ 在材质栏中将材质重命名为"天空"，然后将"天空"材质直接拖到对象面板中的天空上，即可赋予材质，效果如图 4-71 所示。

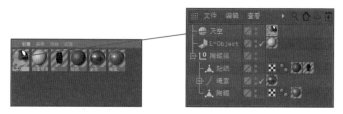

图 4-71 赋予天空材质

④ 为了更好地体现贴纸的透视感，下面按住键盘上的【Alt】键并单击，将视图旋转到合适角度，如图 4-72 所示。

⑤ 在工具栏中单击 （渲染到图片查看器）按钮，在弹出的"图片查看器"中查看添加天空HDR后的效果，如图 4-73 所示。然后单击右上方的 按钮，关闭窗口。

图 4-72 将视图旋转到合适角度

图 4-73 渲染效果

⑥ 执行菜单中的"文件"|"保存工程（包含资源）"命令，将文件保存打包。

三、渲染作品

① 设置要保存的文件名称和路径。方法：在工具栏中单击 （编辑渲染设置）按钮，然后在弹出的"渲染设置"窗口左侧选择"保存"，然后在右侧单击"文件"右侧的 按钮，从弹出的"保存文件"对话框中设置文件名称和保存路径，此时将文件保存为"陶罐(默认渲染).tif"，如图 4-74 所示，单击"保存"按钮。

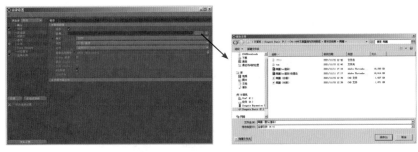

图 4-74　设置文件名称和保存路径

② 在左侧选择"抗锯齿"，然后在右侧将"抗锯齿"设为"最佳"，"最小级别"设为 2×2，"最大级别"设为 4×4，如图 4-75 所示。最后单击右上方的 ✕ 按钮，关闭"渲染设置"窗口。

图 4-75　设置文件名称和保存路径

提示

一定要在最终渲染作品时，再将"抗锯齿"设为"最佳"，不然每次渲染速度会很慢。

③ 在工具栏中单击 ▓（渲染到图片查看器）按钮，进行作品最终的渲染输出。

④ 执行菜单中的"文件"|"保存工程（包含资源）"命令，将文件保存打包。

四、利用 Photoshop 进行后期处理

① 在 Photoshop CC 2017 中打开前面保存输出的配套资源中的"源文件\4.4 陶罐材质\陶罐（默认渲染）.tif"图片，如图 4-76 所示。然后按【Ctrl+J】组合键，复制出一个"图层 1"层，接着右击，从弹出的快捷菜单中选择"转换为智能对象"命令，将其转换为智能图层，如图 4-77 所示。

图 4-76　打开"陶罐（默认渲染）.tif"图片

图 4-77　将复制的图层转换为智能图层

② 执行菜单中的"滤镜"|"Camera Raw 滤镜"命令，然后在弹出的对话框中设置滤镜参数如图 4-78 所示，单击"确定"按钮，最终效果如图 4-79 所示。最后执行菜单中的"文件"|"存储"命令，保存文件。

图 4-78　设置"Camera Raw 滤镜"参数

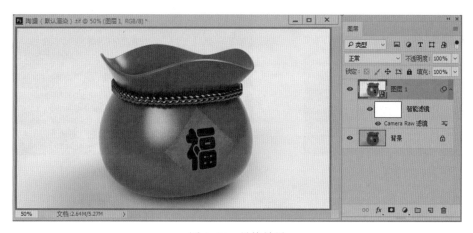

图 4-79　最终效果

4.5　材质场景

视　频 ●······

材质场景
●·······

 要点：

本例将制作场景中模型的材质，并模拟出真实环境中的反射效果，如图 4-80（a）

所示。本例中的重点在于制作凹凸纹理、将标志材质指定到模型上的对应位置和模拟真实环境中的反射效果。通过本例的学习，读者应掌握创建并赋予模型材质、创建摄像机、添加全局光照和天空HDR、交互式区域渲染等一系列操作的方法。

（a）模型效果

（b）默认渲染效果

图 4-80　材质场景

 操作步骤：

1. 设置渲染输出尺寸和添加摄像机

① 执行菜单中的"文件"|"打开"（【Ctrl+O】组合键）命令，打开配套资源中的"源文件\材质场景\材质场景（白模）.c4d"文件，如图4-81所示。

② 设置渲染输出尺寸。方法：在工具栏中单击（编辑渲染设置）按钮，从弹出的"渲染设置"窗口中将输出尺寸设置为1 280×720像素，如图4-82所示，然后单击右上方的 ✕ 按钮，关闭窗口。

图 4-81　指定背景图片

图 4-82　指定背景图片

③ 添加摄像机。方法：在工具栏中单击 ⬚（摄像机）按钮，给场景添加一个摄像机。然后在对象面板中激活 ⬚ 按钮，进入摄像机视角。再在属性面板中将摄像机的"焦距"设置为135，如图4-83所示。接着在透视视图中将视角调整到一个合适角度，如图4-84所示。最后在对象面板中右击摄像机，从弹出的快捷菜单中选择"CINEMA 4D 标签"|"保护"命令，给它添加一个保护标签。

💡 提示

对于初学者，很困扰的一个问题就是不小心移动了当前视角而无法恢复，此时可以给它添加一个保护标签，这样就可以保证当前的视图不会因为误操作而被改变了。

图 4-83　进入摄像机视角并将"焦距"设置为 135

图 4-84　将视角调整到一个合适角度

④ 为了能在视图中清楚地看到渲染区域。下面按【Shift+V】组合键，然后在属性面板"查看"选项卡中将"透明"设置为 95%，如图 4-85 所示，此时渲染区域以外的部分会显示为黑色，如图 4-86 所示。

图 4-85　将"透明"设置为 95%

图 4-86　渲染区域以外会显示黑色

2. 制作材质

① 制作左上方立方体的材质。方法：在材质栏中双击，新建一个材质球，然后在材质名称处双击，将其重命名为"米黄色"。再双击材质球进入"材质编辑器"窗口，接着在左侧选择"颜色"复选框，将其颜色设置为米黄色[HSV 的数值为（40，50，100）]，如图 4-87 所示。

② 在左侧选择"凹凸"复选框，然后单击"纹理"右侧的 ▇▇ 按钮，指定给配套资源中的"源文件\场景材质\tex\背景凹凸纹理.jpg"贴图，并将凹凸"强度"加大为 50%，如图 4-88 所示。

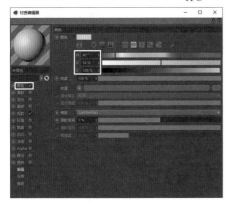

图 4-87　颜色设置为米黄色

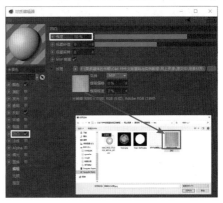

图 4-88　指定凹凸"纹理"贴图并将"强度"设置为 50%

③ 单击右上方的 ✕ 按钮，关闭"材质编辑器"窗口。再将这个材质拖给场景中的左上方的立方体模型，效果如图4-90所示。

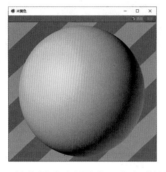

图4-89　放大材质球预览窗口来查看效果　　　　图4-90　赋予左上方的立方体模型材质后的效果

④ 制作左下方立方体的材质。方法：在材质栏中按住【Ctrl】键复制出一个"米黄色"材质球，然后将其重命名为"蓝色"，接着双击材质球进入"材质编辑器"窗口，再将颜色设置为蓝色[HSV的数值为（15，85，95）]。最后关闭"材质编辑器"窗口，再将这个材质拖给场景中的左下方的立方体模型，效果如图4-91所示。

⑤ 制作右下方和右上方立方体的材质。方法：在材质栏中按住【Ctrl】键分别复制出两个材质球，然后将它们分别重命名为"橘红色"和"绿色"。接着在"材质编辑器"窗口中将橘红色的HSV的数值设置为（20，85，100），将绿色的HSV的数值设置为（90，95，55）。再将这两个材质分别拖给场景中的右下方和右上方立方体模型，效果如图4-92所示。

图4-91　赋予左下方的立方体模型材质后的效果　　图4-92　赋予右下方的和右上方立方体模型材质后的效果

⑥ 制作纸杯杯身的颜色纹理。方法：在材质栏中双击，新建一个材质球，然后将其重命名为"杯身"。再双击材质球进入"材质编辑器"窗口，接着在左侧选择"颜色"复选框，再在右侧指定给"纹理"配套资源中的"源文件\场景材质\tex\杯子纹理图.jpg"贴图，如图4-93所示。

⑦ 制作纸杯杯身的凹凸纹理。方法：右击"颜色"右侧"纹理"旁的 ▶ 按钮，从弹出的快捷菜单中选择"复制着色器"命令，如图4-94所示。然后选中"凹凸"复选框，右击"凹凸"右侧"纹理"旁的 ▶ 按钮，从弹出的快捷菜单中选择"粘贴着色器"命令，接着将凹凸"强度"设置为40%，如图4-95所示。最后关闭"材质编辑器"窗口，再将这个材质拖给场景中的纸杯杯身模型，效果如图4-96所示。

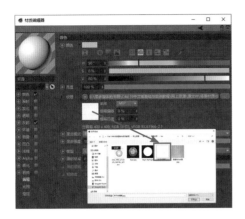

图 4-93　指定给"纹理"贴图

图 4-94　选择"复制着色器"命令

图 4-95　选择"粘贴着色器"命令

图 4-96　将材质拖给场景中的纸杯杯身模型

⑧ 此时杯身上的纹理是竖向的，而我们需要的是横向的。下面在对象面板中选择"杯身"材质球，然后在属性面板"标签"选项卡中将"投射"设置为"立方体"，如图 4-97 所示，这时纹理比例显示过大，效果如图 4-98 所示。接下来再将"长度 U"和"长度 V"均设为 35%，如图 4-99 所示，此时纹理的比例显示也正常了，效果如图 4-100 所示。

图 4-97　将"杯身"材质"投射"设置为"立方体"

图 4-98　将"杯身"材质"投射"设置为"立方体"的效果

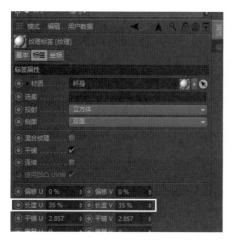

图 4-99　将"长度 U"和"长度 V"均设为 35%

图 4-100　将"长度 U"和"长度 V"均设为 35% 的效果

⑨ 制作杯盖材质。方法：在材质栏中双击，新建一个材质球，并将其重命名为"杯盖"。再双击材质球进入"材质编辑器"窗口，然后在左侧选择"颜色"复选框，将其颜色设置为棕色[HSV 的数值为（20，60，30）]。再在左侧窗口选择"反射"复选框，接着在右侧单击"添加"按钮，添加一个 GGX，再设置 GGX 的相关参数，如图 4-101 所示。最后单击右上方的■按钮，关闭"材质编辑器"窗口。再将这个材质拖给场景中的杯盖模型，效果如图 4-102 所示。

图 4-101　设置 GGX 参数

图 4-102　将"杯盖"材质赋予杯盖模型的效果

⑩ 制作吸管材质。方法：在材质栏中按住【Ctrl】键复制出一个"杯盖"材质球，并将其重命名为"吸管"。然后双击材质球进入"材质编辑器"窗口，再单击"颜色"右侧"纹理"旁的■按钮，从中选择"表面"|"棋盘"命令，此时"材质编辑器"窗口如图 4-103 所示。接着单击■图案，进入编辑状态，再设置相关参数，如图 4-104 所示。最后关闭"材质编辑器"窗口，再将这个材质拖给场景中的吸管模型，效果如图 4-105 所示。

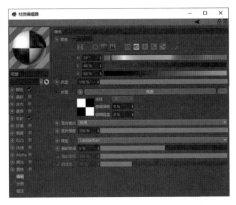

图 4-103 给"颜色"添加一个"棋盘"

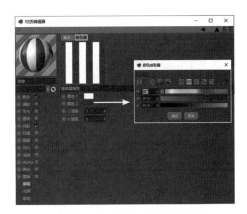

图 4-104 设置"棋盘"参数

图 4-105 将"吸管"材质赋予吸管模型的效果

⑪ 此时吸管材质中的颜色分布不是很美观，下面在对象面板中选择"吸管"材质球，然后在属性面板"标签"选项卡中将"偏移U"设置为-50%，如图4-106所示，效果如图4-107所示。

图 4-106 将"偏移U"设置为 -50%

图 4-107 调整"偏移U"参数后的效果

⑫ 制作勺子材质。方法：在材质栏中双击，新建一个材质球，并将其重命名为"勺子"。然后双击材质球进入"材质编辑器"窗口，取消选中"颜色"复选框。再在左侧选择"反射"复选框，接着在右侧单击"添加"按钮，从弹出的下拉菜单中选择"GGX"，再设置GGX的相关参数，如图4-108所示。最后单击右上方的 ⊠ 按钮，关闭"材质编辑器"窗口。再将这个材质拖给场景中的

勺子模型，效果如图4-109所示。

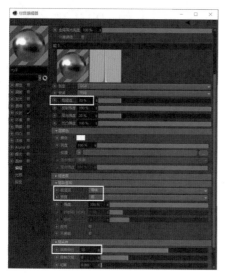

图4-108　设置GGX的相关参数

图4-109　将"勺子"材质赋予勺子模型的效果

⑬ 制作杯子材质。方法：在材质栏中双击，新建一个材质球，并将其重命名为"杯子"。再双击材质球进入"材质编辑器"窗口，然后在左侧选择"颜色"复选框，将其颜色设置为白色[HSV的数值为（20，0，95）]。再在左侧选择"反射"复选框，接着在右侧单击"添加"按钮，添加一个GGX，再设置GGX的相关参数，如图4-110所示。最后单击右上方的 ☒ 按钮，关闭"材质编辑器"窗口。再将这个材质拖给场景中的杯子模型，效果如图4-111所示。

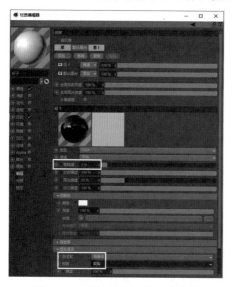

图4-110　设置GGX的相关参数

图4-111　将"杯子"材质赋予杯子模型的效果

⑭ 制作纸杯上的标志材质。方法：在材质栏中双击，新建一个材质球，并将其重命名为logo。再双击材质球进入"材质编辑器"窗口，然后在左侧选择"颜色"复选框，再在右侧指定给"纹理"配套资源中的"源文件\场景材质\tex\logo.jpg"贴图，如图4-112所示。接着在左侧选择Alpha，再在右侧指定给"纹理"配套资源中的"源文件\场景材质\tex\logo-alpha.jpg"贴图，如图4-113所示。最后单击右上方的 ☒ 按钮，关闭"材质编辑器"窗口。再将这个材质拖给场景中的纸杯杯身模型，效果如图4-114所示。

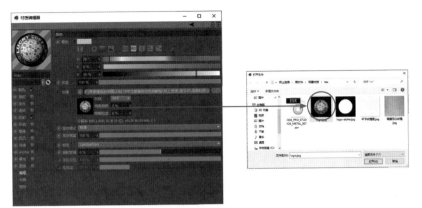

图 4-112　指定给颜色"纹理"一张 logo.jpg 贴图

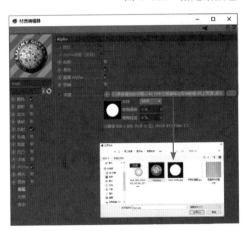

图 4-113　指定给 Alpha"纹理"一张 logo-alpha.jpg 贴图　　图 4-114　将 logo 材质赋予纸杯杯身模型的效果

⑮ 此时纸杯杯身上的logo显示位置是不正确的,下面就来解决这个问题。方法:在对象面板中选择logo材质球,然后在属性面板"标签"选项卡中将"投射"设置为"平直",如图4-115所示,效果如图4-116所示。接着右击对象面板中的logo材质球,从弹出的快捷菜单中选择"适合区域"命令,再在纸杯杯身要放置logo的位置,拖拉出一个区域,如图4-117所示,效果如图4-118所示。

图 4-115　将"logo"材质"投射"　　图 4-116　将"logo"材质"投射"　　图 4-117　拖拉出一个区域
　　　　　设置为"平直".　　　　　　　　　　　设置为"平直"的效果

⑯ 此时标志重复次数过多，而且显示比例过小，下面就来解决这个问题。方法：在属性面板中取消选中“平铺”复选框，然后再将“长度U”和“长度V”均设为130%，如图4-119所示，效果如图4-120所示。

图 4-118　适合区域后的效果

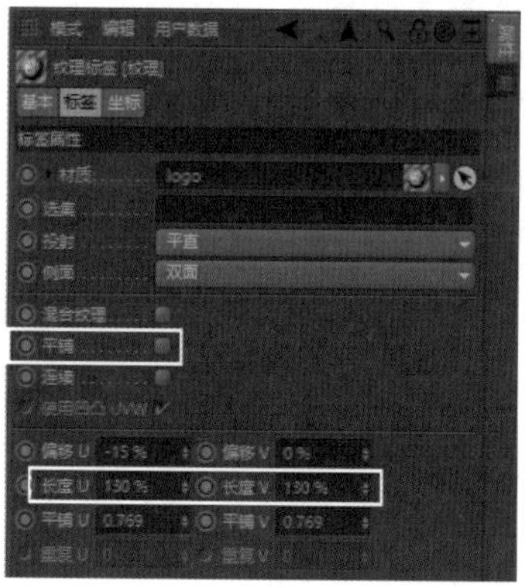

图 4-119　设置 logo 的大小和重复次数

图 4-120　设置 logo 的大小和重复次数后的效果

⑰ 同理，将logo材质拖给场景中的杯子模型，再调整logo的位置和大小，效果如图4-121所示。

⑱ 至此，场景的模型中的材质部分制作完毕，下面在工具栏中单击（渲染到图片查看器）按钮，渲染效果如图4-122所示。

图 4-121　杯子上的 logo 效果

图 4-122　渲染效果

3. 添加全局光照和天空 HDR

从上面效果可以看到整个场景没有任何反射效果。下面通过给场景添加全局光照和天空HDR，来解决这个问题。

① 添加全局光照。方法：在工具栏中单击（编辑渲染设置）按钮，从弹出的“渲染设置”窗口中单击左下方的 效果... 按钮，然后从弹出的下拉菜单中选择“全局光照”命令，如图4-123所示。接着在右侧“常规”选项卡中将“预设”设置为“室内－预览（小型光源）”，如图4-124所示。

② 场景添加天空对象。方法：在工具栏（地面）工具上按住鼠标左键，从弹出的隐藏工具中选择 天空，从而给场景添加一个“天空”效果。

图 4-123　添加"全局光照"　　　　　　图 4-124　将"预设"设置为"室内 – 预览（小型光源）"

③ 制作天空材质。方法：在材质栏中双击，新建一个材质球，然后将其重命名为"天空"。再双击材质球进入"材质编辑器"窗口，接着取消选中"颜色"和"反射"复选框，选中"发光"复选框，再指定给"纹理"配套资源中的"源文件\场景材质\tex\GSG_PRO_STUDIOS_METAL_001.hdr"贴图，此时贴图颜色过暗，下面将其"曝光"加大为0.6，如图4-125所示。最后单击右上方的 ⊠ 按钮，关闭"材质编辑器"窗口。

④ 将"天空"材质直接拖到对象面板中的"天空"上，即可赋予材质，如图4-126所示。

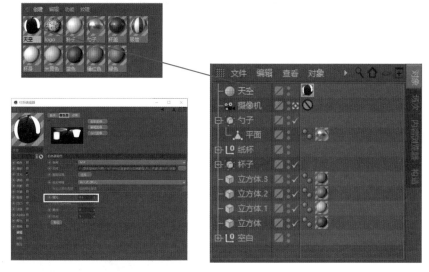

图 4-125　将 hdr 贴图"曝光"加大为 0.6　图 4-126　将"天空"材质直接拖到对象面板中的"天空"上

⑤ 在工具栏中单击 ▦（渲染到图片查看器）按钮，在弹出的"图片查看器"窗口中查看添加全局光照和天空 HDR 后的效果，如图4-127所示。

图 4-127　添加全局光照和天空 HDR 后的渲染效果

4.调整天空 HDR 的方向和添加灯光

① 此时纸杯上的高光和阴影效果不是很自然，下面通过调整天空 HDR 的方向来解决这个问题。方法：在对象面板中选择"天空"，然后在工具栏中按住■（渲染到图片查看器）（渲染到图片查看器）按钮不放，从中选择■ 交互式区域渲染(RR)，如图 4-128 所示。接着在视图中调整出纸杯区域，再利用○（旋转工具）旋转天空 HDR，使高光位于杯身左上方，此时在调整出的纸杯区域中可以快速看到相应效果，如图 4-129 所示。最后按【Alt+R】组合键，退出交互式区域渲染。

图 4-128　选择 ■ 交互式区域渲染(RR)

图 4-129　使高光位于杯身左上方

> **提示**
>
> "交互式区域渲染"和正式渲染相比，开始渲染质量比较低，但是渲染速度快，可以使用户快速查看到相关操作后的大体渲染效果。

② 在工具栏中单击■（渲染到图片查看器）按钮，此时杯子下方的蓝色立方体没有明暗对比，显得很不真实，如图 4-130 所示。下面通过添加灯光来解决这个问题。方法：在工具栏中单击■（灯光）按钮，给场景添加一个灯光。然后取消激活■按钮，退出摄像机视角，再在透视视图中将灯光移动到场景的左上方，如图 4-131 所示。接着在属性面板"常规"选项卡中将灯光"强度"减小为60%，"投影"设置为"区域"，如图 4-132 所示，最后重新激活■按钮，进入原来的摄像机视角。

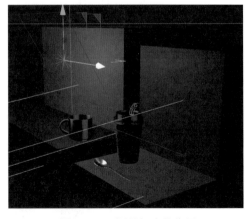

图 4-130　蓝色立方体上没有明暗对比

图 4-131　调整灯光的位置

③ 在工具栏中单击■（渲染到图片查看器）按钮，渲染效果如图 4-133 所示，此时蓝色立方体

上就有了自然的明暗对比效果。

图 4-132　调整灯光参数　　　　　　　　　　　图 4-133　渲染效果

④ 至此，场景效果制作完毕。下面执行菜单中的"文件"|"保存工程（包含资源）"命令，将文件保存打包。

　课后练习

制作图 4-134 所示的传送带效果。

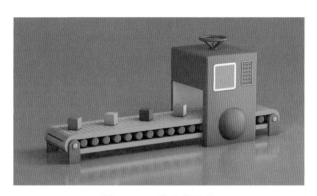

图 4-134　传送带效果

灯光和HDR　第5章

 本章重点

　　在 Cinema 4D R19 中要想模拟出与真实环境类似的场景离不开灯光和环境的衬托。而模拟出真实环境中的反射效果要达到以下两个条件之一：一是周围有环境（场景中存在多个环境元素）；二是在场景中添加了全局光照和天空 HDR。如果周围环境元素比较少，只有地面，此时反射效果几乎不存在，这时候就需要添加全局光照和天空 HDR 来模拟出真实环境。此外，在添加了 HDR 后，还可以在场景中添加灯光作为补光来进一步完善画面效果，通过本章的学习，读者应掌握添加灯光、全局光照和天空 HDR 的方法。

● 视频

水杯 　 要点：

5.1　水　　杯

　　本例将制作一个水杯模型，如图 5-1（a）所示，赋予材质后利用 C4D 默认渲染器渲染单个杯子的效果如图 5-1（b）所示。创建场景后利用 oc 渲染器进行渲染的效果，如图 5-1（c）所示。本例中建模的重点在于杯体与杯柄接口处的制作，为了便于拓宽读者思路，这部分是通过扫描生成器和样条约束变形器两种方法来制作完成的。另外一个重点就是通过添加全局光照和天空 HDR 来模拟真实环境中的反射效果。通过本例的学习，读者应掌握创建摄像机，将参数对象转换为可编辑对象，并对其进行循环/路径切割、倒角、焊接、制作陶瓷材质、添加全局光照和天空 HDR，利用 Photoshop 对渲染输出的图片进行后期处理等一系列操作的方法。

操作步骤：

一、创建杯子模型

　　创建杯子模型分为制作基础模型、制作杯子底部形状、在杯身上创建与杯柄连接的结构、制作杯柄结构、将杯柄和杯身进行焊接、制作出杯子厚度和对模型进行细节处理七个部分。

（a）模型效果

（b）默认渲染效果

（c）oc渲染器渲染效果

图 5-1　水杯效果

1. 制作基础模型

① 在工具栏 工具上按住鼠标左键，从弹出的隐藏工具中选择 ![] 圆柱，如图 5-2 所示，从而在视图中创建一个圆柱体，然后在属性面板中将其"半径"设置为 60 cm，"高度"设置为 100 cm，"旋转分段"设置为 28，如图 5-3 所示，效果如图 5-4 所示。

图 5-2　从弹出的隐藏工具中选择 ![] 圆柱

图 5-3　设置圆柱体参数

② 为了便于后面制作杯子的封口效果，下面进入圆柱体的"封顶"选项卡，取消选中"封顶"复选框，如图 5-5 所示，效果如图 5-6 所示。

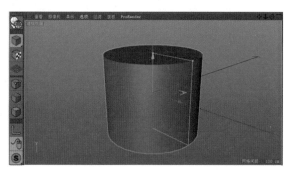

图 5-4　圆柱体效果

图 5-5　取消选中"封顶"复选框

> 提示
>
> 此时如果未取消选中"封顶"选项，后面制作杯子封口时制作也可以选择所有顶部的面进行删除。

③ 在编辑模式工具栏中单击 🔵（可编辑对象）按钮（快捷键是【C】），将其转为可编辑对象。然后鼠标中键单击正视图，将其最大化显示（或按快捷键【F4】）。接着在"视图"菜单中选择"显示"|"线条"命令，将其以线条状态进行显示，效果如图5-7所示。

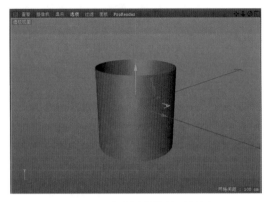

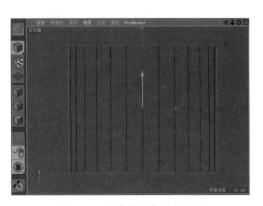

图 5-6　取消圆柱体封顶效果　　　　　　　　　　图 5-7　以线条状态进行显示

2. 制作杯子底部形状

① 在编辑模式工具栏中选择 🔵（点模式），然后在视图中右击，从弹出的快捷菜单中选择"循环/路径切割"（快捷键【K+L】）命令，接着在圆柱体底部切割出两条边，如图5-8所示。

> 提示
>
> 为了保证能在上下两条边的中间位置切割出第2条边，可以在切割后单击鼠标中键，或者单击上方的 ▥（切割到中间），从而保证切割边在两条边的中间位置。

② 在工具栏中选择 🔳（框选工具）（快捷键【0】），然后分别框选下方的两圈顶点，然后利用工具箱中的 🔲（缩放工具）对其进行等比例缩放，效果如图5-9所示。

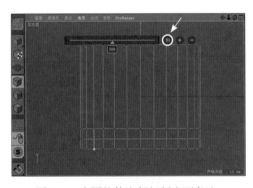

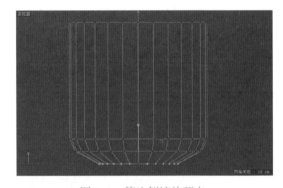

图 5-8　在圆柱体底部切割出两条边　　　　　　　图 5-9　等比例缩放顶点

③ 在对象面板中选择"圆柱"，然后在工具栏中选择 ✛（移动工具），再在编辑模式工具栏中单击 🔵（边模式），接着在底部双击，从而选择底部的一圈边，如图5-10所示。

④ 按住键盘上的【Ctrl】键，沿Y轴向下拖动，从而挤压出杯底结构，如图5-11所示。

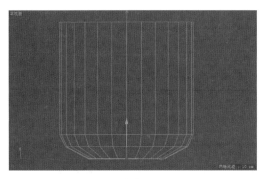

图 5-10　选择底部的一圈边

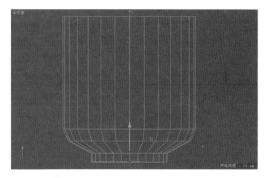

图 5-11　向下挤压

⑤ 此时杯底是开口的，下面对其进行封闭处理。方法：按快捷键【F1】，切换到透视图，然后按住键盘上的【Alt】键并单击，将视图旋转到合适角度，如图 5-12 所示。接着选择工具栏中的 ![icon]（缩放工具），按住键盘上的【Ctrl】键，向内挤压出一圈边，如图 5-13 所示。最后在下方将"尺寸"坐标均设置为 0，从而形成封口效果，如图 5-14 所示。

 提示

在等比例缩放后，利用右键菜单中的"焊接"命令，也可以形成同样的封口效果。

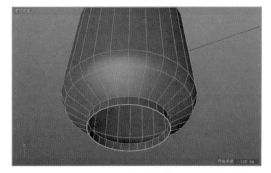

图 5-12　将透视图旋转到合适角度

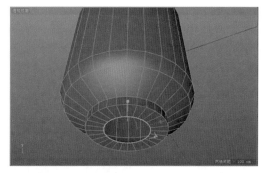

图 5-13　等比例缩放出一圈边

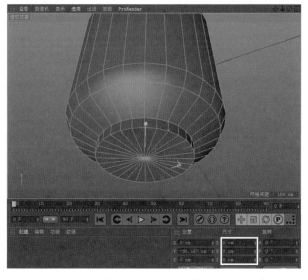

图 5-14　封口效果

3. 在杯身上创建与杯柄连接的结构

① 按快捷键【F3】，切换到右视图，然后在编辑模式工具栏中选择 ◉ （边模式），按快捷键【K+L】，切换为"循环/路径切割"，再在右侧属性栏中选中"镜像切割"复选框，接着在右视图中相应位置单击，即可切割出对称的两条边，如图5-15所示。

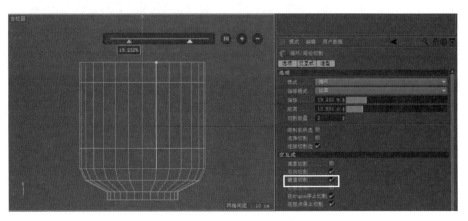

图 5-15　切割出对称的两条边

> **提示**
>
> "循环/路径切割"命令可以在 ◉ （点模式）、◉ （边模式）和 ◉ （多边形模式）使用，但不能在 ◉ （模型模式）下使用，这一点一定要注意。

② 在工具栏中选择 ◎ （实体选择工具）（快捷键【9】），然后在编辑模式工具栏中选择 ◉ （多边形模式），接着在视图中选择与杯柄接口处多边形，如图5-16所示，右击并从弹出的快捷菜单中选择"内部挤压"（快捷键【I】）命令，再对选中的多边形向内挤压，如图5-17所示。

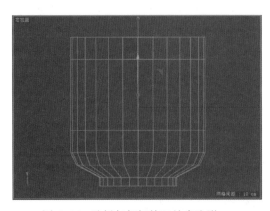

图 5-16　选择与杯柄接口处多边形

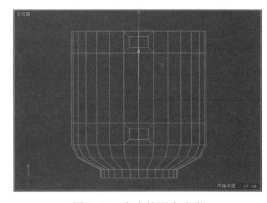

图 5-17　向内挤压多边形

③ 在工具栏中选择 ▨ （框选工具），然后在编辑模式工具栏中选择 ◉ （点模式），再在视图中框选相应的顶点。接着在工具栏中选择 ▨ （缩放工具），在右视图中沿Y轴适当缩放顶点，效果如图5-18所示。

④ 按快捷键【F1】，切换到透视图。然后在工具栏中选择 ◎ （实体选择工具）（快捷键【9】），再在编辑模式工具栏中选择 ◉ （多边形模式），再按【Delete】键，将与杯柄连接处的多边形进行删除，效果如图5-19所示。

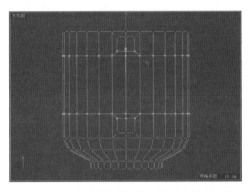

图 5-18　在右视图中沿 Y 轴适当缩放顶点

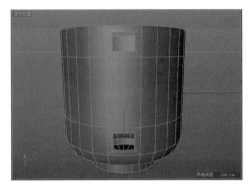

图 5-19　删除与杯柄连接处的多边形

4. 制作杯柄结构

这一步可以通过"扫描"生成器和"样条约束"变形器两种方法来制作。下面就来分别讲解这两种方法。

（1）利用"扫描"生成器制作杯柄

① 按快捷键【F4】，切换到正视图，然后利用工具栏中的 （画笔工具）绘制路径，如图 5-20 所示。接着利用工具栏中的 （矩形工具）绘制一个矩形形状，再利用 （缩放工具）对其进行适当等比例缩小，如图 5-21 所示。

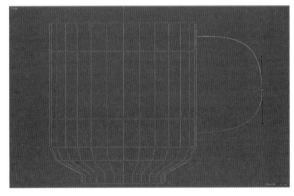

图 5-20　绘制路径

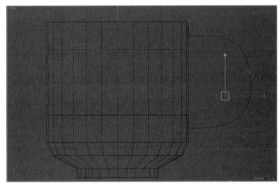

图 5-21　绘制并缩放矩形

② 在工具栏中 （细分曲面）工具上按住鼠标左键，从弹出的隐藏工具中选择 ，如图 5-22 所示，从而将"扫描"生成器添加到对象面板中，如图 5-23 所示。接着将"矩形"和"样条"拖到"扫描"中作为子集，如图 5-24 所示，效果如图 5-25 所示。

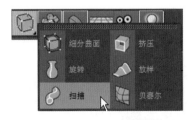

图 5-22　选择 扫描

图 5-23　将"扫描"生成器添加到对象面板中

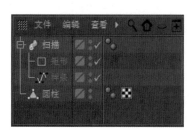
图 5-24　将"矩形"和"样条"拖到"扫描"中

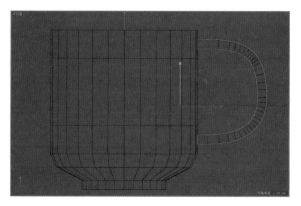
图 5-25　扫描效果

提示

　　对于上步操作，也可以在对象面板中配合【Shift】键同时选择"矩形"和"样条"，如图 5-26 所示。然后按住键盘上的【Ctrl+Alt】键，在上方工具栏中 （细分曲面）工具上按住鼠标左键，从弹出的隐藏工具中选择 ，从而直接将"矩形"和"样条"作为"扫描"的子集，如图 5-27 所示。

图 5-26　同时选择"矩形"和"样条"

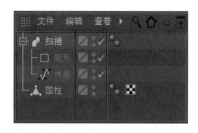
图 5-27　将"矩形"和"样条"作为"扫描"的子集

提示

　　"矩形"（作为扫描形状）一定要在"样条"（作为扫描路径）的上方，两者顺序不能颠倒，否则会出现错误。

---

　　③ 按快捷键【F3】，切换到右视图，如图 5-28 所示。然后在对象面板中选择"矩形"，再在属性面板中调整"矩形"的"宽度"和"高度"，使之与杯身的接口形状大体吻合，如图 5-29 所示。

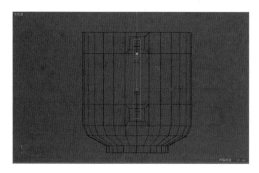
图 5-28　切换到右视图

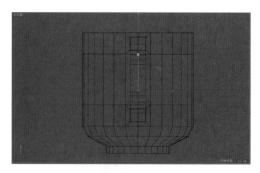
图 5-29　调整"矩形"的参数使之与杯身的接口形状大体吻合

④ 在对象面板中配合【Shift】键，同时选择"扫描"、"矩形"和"样条"，如图 5-30 所示，然后右击，从弹出的快捷菜单中选择"连接对象+删除"命令，将其转换为一个可编辑对象，如图 5-31 所示。

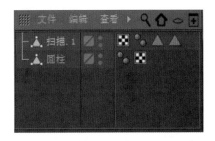

图 5-30　同时选择"扫描"、"矩形"和"样条"　　　　　图 5-31　转换为一个可编辑对象

提示

对于上步操作，也可以在对象面板中同时选择"扫描"、"矩形"和"样条"，在左侧工具栏中单击■（转为可编辑对象）按钮，也可以将其转换为一个可编辑对象。

提示

这步读者经常出现的错误是在对象面板中只选择"扫描"，然后在左侧工具栏中单击■（转为可编辑对象）按钮，此时转为可编辑的对象并不是一个整体，而是包含两个子集，如图 5-32 所示。这一点一定要注意。

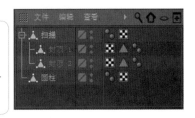

图 5-32　包含子集的可编辑对象

⑤ 按快捷键【F1】，切换到透视图，然后将视图旋转一定角度，显示出杯柄与杯身的连接位置。接着在工具栏中选择■（实体选择工具），再在编辑模式工具栏中选择■（多边形模式），最后配合键盘上的【Shift】键选择杯柄上下两端与杯身连接位置的多边形，如图 5-33 所示，按【Delete】键进行删除，效果如图 5-34 所示。

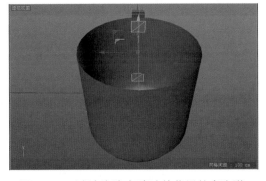

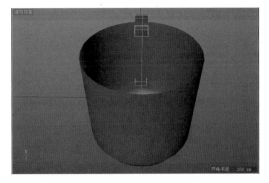

图 5-33　选择杯柄与杯身连接位置的多边形　　　　图 5-34　删除杯柄上下两端与杯身连接位置的多边形

⑥ 在透视图上方执行菜单中的"显示"|"光影着色（线条）"（快捷键【N+B】）命令，以光影线条方式显示对象，然后将视图旋转到合适角度，如图 5-35 所示。

⑦ 此时观察可以看到杯身上与杯柄连接处有六个顶点，而杯柄上只有四个顶点，缺少了两个顶点，这样是无法正常焊接的。下面就来解决这个问题。方法：在编辑模式工具栏中选择■（边模式），然后按【K+L】组合键，切换到"循环/路径切割"，接着在杯柄上下 50% 处各切割出一条边，如图 5-36 所示，从而使杯柄上与杯身连接处的顶点数一致，均为六个顶点。

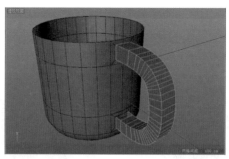

图 5-35　以光影线条方式显示对象

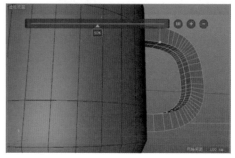

图 5-36　在杯柄上下 50% 处各切割出一条边

（2）利用"样条约束"变形器制作杯柄

① 按快捷键【F4】，切换到正视图，然后利用上方工具栏中的 （画笔工具）绘制路径，如图 5-37 所示。接着利用上方工具栏中的 （立方体）工具绘制一个矩形形状，并利用 （缩放工具）对其进行适当等比例缩小，如图 5-38 所示。

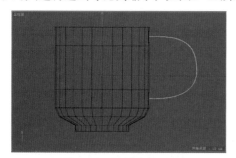
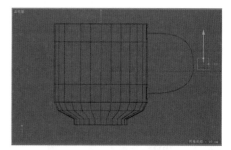

图 5-37　绘制路径　　　　　　　　　　图 5-38　绘制并缩放矩形

② 在工具栏中 （扭曲）工具上按住鼠标左键，从弹出的隐藏工具中选择 ，如图 5-39 所示，从而将"样条约束"变形器添加到对象面板中，如图 5-40 所示。接着将其拖到"立方体"下方作为子集，如图 5-41 所示，效果如图 5-42 所示。

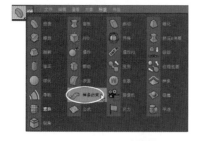
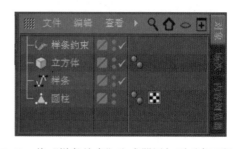

图 5-39　选择 　　　　　　　　图 5-40　将"样条约束"生成器添加到对象面板中

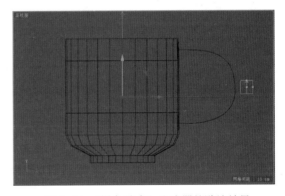

图 5-41　将"样条约束"生成器拖到"立方体"下方作为子集　　　图 5-42　"样条约束"生成器的默认效果

③ 在对象面板中选择"样条约束",然后将"样条"拖入属性面板"对象"选项下"样条"右侧,然后将"轴向"改为"+Y",如图5-43所示,效果如图5-44所示。

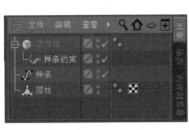

图 5-43　设置"样条约束"生成器的相关参数　　　　　图 5-44　"样条约束"生成器的默认效果

④ 此时看不到效果,这是因为立方体沿弧线方向的分段数过少。下面在对象面板中选择"立方体",然后在属性面板中将"分段 Y"的数值加大为12,如图5-45(a)所示,效果如图5-45(b)所示。

⑤ 按快捷键【F1】,切换到透视图,然后在属性面板中调整立方体"尺寸X"和"尺寸Z"的数值,使杯柄与杯身接口尽量匹配。

⑥ 下面在对象面板中同时选择"立方体"和下方的"样条约束",然后右击,从弹出的快捷菜单中选择"连接对象+删除"命令,将其转换为一个可编辑对象。接着选择"样条",按【Delete】键进行删除,此时对象面板如图5-45(c)所示。

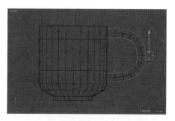

（b）将"立方体"的"分段Y"的数值加大为12的效果

（a）将"立方体"的"分段Y"的数值加大为12

（c）"对象"面板

图 5-45　创建立方体并设置

⑦ 按住键盘上【Alt】键并单击，将透视图旋转一定角度，显示出杯柄与杯身的连接位置。然后在上方工具栏中选择 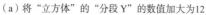（实体选择工具），再在左侧选择 （多边形模式），接着配合键盘上的【Shift】键选择杯柄上下两端与杯身连接位置的多边形，如图5-46所示，按【Delete】键进行删除，效果如图5-47所示。

图 5-46　选择杯柄与杯身连接位置的多边形

图 5-47　删除杯柄上下两端与杯身连接位置的多边形

⑧ 下面在编辑模式工具栏中选择 （边模式），然后按【K+L】组合键，切换到"循环/路径切割"，然后在杯柄上下50%处各切割出一条边，如图5-48所示，从而使杯柄上与杯身连接处的顶点数一致，均为六个顶点。

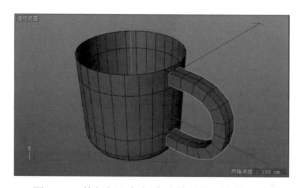

图 5-48　使杯柄上与杯身连接处的顶点数一致

5. 将杯柄和杯身进行焊接

① 在对象面板中同时选中"立方体 1"和"圆柱",如图 5-49 所示。然后右击,从弹出的快捷菜单中选择"连接对象+删除"命令,将它们连接为一个整体,此时对象面板如图 5-50 所示。

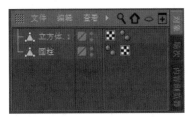

图 5-49　同时"立方体 1"和"圆柱"　　　　　图 5-50　"连接对象 + 删除"后的效果

② 在对象面板选择"立方体",然后按住【Alt】键并单击,将透视图旋转一定角度。再利用【Alt】键并单击,放大杯身和杯柄连接处,接着在工具栏中选择 框选工具,再在编辑模式工具栏中选择 点模式,框选杯身和杯柄连接处的两个顶点,如图 5-51 所示。最后右击,从弹出的快捷菜单中选择"焊接"命令,再在杯身顶点处单击,从而将两个顶点焊接为一个顶点,如图 5-52所示。

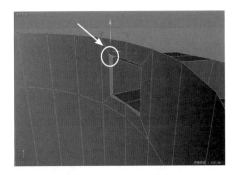

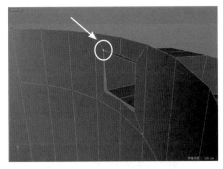

图 5-51　框选杯身和杯柄连接处的两个顶点　　　图 5-52　将两个顶点焊接为一个顶点

③ 单击键盘上的空格键,切换为上一次使用的 框选工具,然后框选另外两个杯身和杯柄连接处的顶点,如图 5-53 所示。再单击空格键切换为上一次使用的"焊接"命令,接着在杯身顶点处单击,从而将两个顶点焊接为一个顶点,如图 5-54 所示。

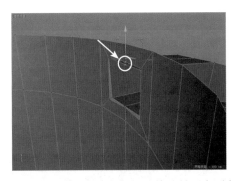

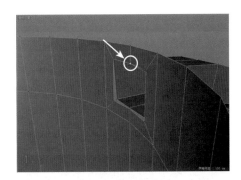

图 5-53　框选杯身和杯柄连接处的两个顶点　　　图 5-54　将两个顶点焊接为一个顶点

④ 同理,对杯身和杯柄连接处的其余顶点进行两两焊接。

⑤ 查看焊接后的效果。方法:按住键盘上的【Alt】键,单击工具栏中的 细分曲面工具,从而将其作为立方体的父级,如图 5-55 所示,效果如图 5-56 所示。

提示：这步使用的是快捷键，如果不使用快捷键，可以单击 （细分曲面）工具，然后在对象面板中将"立方体"拖入"细分曲面"，也可以产生同样的效果。

图 5-55　将"细分曲面"成为"立方体"的父级

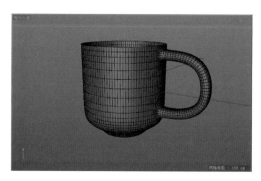
图 5-56　"细分曲面"的效果

6. 制作出杯子厚度

① 为了便于区分，下面在对象面板中双击"立方体"，然后将其重命名为"杯子"。接着关闭"细分曲面"的显示，如图 5-57 所示。

② 选择工具栏中的 （移动工具），然后选择编辑模式工具栏中的 （边模式），接着在杯口位置双击，再配合键盘上的【Shift】键，加选，从而选中杯口的一圈边，如图 5-58 所示。

图 5-57　选择"立方体"

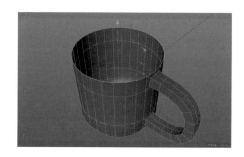
图 5-58　选择杯口的一圈边

③ 选择工具栏中的 （缩放工具），按住键盘上的【Ctrl】键，向内挤压出一圈边，如图 5-59 所示。然后按快捷键【F4】，将视图切换为正视图，再选择 （移动工具），按住键盘上的【Ctrl】键，沿 Y 轴向下挤压，如图 5-60 所示。接着按快捷键【F1】，将视图切换为透视图，再按住【Alt】键并单击，将透视图旋转到适当位置，以便观察杯底部分，如图 5-61 所示。最后选择 （缩放工具），按住键盘上的【Ctrl】键，等比例缩放出一圈边，如图 5-62 所示。最后在变换栏中将"尺寸"坐标均设置为 0，从而形成封口效果，如图 5-63 所示。

图 5-59　向内挤压出一圈边

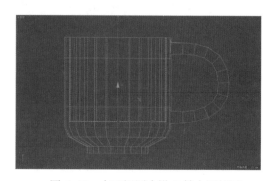
图 5-60　在正视图中沿 Y 轴向下挤压

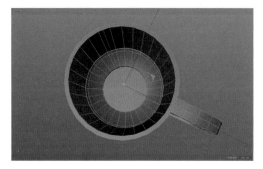

图 5-61　旋转透视图

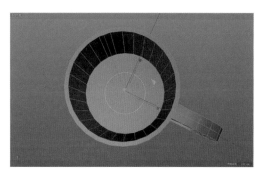

图 5-62　旋转透视图

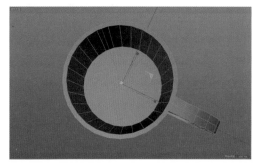

图 5-63　选择杯口的一圈边

7. 对模型进行细节处理

① 在对象面板中恢复"细分曲面"效果，然后在透视图上方执行菜单中的"显示|光影着色"（【N+A】组合键）命令，以光影方式显示对象。接着从不同角度观察杯子模型，会发现杯口的厚度细节和杯底转角细节处理不够，如图 5-64 所示。下面通过添加边和倒角的方式来解决这个问题。

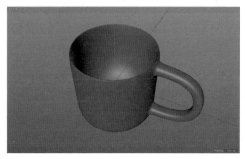

图 5-64　从不同角度观察杯子模型

② 通过添加边的方式来增强杯口的厚度细节。方法：在对象面板中重新关闭"细分曲面"的显示，然后选择"杯子"，在编辑模式工具栏中选择 （边模式），接着按【K+L】组合键，切换到"循环/路径切割"，再在杯口的 50% 处各切割出一条边，如图 5-65 所示。

③ 通过添加倒角的方式来增强杯底的细节，使杯底过渡更加硬朗。方法：选择工具栏中的 （移动工具），然后在杯底转角处双击，从而选中一圈边，如图 5-66 所示。接着右击，从弹出的快捷菜单中选择"倒角"命令，再在视图中拖动鼠标，最后在属性面板中将"偏移"设为 1 cm，"细分"设为 2，如图 5-67 所示，效果如图 5-68 所示。

图 5-65　在杯口的 50% 处各切割出一条边

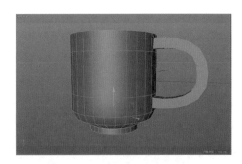
图 5-66　选中杯底转角处的一圈边

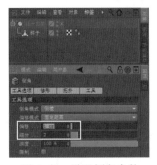
图 5-67　设置倒角参数

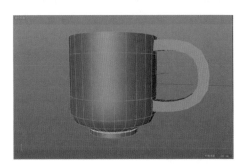
图 5-68　倒角后的效果

④ 至此，杯子模型制作完毕。下面恢复"细分曲面"的显示，然后在不同视图查看效果，如图 5-69 所示。

图 5-69　最终杯子模型效果

⑤ 为了便于区分，下面在对象面板中将对象进行重命名，如图 5-70 所示。

⑥ 在工具栏中单击 ▦（渲染到图片查看器）按钮，在弹出的"图片查看器"窗口中查看白模整体渲染效果，如图 5-71 所示。然后单击右上方的 ✕ 按钮，关闭窗口。

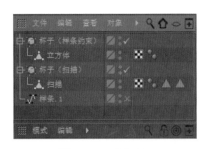
图 5-70　重命名

图 5-71　最终杯子模型效果

二、设置渲染输出尺寸、创建地面背景和添加摄像机

1. 设置渲染输出尺寸

在工具栏中单击 （编辑渲染设置）按钮，从弹出的"渲染设置"窗口中将输出尺寸设置为 1 280×720 像素，如图 5-72 所示，然后单击右上方的 ✕ 按钮，关闭窗口。

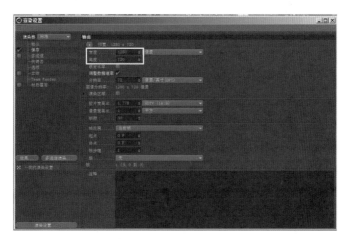

图 5-72　将输出尺寸设置为 1 280×720 像素

2. 创建地面背景

① 在创建地面背景之前，首先选择"杯子（样条约束）"，然后在左侧工具栏中选择 （模型模式），执行菜单中的"插件"|"Drop2Floor"命令，将其对齐到地面。

> 💿 提示
>
> "Drop2Floor"插件可以在配套资源中下载。

② 创建地面背景。方法：执行菜单中的"插件"|"L-Object"命令，创建一个地面背景。

> 💿 提示
>
> "L-Object"插件可以在配套资源中下载。

③ 在属性面板中将"L-Object"(创建的地面)的"曲线偏移"设为1000，然后在顶视图中增加地面背景的宽度，在右视图中增加地面背景的深度，如图 5-73 所示。

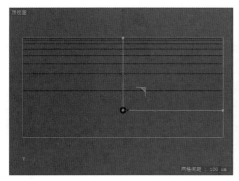
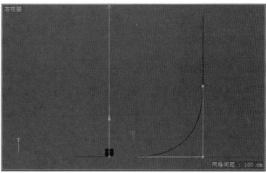

图 5-73　增加地面背景的宽度和深度

④ 按快捷键【F1】，切换透视图。然后按住【Alt】键并单击，将透视图旋转到合适角度，效果如图 5-74 所示。

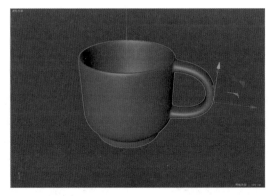

图 5-74　将透视图旋转到合适角度

3. 添加摄像机

① 此时在视图中可以看到杯子有些变形，这是因为焦距的问题。下面通过添加摄像机来解决这个问题。方法：在工具栏中单击 ![摄像机]（摄像机）按钮，给场景添加一个摄像机，此时对象面板如图 5-75 所示。

② 在对象面板中激活 ![按钮] 按钮，进入摄像机视角，如图 5-76 所示。

图 5-75　添加一个摄像机

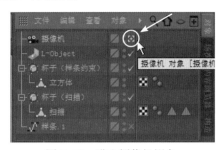

图 5-76　进入摄像机视角

③ 在属性面板中将摄像机的"焦距"设置为"135"，如图 5-77 所示。然后在透视图中调整视角，此时杯子的透视效果就正常了，如图 5-78 所示。

图 5-77　设置摄像机的"焦距"

图 5-78　进入摄像机视角

三、赋予模型材质

1. 制作杯子材质

① 在材质栏中双击，新建一个材质球，如图 5-79 所示。然后双击材质球进入"材质编辑器"窗口，在左侧选择"颜色"复选框，然后在右侧将"颜色"设置为一种橘黄色[HSV 的数值为（35，95，100）]，如图 5-80 所示。

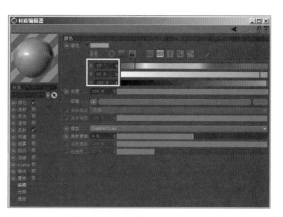

图 5-79　新建一个材质球

图 5-80　将颜色设置为橘黄色

② 在左侧选择"反射"复选框，然后在右侧单击"添加"按钮，添加一个 GGX，接着设置 GGX 的相关参数，如图 5-81 所示。再单击右上方的 ✖ 按钮，关闭"材质编辑器"窗口。

③ 将材质球重命名为"杯子"，再将材质直接拖到场景中的杯子模型上，即可赋予模型材质，效果如图 5-82 所示。

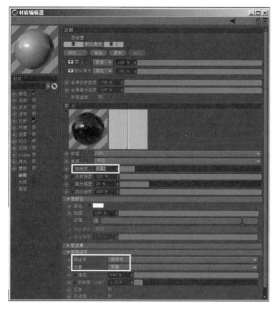

图 5-81　设置 GGX 参数

图 5-82　将"杯子"模型赋予杯子模型

2. 制作地面背景材质

① 在材质栏中双击，新建一个材质球。然后双击材质球进入"材质编辑器"窗口，再在左侧选择"反射"复选框，接着在右侧单击"添加"按钮，添加一个 GGX，接着设置 GGX 的相关参数，如

图5-83所示。再单击右上方的 ☒ 按钮，关闭"材质编辑器"窗口。

图 5-83 设置 GGX 参数

②将材质球重命名为"杯子"，再将材质直接拖到场景中的地面背景模型上。

③在工具栏中单击 ▥（渲染到图片查看器）按钮，在弹出的"图片查看器"窗口中查看赋予模型材质后的整体渲染效果，如图5-84所示。然后单击右上方的 ☒ 按钮，关闭窗口。

图 5-84 整体渲染效果

四、添加全局光照和天空 HDR

从上面效果可以看出杯子反射效果不太真实。下面通过给场景添加全局光照和天空 HDR，来解决这个问题。

1. 添加全局光照

在工具栏中单击 ▦（编辑渲染设置）按钮，从弹出的"渲染设置"窗口中单击左下方的 ▐效果...▌

按钮，然后从弹出的下拉菜单中选择"全局光照"命令，如图 5-85 所示。接着在右侧"常规"选项卡中将"预设"设置为"室内 - 预览（小型光源）"，如图 5-86 所示。

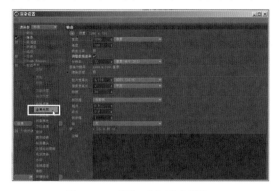

图 5-85　添加"全局光照"

图 5-86　将"预设"设置为"室内 - 预览（小型光源）"

2. 添加天空 HDR

① 在工具栏 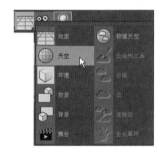（地面）工具上按住鼠标左键，从弹出的隐藏工具中选择 天空，如图 5-87 所示，从而给场景添加一个"天空"效果，此时对象面板显示如图 5-88 所示。

图 5-87　选择"天空"

图 5-88　将"天空"添加到对象面板

② 在材质栏中双击，新建一个材质球。然后双击材质球进入"材质编辑器"窗口，再取消选中"颜色"和"反射"复选框。接着选中"发光"复选框，单击"纹理"右侧的 按钮，从弹出的"打开文件"对话框中选择配套资源中的"源文件\5.1 水杯\tex\studio020.hdr"图片，单击"打开"按钮，再在弹出的对话框中单击"否"按钮，如图 5-89 所示，此时"材质编辑器"窗口如图 5-90 所示。最后单击右上方的 ✕ 按钮，关闭材质编辑器。

图 5-89　单击"否"按钮

图 5-90　"材质编辑器"窗口

③ 在材质栏中将材质重命名为"天空"，然后将"天空"材质直接拖到对象面板中的天空上，即可赋予材质，效果如图5-91所示。

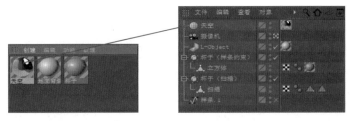

图 5-91　赋予天空材质

④ 在工具栏中单击 ![icon]（渲染到图片查看器）按钮，在弹出的"图片查看器"窗口中查看添加全局光照和天空HDR后的效果。

⑤ 执行菜单中的"文件"|"保存工程（包含资源）"命令，将文件保存打包。

五、渲染作品

① 设置要保存的文件名称和路径。方法：在工具栏中单击 ![icon]（编辑渲染设置）按钮，然后在弹出的"渲染设置"对话框中左侧选择"保存"复选框，然后在右侧单击"文件"右侧的 ![icon] 按钮，从弹出的"保存文件"对话框中设置文件名称和保存路径，此时将文件保存为"杯子(默认渲染).tif"，如图5-92所示，单击"保存"按钮。

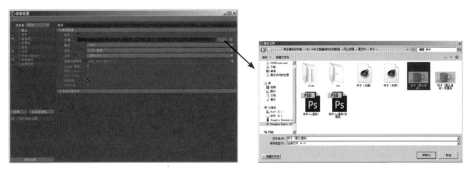

图 5-92　设置文件名称、格式和保存路径

② 在左侧选择"抗锯齿"，然后在右侧将"抗锯齿"设为"最佳"，"最小级别"设为2×2，"最大级别"设为4×4，如图5-93所示。最后单击右上方的 ![X] 按钮，关闭"材质编辑器"窗口。

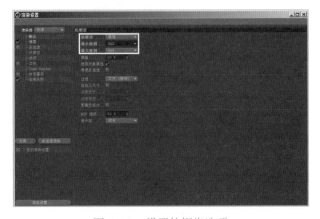

图 5-93　设置抗锯齿选项

③ 在工具栏中单击 (渲染到图片查看器) 按钮，进行作品最终的渲染输出。

六、利用 Photoshop 进行后期处理

① 在 Photoshop CC 2017 中打开前面保存输出的配套资源中的 "源文件\杯子\杯子(默认渲染).tif" 图片，如图 5-94 所示。然后按【Ctrl+J】组合键，复制出一个 "图层 1" 层，接着右击，从弹出的快捷菜单中选择 "转换为智能对象" 命令，将其转换为智能图层，此时图层分布如图 5-95 所示。

图 5-94　打开 "保温杯(默认渲染).tif" 图片　　　　图 5-95　将复制的图层转换为智能图层

② 执行菜单中的 "滤镜" | "Camera Raw 滤镜" 命令，然后在弹出的对话框中设置滤镜参数，如图 5-96 所示，单击 "确定" 按钮，最终效果如图 5-97 所示。最后执行菜单中的 "文件" | "存储" 命令，保存文件。

图 5-96　设置 "Camera Raw 滤镜" 参数

图 5-97　最终效果

······● 视 频

檀香木手串

5.2 檀香木手串

要点：

本例将制作一个檀香木手串，如图5-98所示。本例中的重点在于木纹材质的制作，以及在场景中添加全局光照和天空HDR后，再额外添加灯光作为补光。通过本例的学习，读者应掌握"扫描"生成器、"阵列"造型工具、摄像机和灯光等一系列操作的方法。

图 5-98　檀香木手串

操作步骤：

1. 制作手串模型

① 在工具栏 ⬡（立方体）工具上按住鼠标左键，从弹出的隐藏工具中选择 ⬤ 球体，从而在视图中创建一个球体，然后在属性面板中将其"半径"设置为35 cm，"分段"设置为90，如图5-99所示。

② 按住键盘上的【Alt】键，单击工具栏中的 ▦（阵列）工具，给球体添加一个"阵列"的父级，效果如图5-100所示。

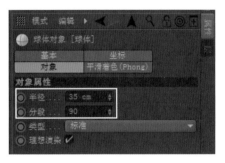

图 5-99　将球体"半径"设置为35 cm

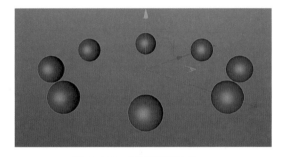

图 5-100　默认阵列效果

③ 此时球体阵列数量过少。下面在属性面板中将阵列的"半径"设置为190 cm，"副本"设置为16，如图5-101所示，效果如图5-102所示。

图 5-101　设置"阵列"参数

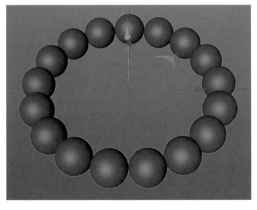

图 5-102　阵列效果

④ 制作手串上的穿线效果。方法：在视图中创建一个圆环，然后在属性面板中将圆环"半径"设置为 190 cm，"平面"设置为"XZ"，如图 5-103 所示，此时在顶视图中的显示效果如图 5-104 所示。接着在视图中创建一个半径 3 cm 的圆环，这个圆环的半径就决定了穿线的粗细程度。最后同时选择两个圆环，按住键盘上的【Ctrl+Alt】键，单击工具栏中的 🔘（细分曲面）工具中的 🟤 扫描 工具，如图 5-105 所示，给它们统一添加一个父级，如图 5-106 所示，效果如图 5-107 所示。

图 5-103　设置"圆环"参数

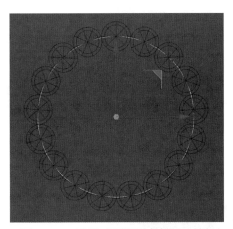

图 5-104　设置"圆环"参数后的效果

图 5-105　单击 🟤 扫描 工具

图 5-106　给两个圆环添加一个父级

图 5-107　扫描效果

⑤ 在"对象"面板中选中所有对象，按【Alt+G】键，将它们组成一个组，并命名为"手串"。

2. 创建地面背景、设置渲染输出尺寸和添加摄像机

① 在工具栏中单击 📷（编辑渲染设置）按钮，从弹出的"渲染设置"窗口中将输出尺寸设置为 800×800 像素，如图 5-108 所示，然后单击右上方的 ❎ 按钮，关闭窗口。

② 在工具栏中单击 🔲（地面）按钮，给场景添加一个地面。然后选择"手串"，执行菜单中的"插件"｜"Drop2Floor"命令，将手串对齐到地面，效果如图 5-109 所示。

图 5-108　将输出尺寸设置为 800×800 像素

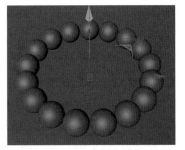

图 5-109　将手串对齐到地面

③ 在工具栏中单击 📷（摄像机）按钮，给场景添加一个摄像机。然后在对象面板中激活 🎥 按钮，进入摄像机视角。接着在属性面板中将摄像机的"焦距"设置为"135"，如图 5-110 所示。最后

在透视视图中调整到合适视角，如图5-111所示。

图 5-110 将摄像机的"焦距"设置为"135"

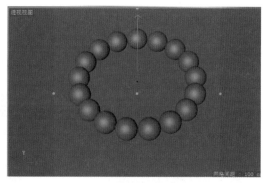
图 5-111 在透视视图中调整到合适视角

④ 为了能在视图中清楚看到渲染区域。下面按【Shift+V】组合键，然后在属性面板"查看"选项卡中将"透明"设置为95%，如图5-112所示，效果如图5-113所示。

图 5-112 将"透明"设置为95%

图 5-113 渲染区域以外会显示黑色

3. 制作材质

① 在材质栏中双击，新建一个材质球，然后在名称处双击鼠标将其重命名为"木纹"。再双击材质球进入"材质编辑器"窗口，在左侧选择"颜色"复选框，然后单击"纹理"右侧的▔▔▔按钮，指定配套资源中的"源文件\檀香木手串\tex\WOOD029.jpg"贴图，如图5-114所示。

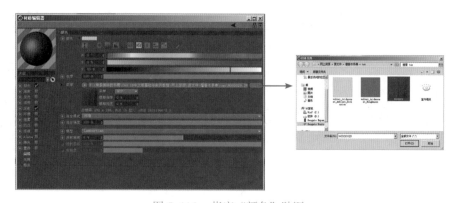
图 5-114 指定"颜色"贴图

② 将颜色贴图复制给凹凸。方法：右击"颜色"右侧"纹理"旁的 ▶ 按钮，从弹出的快捷菜单中选择"复制着色器"命令，如图 5-115 所示。然后选中"凹凸"复选框，右击"凹凸"右侧"纹理"旁的 ▶ 按钮，从弹出的快捷菜单中选择"粘贴着色器"命令，如图 5-116 所示，即可将颜色贴图复制给凹凸。

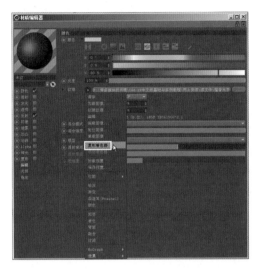

图 5-115　选择"复制着色器"命令

图 5-116　选择"粘贴着色器"命令

③ 关闭"材质编辑器"窗口。然后将"木纹"材质拖给场景中的手串模型，效果如图 5-117 所示。

④ 在材质栏中双击，新建一个材质球，然后在名称处双击鼠标将其重命名为"地面"。再双击材质球进入"材质编辑器"窗口，指定给"颜色"纹理配套资源中的"源文件\檀香木手串\tex\velvet_iridescent_Ambient_Occlusion.jpg"贴图，如图 5-118 所示。接着选中"凹凸"复选框，指定给纹理配套资源中的"源文件\檀香木手串\tex\velvet_iridescent_Roughness"贴图。

图 5-117　赋予手串材质后的效果

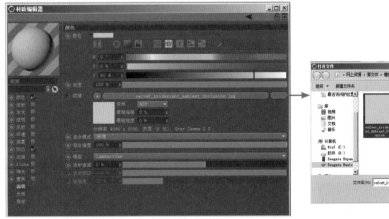

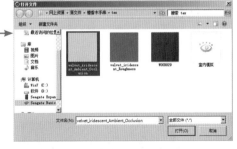

图 5-118　指定"颜色"贴图

⑤ 关闭"材质编辑器"窗口。然后将"地面"材质拖给场景中的手串模型，效果如图 5-119 所示。

4. 添加全局光照、天空 HDR 和灯光

① 添加全局光照。方法：在工具栏中单击 （编辑渲染设置）按钮，从弹出的"渲染设置"窗口中单击左下方的  按钮，然后从弹出的下拉菜单中选择"全局光照"命令，如图5-120所示。接着在右侧"常规"选项卡中将"预设"设置为"室内-预览（小型光源）"，如图5-121所示。

② 给场景添加天空对象。方法：在工具栏 （地面）工具上按住鼠标左键，从弹出的隐藏工具中选择 天空，如图5-122所示，从而给场景添加一个"天空"效果。

图 5-119　赋予地面材质后的效果

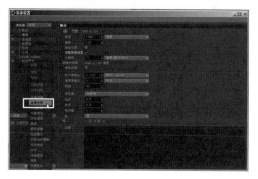

图 5-120　添加"全局光照"

图 5-121　将"预设"设置为"室内-预览（小型光源）"

③ 制作天空材质。方法：在材质栏中双击，新建一个材质球，然后将其重命名为"天空"。接着双击材质球进入"材质编辑器"窗口，再取消选中"颜色"和"反射"复选框，选中"发光"复选框，在指定给纹理右侧配套资源中的"源文件\檀香木手串\tex\室内模拟.hdr"贴图，如图5-123所示。最后单击右上方的 按钮，关闭"材质编辑器"窗口。

图 5-122　选择"天空"

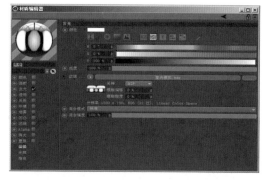

图 5-123　指定发光纹理贴图

④ 将"天空"材质直接拖到对象面板中的天空上，即可赋予材质，如图5-124所示。

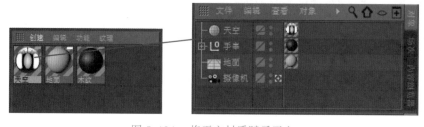

图 5-124　将天空材质赋予天空

⑤ 在工具栏中单击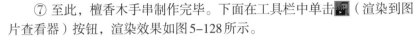（渲染到图片查看器）按钮，渲染效果如图 5-125 所示。

⑥ 此时场景中手串的高光和投影效果不是很明显，下面通过给场景添加灯光来解决这个问题。方法：在工具栏中单击 （灯光），给场景添加一个灯光。然后分别在顶视图和右视图中调整灯光的位置，如图 5-126 所示。接着在灯光属性面板"常规"选项卡中将"强度"设置为 80%，"投影"设置为"区域"，如图 5-127 所示。

⑦ 至此，檀香木手串制作完毕。下面在工具栏中单击 （渲染到图片查看器）按钮，渲染效果如图 5-128 所示。

图 5-125　渲染效果

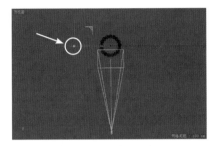
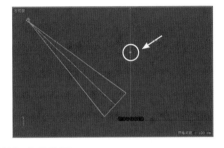

图 5-126　调整灯光的位置

图 5-127　调整灯光参数

图 5-128　最终渲染效果

⑧ 执行菜单中的"文件"|"保存工程（包含资源）"命令，将文件保存打包。

5.3　霓虹灯文字效果

视　频

霓虹灯文字

 要点：

本例将制作一个霓虹灯文字效果，如图 5-129（a）所示。本例中的重点在于霓虹灯材质的制作，以及在场景中添加全局光照和天空 HDR。通过本例的学习，读者应掌握创建文本、创建样条、"挤压"命令、"扫描"生成器、利用 L-Object 插件制作地面背景、创建摄像机、制作发光材质、添加全局光照和天空 HDR 等一系列操作的方法。

（a）模型效果

（b）默认渲染效果

图 5-129　霓虹灯文字效果

 操作步骤：

1. 制作场景模型

① 在工具栏 ✐（画笔）工具上按住鼠标左键，从弹出的隐藏工具中选择 ，如图 5-130 所示，从而在视图中创建一个文本，如图 5-131 所示。然后在属性面板中将"文本"设置为"GOLD"，"字体"设置为 Dosis，"高度"设置为 200，如图 5-132 所示，效果如图 5-133 所示。

图 5-130　选择 文本

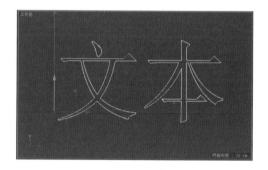

图 5-131　半球效果

图 5-132　设置文本参数

图 5-133　文字效果

② 挤压出文字厚度。方法：按住键盘上的【Alt】键，然后在工具栏 （细分曲面）工具上按住鼠标左键，从弹出的隐藏工具中选择 挤压，如图 5-134 所示，从而给文字添加一个"挤压"生成器的父级。接着在属性面板"对象"选项卡中将"移动"的深度设置为 50 cm，如图 5-135 所示，效果如图 5-136 所示。

③ 复制出作为霓虹灯管的文字路径。方法：在对象面板中选中文本，然后按住键盘上的【Alt】键，将其拖动到挤压外面，从而复制出一个文本，如图 5-137 所示。

图 5-134　选择 挤压

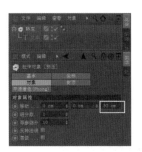

图 5-135　将"移动"的深度设置为 50 cm

图 5-136　挤压后的文字效果

图 5-137　在对象面板中复制文本

④ 在对象面板中选中"挤压"，然后按住键盘上的【Alt】键，向下拖动，从而复制出一个挤压文字，如图 5-138 所示。再在正视图中将复制后的挤压文本沿 Y 轴向下移动，效果如图 5-139 所示。接着选中复制后"挤压.1"中的"文本"在属性面板中将"文本"更改为"CINEMA 4D DESIGN"，"高度"设置为 52 cm，"水平间距"设置为 1.5 cm，如图 5-140 所示，使之与上方文字宽度基本对齐，效果如图 5-141 所示。

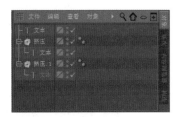

图 5-138　复制出一个挤压文字

图 5-139　将复制后的挤压文本沿 Y 轴向下移动

图 5-140　设置文本属性

图 5-141　设置文本属性后的效果

⑤ 在对象面板中选中"挤压.1",然后在属性面板"对象"选项卡中将"移动"的深度设置为70 cm,如图5-142所示。接着在右视图中将其沿Z轴向右移动一下,以便后面能接收到上层文字的反射的光线,效果如图5-143所示。

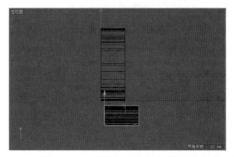

图 5-142　将"移动"的深度设置为 70 cm　　　　　图 5-143　调整下层文字的厚度和位置

⑥ 为了便于区分,下面在对象面板中双击"挤压",将其重命名为"上层文字",再将"挤压.1"重命名为"下层文字",如图5-144所示。

⑦ 制作霓虹灯管。方法:在工具栏 （画笔）工具上按住鼠标左键,从弹出的隐藏工具中选择 ○ 圆环,从而在透视视图中创建一个圆环。然后在属性面板"对象"选项卡中将"圆环"的"半径"设置为2 cm,如图5-145所示。接着在对象面板中同时选择"圆环"和"文本",按住键盘上的【Ctrl+Alt】键,在工具栏 （细分曲面）工具上按住鼠标左键,从弹出的隐藏工具中选择 扫描,从而将"圆环"和"文本"作为"扫描"生成器的子集,如图5-146所示,效果如图5-147所示。

提示

此时是在透视视图中创建的圆环。如果在顶视图创建圆环,则扫描后还要调整圆环的"平面"轴向,才可以得到所需效果。

图 5-144　重命名对象　　　　　　　　　　　图 5-145　将"圆环"的"半径"设置为 2 cm

图 5-146　将"圆环"和"文本"作为"扫描"的子集　　　图 5-147　扫描后的效果

⑧ 创建霓虹灯管和上层文字之间的连接部分。方法：在透视视图中创建一个"半径"为 3 cm，"高度"为 10 cm 的圆柱，如图 5-148 所示，然后再创建一个长、宽、高分别为 1 cm、5 cm 和 6 cm 的立方体，并放置到合适位置，如图 5-149 所示。接着在对象面板中同时选择"立方体"和"圆柱"，按【Alt+G】组合键，将它们组成一个组。最后分别在正视图和右视图中调整其位置，如图 5-150 所示，形成套在霓虹灯管上的效果。

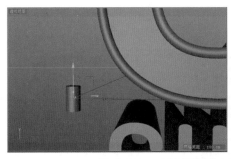 

图 5-148　在透视视图中创建一个圆柱

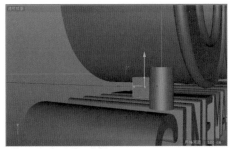 

图 5-149　在透视视图中创建一个正方体并放置到合适位置

 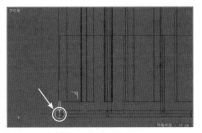

图 5-150　分别在正视图和右视图中调整连接的位置

⑨ 在正视图中按住键盘上的【Ctrl】键，水平复制连接形状，并放置到合适位置，如图 5-151 所示。

图 5-151　复制连接形状，并放置到合适位置

⑩ 创建插头。方法：在透视视图中创建一个"半径"为10 cm，"高度"为3 cm的圆柱，然后将其旋转90°，再按住键盘上的【Ctrl】键，水平复制一个圆柱。接着在属性面板中将其"半径"改为8 cm，效果如图5-152所示。再创建一个"半径"为6 cm的球体，并将"类型"设置为"半球体"，并将其旋转90°，放置到合适位置，如图5-153所示。最后在对象面板中同时选择两个圆柱和球体，按【Alt+G】组合键，将它们组成一个组。再将其移动到上层文字的右侧中间位置，如图5-154所示。

图5-152　创建圆柱

图5-153　创建半球体并放置到合适位置

⑪ 创建电线。方法：利用工具栏中的 （画笔工具）在正视图中绘制样条路径，如图5-155所示。然后再创建一个"半径"为2 cm的圆环。接着同时选择"圆环"和"样条"，按住键盘上的【Ctrl+Alt】组合键，在上方工具栏 （细分曲面）工具上按住鼠标左键，从弹出的隐藏工具中选择 扫描 ，给它们添加一个"扫描"生成器。最后再将电线移动到插头上，效果如图5-156所示。

⑫ 在对象面板中同时选择插头和电线对象，然后按【Alt+G】组合键，将它们组成一个组，并将其重命名为"插头和电线"，如图5-157所示。

图5-154　复制连接形状，并放置到合适位置

图5-155　在正视图中绘制样条路径

图5-156　将电线移动到插头上

⑬ 制作出另一侧的插头和电线。方法：按住键盘上的【Ctrl】键，将"插头和电线"复制到文字左侧，如图5-158所示。然后执行菜单中的"网格"|"重置轴心"|"轴对齐"命令，在弹出的"轴对齐"窗口中设置，如图5-159所示，单击"执行"按钮，再关闭窗口，此时坐标就会调整到对象中间位置，如图5-160所示。接着在透视视图中将其旋转180°，再在正视图中将其移动到合适位置，如图5-161所示。

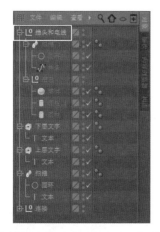

图 5-157　将成组后的对象重命名为"插头和电线"对象　　图 5-158　将"插头和电线"复制到文字左侧

图 5-159　设置"轴对齐"参数　　　　　　图 5-160　设置"轴对齐"参数后的效果

⑭ 至此，场景的模型制作完毕。下面在对象面板中选择所有对象，按【Alt+G】组合键，将它们组成一个组。然后执行菜单中的"插件"|"Drop2Floor"命令，将其对齐到地面。

2．创建地面背景、设置渲染输出尺寸和添加摄像机

① 在工具栏中单击 （编辑渲染设置）按钮，从弹出的"渲染设置"窗口中将输出尺寸设置为1 280×720像素，然后单击右上方的 按钮，关闭窗口。

② 创建地面背景。方法：执行菜单中的"插件"|"L-Object"命令，在视图中创建一个地面背景。然后分别在顶视图和右视图中加大其宽度和深度，并将"曲面偏移"设置为1000。接着在透视视图中将视图调整到合适角度，效果如图5-162所示。

图 5-161　在正视图中将旋转后的插头和电线
移动到合适位置

图 5-162　在正视图中将旋转后的插头和电线
移动到合适位置

③ 在工具栏中单击 （摄像机）按钮，给场景添加一个摄像机。然后在对象面板中激活  按钮，进入摄像机视角。接着在属性面板"对象"选项卡中将"投射方式"设置为"平行"，如图 5-163（a）所示。最后在透视视图中进一步调整视角，如图 5-163（b）所示。

（a）将"投射方式"设置为"平行"　　　　　　（b）在透视视图中进一步调整视角

图 5-163　给场景添加摄像机

3. 制作材质

① 制作上层文字材质。方法：在材质栏中双击，新建一个材质球，并将其重命名为"上层文字"。再双击材质球进入"材质编辑器"窗口，然后在左侧选择"颜色"复选框，将其颜色设置为橘红色 [HSV 的数值为（15，85，95）]，如图 5-164 所示。再在左侧选择"反射"复选框，接着在右侧单击"添加"按钮，添加一个 GGX，再设置 GGX 的相关参数，如图 5-165 所示。最后单击右上方的 ☒ 按钮，关闭"材质编辑器"窗口。再将这个材质拖给场景中的上层文字模型，效果如图 5-166 所示。

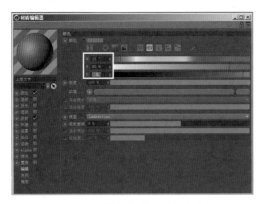

图 5-164　将颜色设置为橘红色　　　　　　图 5-165　设置"反射"参数

② 制作上层文字材质。方法：在材质栏中按住【Ctrl】键，复制一个"上层文字"材质球，再将其重命名为"下层文字"。然后双击材质球进入"材质编辑器"窗口，再将颜色设置为白色 [（HSV 的数值为（30，0，100）]。最后单击右上方的 ☒ 按钮，关闭"材质编辑器"窗口。再将这个材质拖给场景中的下层文字模型，效果如图 5-167 所示。

③ 制作霓虹灯材质。方法：在材质栏中双击，新建一个材质球，然后将其重命名为"天空"。接着双击材质球进入"材质编辑器"窗口，再取消选中"颜色"和"反射"复选框，选中"发光"复选框，再将发光颜色设置为浅黄色 [HSV 的数值为（50，50，95）]，"亮度"设置为 200%，如图 5-168 所示。最后单击右上方的 ☒ 按钮，关闭"材质编辑器"窗口。再将这个材质拖给场景中的霓虹灯管模型，效果如图 5-169 所示。

图 5-166　赋予上层文字材质后的效果

图 5-167　赋予下层文字材质后的效果

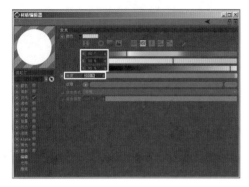

图 5-168　设置"发光"参数

图 5-169　赋予霓虹灯材质后的效果

④ 制作地面背景材质。方法：在材质栏中双击，新建一个材质球，并将其重命名为"地面背景"。然后双击材质球进入"材质编辑器"窗口，将"颜色"设置为一种灰色[HSV的数值为（50，0，100）]。接着将这个材质拖给场景中的地面背景模型，效果如图 5-170 所示。

⑤ 制作金属材质。方法：在材质栏中双击，新建一个材质球，并将其重命名为"金属"。再双击材质球进入"材质编辑器"窗口，然后在左侧取消选中"颜色"复选框，再在左侧选择"反射"复选框，接着在右侧单击"添加"按钮，添加一个GGX，再设置GGX的相关参数，如图 5-171 所示。最后单击右上方的 X 按钮，关闭"材质编辑器"窗口。再将这个材质拖给场景中的插座模型。

图 5-170　赋予地面背景材质后的效果

图 5-171　设置 GGX 的相关参数

⑥ 制作电线材质。方法：在材质栏中双击，新建一个材质球，并将其重命名为"电线"。再双击材质球进入"材质编辑器"窗口，然后在左侧选择"颜色"复选框，将其颜色设置为黑色[HSV的数值为（50，0，0）]，如图5-172所示。再在左侧选择"反射"复选框，接着在右侧单击"添加"按钮，添加一个GGX，再设置GGX的相关参数，如图5-173所示。最后单击右上方的 ✕ 按钮，关闭"材质编辑器"窗口。再将这个材质拖给场景中的电线模型。

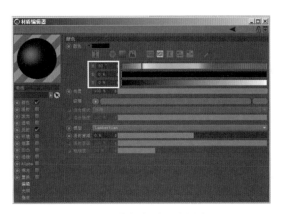 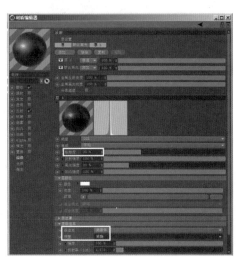

图 5-172　将颜色设置为黑色　　　　　　图 5-173　设置 GGX 的相关参数

⑦ 至此，材质部分制作完毕。下面在工具栏中单击 ▦（渲染到图片查看器）按钮，在弹出的"图片查看器"窗口中查看赋予模型材质后的整体渲染效果，如图5-174所示。然后单击右上方的 ✕ 按钮，关闭窗口。

图 5-174　整体渲染效果

4. 添加全局光照和天空 HDR

从上面效果可以看出文字没有反射效果。下面通过给场景添加全局光照和天空hdr，来解决这个问题。

① 在工具栏中单击 ▦（编辑渲染设置）按钮，从弹出的"渲染设置"窗口中单击左下方的 效果 按钮，然后从弹出的下拉菜单中选择"全局光照"命令，如图5-175所示。接着在右侧"常规"选项卡中将"预设"设置为"室内-预览（小型光源）"，如图5-176所示。

图 5–175　添加 "全局光照"

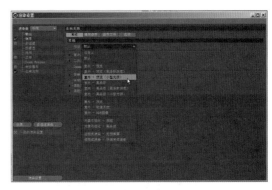

图 5–176　将 "预设" 设置为 "室内 – 预览（小型光源）"

② 给场景添加天空对象。方法：在工具栏 ▦（地面）工具上按住鼠标左键，从弹出的隐藏工具中选择 ● 天空，从而给场景添加一个 "天空" 效果。

③ 制作天空材质。方法：在材质栏中双击，新建一个材质球，然后将其重命名为 "天空"。再双击材质球进入 "材质编辑器"，窗口接着取消选中 "颜色" 和 "反射" 复选框，选中 "发光" 复选框，再将发光颜色设置为浅灰色[HSV 的数值为（50, 0, 75）]。最后单击右上方的 ☒ 按钮，关闭 "材质编辑器" 窗口。

④ 将 "天空" 材质直接拖到对象面板中的天空上，即可赋予材质，如图 5–177 所示。

⑤ 在工具栏中单击 ▶（渲染到图片查看器）按钮，在弹出的 "图片查看器" 窗口中查看添加全局光照和天空 HDR 后的效果，如图 5–178 所示。

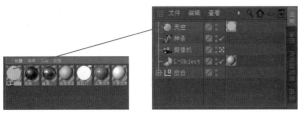

图 5–177　赋予天空材质

图 5–178　查看添加全局光照和天空 HDR 后的效果

⑥ 至此，霓虹灯文字效果制作完毕。下面执行菜单中的 "文件" | "保存工程（包含资源）" 命令，将文件保存打包。

视频 ●┈┈┈

5.4　圆形片剂的长方形药片板

圆形片剂的长方形药片板

要点：

本例将制作一个圆形片剂的长方形药片板模型，如图 5-179 所示。本例的重点是制作药片板上凸起部分、利用 "克隆" 来复制模型、赋予同一个模型相应位置不同材质以及利用全局光照和天空 HDR 来模拟真实环境。通过本例的学习，读者应掌握倒角、挤压、缩放、克隆等命令，创建简单金属和透明材质，在场景中添加全局光照和天空 HDR 的方法。

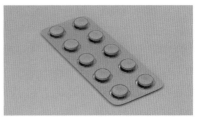

图 5–179　圆形片剂的长方形药片板

操作步骤：

1. 创建模型

① 在工具栏 ▢（立方体）工具上按住鼠标左键，从弹出的隐藏工具中选择 ▱ 平面，从而在视图中创建一个平面。然后执行"视图"菜单中的"显示"|"光影着色（线条）"（【N+B】组合键）命令，将其以光影着色（线条）的方式进行显示，接着在属性面板中将"宽度分段"和"高度分段"均设置为2，效果如图5-180所示。

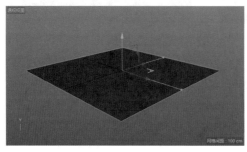

图 5-180　创建平面

② 在编辑模式工具栏中单击 ▨（转为可编辑对象）按钮（快捷键是【C】），将其转为可编辑对象。

③ 进入 ▨（点模式），然后利用 ▨（框选工具）框选中间的顶点，如图5-181所示。接着右击从弹出的快捷菜单中选择"倒角"命令，再在属性面板中设置倒角参数，效果如图5-182所示。

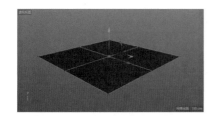
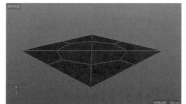
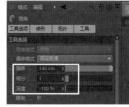

图 5-181　框选中间的顶点　　　　　　　　　图 5-182　倒角效果

提示

为了便于观看调节参数后的效果，可以执行"视图"菜单中的"过滤"|"N-gron线"命令，在视图中显示出N-gron线。

---

④ 利用 ▨（框选工具）框选中间的顶点，按【Delete】键进行删除，效果如图5-183所示。

⑤ 进入 ▨（边模式），然后执行菜单中的"选择"|"循环选择"（【U+L】组合键）命令，再在属性面板中选中"选择边界循环"复选框，接着在视图中选择中间的一圈边，如图5-184所示。再利用 ▨（移动工具），配合【Ctrl】键将其沿Y轴向上进行挤压，最后利用 ▨（缩放工具）将其适当缩小，效果如图5-185所示。

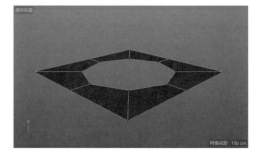

图 5-183　删除中间的顶点

⑥ 同理，利用 ▨（移动工具），配合【Ctrl】键将其沿Y轴继续向上进行挤压，然后利用 ▨（缩

放工具）将其适当缩小，如图5-186所示。

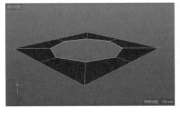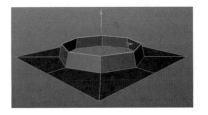

图 5-184　选择中间的一圈边　　　　　　　　图 5-185　挤压并缩放后的效果

　　⑦ 制作凸起部分的封口效果。方法：利用■（缩放工具），配合【Ctrl】键将其向内缩放挤压，如图5-187所示。然后在变换栏中将X、Y、Z的尺寸均设置为0，如图5-188所示，从而制作出凸起部分的封口效果，如图5-189所示。

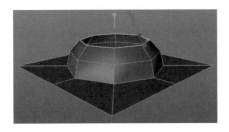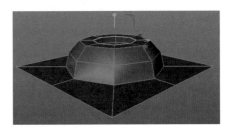

图 5-186　再次挤压并缩放后的效果　　　　　图 5-187　向内缩放挤压

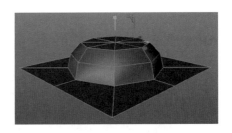

图 5-188　将 X、Y、Z 的尺寸均设置为 0　　　图 5-189　凸起部分的封口效果

　　⑧ 对模型进行平滑处理。方法：按住键盘上的【Alt】键，单击工具栏中的■（细分曲面）工具，给它添加一个的"细分曲面"生成器的父级，效果如图5-190所示。

　　⑨ 制作药片板底部的封口效果。方法：按住键盘上的【Alt】键+鼠标中键，将视图旋转到药片板的底部，然后在对象面板中暂时关闭"细分曲面"的显示，再选择"平面"，按【U+L】组合键。切换到循环选择工具，接着在属性面板中取消选中"选择边界循环"复选框，再在视图中选择底部的一圈边，如图5-191所示。最后利用■（缩放工具），配合【Ctrl】键将其向内缩放挤压，再在变换栏中将X、Y、Z的尺寸均设置为0，从而制作出药片板底部的封口效果，如图5-192所示。

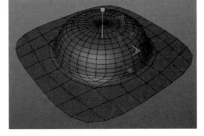

图 5-190　"细分曲面"的效果

　　⑩ 为了便于后面赋予材质，下面设置一个顶部凸起部分的多边形选集。方法：按快捷键【F4】键，切换到正视图，然后进入■（多边形模式），利用■（框选工具）框选所有凸起部分的多边形，接着执行菜单中的"选择"|"设置选集"命令，将它们设置为一个选集，如图5-193所示。

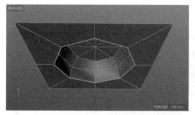

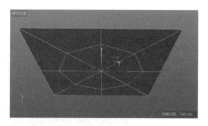

图 5-191　选择底部的一圈边　　　　　　　　　图 5-192　药片板底部的封口效果

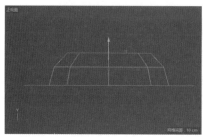
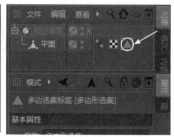

图 5-193　设置一个顶部凸起部分的多边形选集

⑪ 在对象面板中恢复"细分曲面"的显示。

⑫ 创建药片模型。方法：在工具栏 ■（立方体）工具上按住鼠标左键，从弹出的隐藏工具中选择 ■ 油桶，从而在视图中创建一个油桶模型。然后在属性面板中将其"半径"设置为 95 cm，"高度"设置为 65 cm，"封顶高度"设置为 20 cm，接着在正视图中将其沿 Y 轴向上移动到药片板凸起部分的内部，效果如图 5-194 所示。

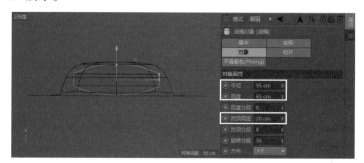

图 5-194　将药片模型移动到药片板凸起部分的内部

⑬ 利用"克隆"命令制作出整个药片板模型。方法：在对象面板中选择"平面"，按住键盘上的【Alt】键，执行菜单中的"运动图形"|"克隆"命令，然后在属性面板中设置克隆参数，效果如图 5-195 所示。

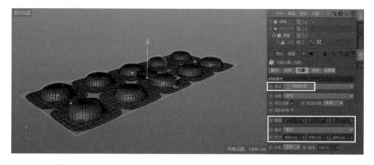

图 5-195　利用"克隆"命令制作出整个药片板模型

⑭ 此时药片板之间存在空隙，下面在对象面板中同时选择"克隆"和"平面"，然后右击，从弹出的快捷菜单中选择"连接对象+删除"命令，将它们转为一个可编辑对象。接着进入 ![]（点模式），在不选择任何顶点的情况下，右击，从弹出的快捷菜单中选择"优化"命令，即可去除药片板之间的空隙。最后为了便于观看，执行"视图"菜单中的"显示"|"光影着色"（【N+A】组合键）命令，将模型以光影着色的方式进行显示，效果如图 5-196 所示。

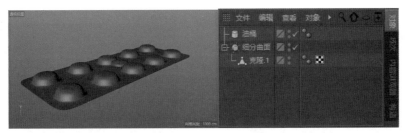

图 5-196　以光影着色的方式进行显示模型

⑮ 利用"克隆"命令制作出整个药片板中的药片模型。方法：在对象面板中选择"油桶"，按住键盘上的【Alt】键，执行菜单中的"运动图形"|"克隆"命令，然后在属性面板中设置克隆参数，效果如图 5-197 所示。

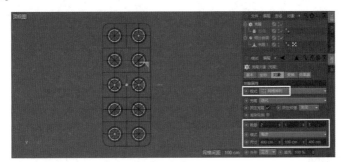

图 5-197　利用"克隆"命令制作出整个药片板中的药片模型

⑯ 在对象面板中选择所有的对象，然后按【Alt+G】组合键，将它们组成一个组，并将名称重命名为"药片板"。

2. 创建地面背景和添加摄像机

① 创建地面背景。方法：执行菜单中的"插件"|"L-Object"命令，在视图中创建一个地面背景。然后进入 ![]（模型模式），分别在顶视图和右视图中加大其宽度和深度，并将"曲面偏移"设置为1000。接着为了在视图中显示投影效果，再在右视图中将其沿 Y 轴略微向下移动。最后在透视视图中将视图调整到合适角度，效果如图 5-198 所示。

② 在工具栏中单击 ![]（摄像机）按钮，给场景添加一个摄像机。然后在对象面板中激活 ![] 按钮，进入摄像机视角。接着在属性面板中将摄像机的"焦距"设置为"135"。最后在透视视图中调整到合适视角，如图 5-199 所示。

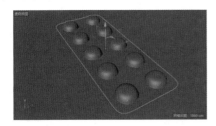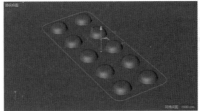

图 5-198　创建地面背景　　　　　图 5-199　添加摄像机调整到合适视角

3. 制作材质

① 在材质栏中双击，新建一个材质球，然后在名称处双击将其重命名为"金属"。再双击材质球进入"材质编辑器"窗口，接着取消选中"颜色"复选框，再选择"反射"复选框。再接着在右侧单击 添加 按钮，从弹出的下拉菜单中选择GGX，如图5-200所示。最后在展开"层菲涅耳"选项组将"菲涅耳"设置为"导体"，"预置"设置为"铝"，并将"粗糙度"加大为20%，如图5-201所示。

图 5-200 选择 GGX

图 5-201 设置 GGX 参数

② 单击右上方的 ⊠ 按钮，关闭"材质编辑器"窗口。然后将这个材质拖给对象面板中的"克隆.1"，如图5-202所示，效果如图5-203所示。

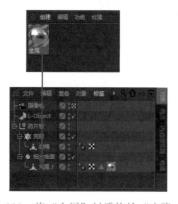

图 5-202 将"金属"材质拖给"克隆.1"

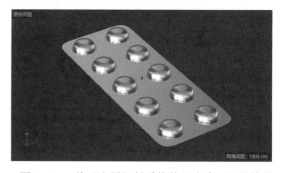

图 5-203 将"金属"材质拖给"克隆.1"的效果

③ 在材质栏中双击，新建一个材质球，并将其重命名为"透明"。然后双击材质球进入"材质编辑器"窗口，取消选中"颜色"和"反射"复选框，选中"透明"复选框，接着将"透明"的"折射率"设置为1.1，如图5-204所示。再单击右上方的 ⊠ 按钮，关闭"材质编辑器"窗口。最后将这个材质也拖给对象面板中的"克隆.1"，如图5-205所示。

④ 将"透明"材质指定给药片板上的凸起部分。方法：在对象面板中选择 ▣（透明）材质球，然后将前面设置好的 ▲（多边形选集）拖入下方的选集右侧，如图5-206所示，即可将"透明"材质指定给药片板上的凸起部分。

⑤ 在材质栏中双击，新建一个材质球，并将其重命名为"药片"。然后双击材质球进入"材质编辑器"窗口，并将"颜色"设置为橙黄色[HSV的数值为（40，80，100）]。接着单击右上方的 ⊠ 按钮，关闭"材质编辑器"窗口。再将这个材质拖给对象面板中的"油桶"，如图5-207所示。

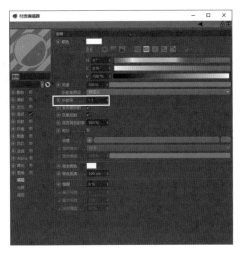

图 5-204　将"透明"的"折射率"设置为 1.1

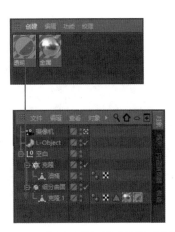

图 5-205　将"透明"材质拖给"克隆 .1"

图 5-206　将▲拖入下方的选集右侧

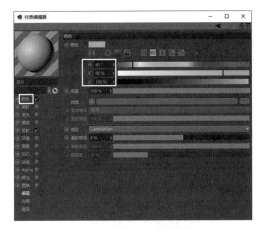

图 5-207　将颜色设置为橙黄色

⑥ 在材质栏中双击，新建一个材质球，并将其重命名为"地面"。然后保持默认参数，将这个材质拖给场景中的地面模型。

⑦ 在工具栏中单击█（渲染到图片查看器）按钮，渲染效果如图 5-208 所示。此时渲染效果很不真实，下面通过添加全局光照和天空 HDR 的方法来解决这个问题。

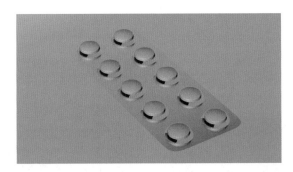

图 5-208　渲染效果

4. 添加全局光照和天空 HDR

① 添加全局光照。方法：在工具栏中单击█（编辑渲染设置）按钮，从弹出的"渲染设置"窗

口中单击左下方的 效果 按钮，然后从弹出的下拉菜单中选择"全局光照"命令，如图 5-209 所示。接着在右侧"常规"选项卡中将"预设"设置为"室内-预览（小型光源）"，如图 5-210 所示。

图 5-209 添加"全局光照"

图 5-210 将"预设"设置为"室内-预览（小型光源）"

② 给场景添加天空对象。方法：在工具栏 （地面）工具上按住鼠标左键，从弹出的隐藏工具中选择 ，如图 5-211 所示，从而给场景添加一个"天空"效果。

③ 制作天空材质。方法：在材质栏中双击，新建一个材质球，并将其重命名为"天空"。然后双击材质球进入"材质编辑器"窗口，取消选中"颜色"和"反射"复选框，选中"发光"复选框，再指定给纹理右侧配套资源中的"源文件\圆形片剂的长方形药片板\tex\室内模拟.hdr"贴图，如图 5-212 所示。最后单击右上方的 × 按钮，关闭"材质编辑器"窗口。

图 5-211 选择"天空"

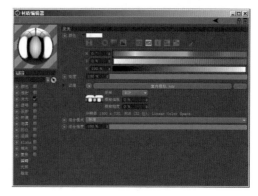

图 5-212 指定发光纹理贴图

④ 将"天空"材质直接拖到对象面板中的"天空"上，即可赋予材质，如图 5-213 所示。

⑤ 在工具栏中单击 （渲染到图片查看器）按钮，渲染效果如图 5-214 所示。

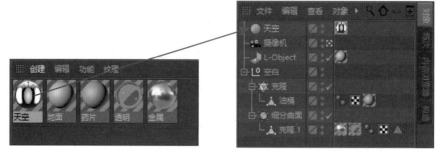

图 5-213 将天空材质赋予天空

⑥ 至此，圆形片剂的长方形药片板模型制作完毕。下面执行菜单中的"文件"丨"保存工程（包含资源）"命令，将文件保存打包。

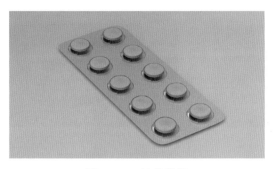

图 5-214　渲染效果

5.5　不锈钢地漏

要点：

本例将制作一个不锈钢地漏模型，如图 5-215 所示。本例的重点是利用倒角命令制作地漏模型和利用阵列命令制作盖子。通过本例的学习，读者应掌握倒角、挤压、循环选择、缩放、画笔工具、阵列、细分曲面等命令，创建简单金属、在场景中添加全局光照和天空 HDR 的方法的应用。

图 5-215　不锈钢地漏

操作步骤：

1. 创建地漏模型

创建地漏模型包括漏斗和盖子两部分。

（1）制作漏斗模型

① 在工具栏 （立方体）工具上按住鼠标左键，从弹出的隐藏工具中选择 平面，从而在视图中创建一个平面。然后执行视图菜单中的"显示"丨"光影着色（线条）"（【N+B】组合键）命令，将其以光影着色（线条）的方式进行显示，接着在属性面板中将"宽度分段"和"高度分段"均设置为 2，效果如图 5-216 所示。

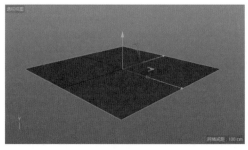

图 5-216　创建平面

② 在编辑模式工具栏中单击 🔲（转为可编辑对象）按钮（快捷键是【C】），将其转为可编辑对象。

③ 进入 🔲（点模式），然后利用 🔲（框选工具）框选中间的顶点，如图5-217所示。接着右击从弹出的快捷菜单中选择"倒角"命令，再在属性面板中设置倒角参数，效果如图5-218所示。

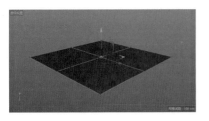
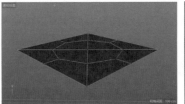

图 5-217　框选中间的顶点　　　　　　　　　图 5-218　倒角效果

提示

为了便于观看调节参数后的效果，可以执行视图菜单中的"过滤"|"N-gron线"命令，在视图中显示出 N-gron 线。

④ 利用 🔲（框选工具）框选中间的顶点，按【Delete】键进行删除，效果如图5-219所示。

⑤ 进入 🔲（边模式），然后执行菜单中的"选择"|"循环选择"（【U+L】组合键）命令，再在属性面板中选中"选择边界循环"复选框，接着在视图中选择中间的一圈边，如图5-220所示。再利用 🔲（移动工具），配合【Ctrl】键，将其沿 Y 轴向下进行挤压，如图5-221所示。最后利用 🔲（缩放工具），配合【Ctrl】键，将其向内缩放挤压，如图5-222所示。

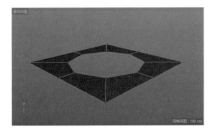

图 5-219　删除中间的顶点　　　　　　　　　图 5-220　选择中间的一圈边

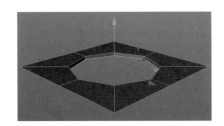
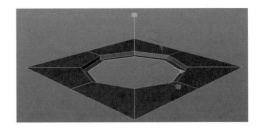

图 5-221　沿 Y 轴向下进行挤压　　　　　　　图 5-222　向内缩放挤压

⑥ 同理，继续利用 🔲（移动工具）和 🔲（缩放工具），配合【Ctrl】键将其向下和向内进行挤压，效果如图5-223所示。

⑦ 利用 🔲（移动工具），配合【Ctrl】键，将其沿 Y 轴向上进行挤压，如图5-224所示。

⑧ 为了稳定地漏的结构，下面利用"倒角"命令在地漏的边缘添加几圈边。方法：执行菜单中的"选择"|"循环选择"（【U+L】组合键）命令，然后在属性面板中取消选中"选择边界循环"复选框，再在视图中选择中间的一圈边，如图5-225所示。接着右击，从弹出的快捷菜单中选择"倒角"命令，再对其进行倒角，并在属性面板中将"倒角模式"设置为"实体"，"偏移"设置为5 cm，

效果如图5-226所示。

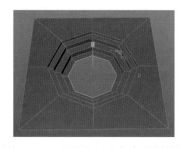

图 5-223　继续向下和向内进行挤压

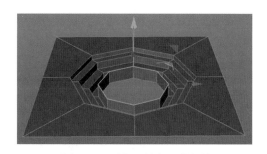

图 5-224　沿 Y 轴向上进行挤压

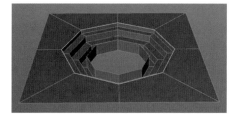

图 5-225　选择中间的一圈边

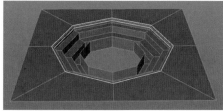

图 5-226　倒角效果

⑨ 同理，执行菜单中的"选择" |"循环选择"（【U+L】组合键）命令，然后在属性面板中选中"选择边界循环"复选框，再在视图中选择四周边缘的一圈边，如图5-227所示。接着右击，从弹出的快捷菜单中选择"倒角"命令，再对其进行倒角，并在属性面板中将"倒角模式"设置为"实体"，"偏移"设置为5 cm，效果如图5-228所示。

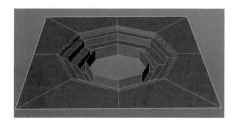

图 5-227　选择四周边缘的一圈边

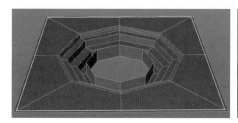

图 5-228　倒角效果

⑩ 给地漏添加一个厚度。方法：进入 ▣（多边形模式），利用 ▨（框选工具）框选所有的多边形，然后右击，从弹出的快捷菜单中选择"挤压"命令，再在视图中对多边形进行挤压，接着在属性面板中将"偏移"设置为–5 cm，并选中"创建封顶"复选框，效果如图5-229所示。

⑪ 对模型进行平滑处理。方法：按住键盘上的【Alt】键，单击工具栏中的 ▣（细分曲面）工具，给它添加一个的"细分曲面"生成器的父级，然后执行"视图"菜单中的"显示" |"光影着色"（【N+A】组合键）命令，将其以光影着色的方式进行显示，效果如图5-230所示。

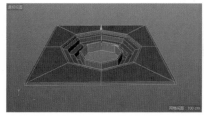

图 5-229　挤压效果

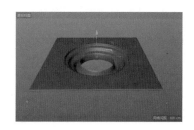

图 5-230　"细分曲面"效果

⑫ 此时"细分曲面"后的模型中央由于存在N-gon面，所以出现了破面现象，下面在"细分曲面"属性面板中将"类型"设置为Catmull-Clark，"编辑器细分"设置为3，即可去除破面现象，效果如图5-231所示。

图 5-231   设置"细分曲面"参数后的效果

⑬ 为了便于区分，下面在对象面板中将"细分曲面"重命名为"漏斗"。

（2）制作盖子模型

① 按快捷键【F2】键，切换到顶视图。然后在工具栏 ✐（画笔）工具上按住鼠标左键，从弹出的隐藏工具中选择 ⭕ 圆环，从而在正视图中创建一个圆环，并在属性面板中将其"半径"设置为125 cm，如图5-232所示。

② 为了便于操作，下面在对象面板中暂时关闭"漏斗"的显示，如图5-233所示。

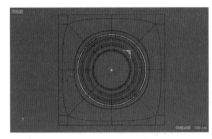

图 5-232   创建一个"半径"为 125 cm 的圆环

图 5-233   关闭"漏斗"的显示

③ 在顶视图中再创建一个"半径"为6 cm的圆环，并将其沿Z轴移动到合适位置，如图5-234所示。

④ 阵列圆环。方法：按住键盘上的【Alt】键，单击工具栏中的 ✺（阵列）工具，给它添加一个的"阵列"生成器的父级，然后再在属性面板中将"半径"设置为30 cm，"副本"设置为4，效果如图5-235所示。

提示

圆环阵列"副本"设置为4，实际上视图中有5个圆环。

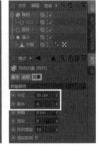

图 5-234   创建一个"半径"为 6 cm 的圆环

图 5-235   "副本"设为 4

⑤ 将阵列后的图形放置在中心位置。方法：进入阵列的属性面板"坐标"选项卡，将"P.Z"设置为 0 cm，效果如图5-236所示。

⑥ 在顶视图中利用工具栏 ✐（画笔）工具绘制盖子上中间镂空图形，如图5-237所示。

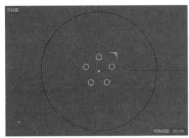

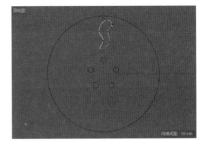

图 5-236 将"P.Z"设置为 0 cm   图 5-237 绘制盖了上中间镂空图形

⑦ 按住键盘上的【Alt】键，单击工具栏中的 ❄（阵列）工具，给它添加一个的"阵列"生成器的父级，然后再在属性面板中将"半径"设置为 0 cm，"副本"设置为9，效果如图5-238所示。

⑧ 制作出地漏盖子的厚度。方法：在对象面板中同时选择"圆环"、"阵列"和"阵列1"，然后右击，从弹出的快捷菜单中选择"连接对象+删除"命令，将它们转为一个可编辑对象。接着按住键盘上的【Alt】键，在工具栏 ❄（细分曲面）工具上按住鼠标左键，从弹出的隐藏工具中选择 ❄，给它添加一个"挤压"生成器的父级，最后再在属性面板中将挤压的Y轴厚度设置为1 cm，效果如图5-239所示。

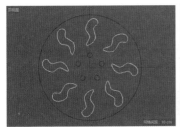

图 5-238 将"副本"设置为9   图 5-239 将挤压的Y轴厚度设置为1 cm

⑨ 制作出地漏盖子的圆角效果。方法：进入挤压属性面板的"封顶"选项卡，然后将"顶端"和"末端"均设置为"圆角封顶"，"半径"均设置为1 cm，"步幅"均设置为5，并选中"约束"复选框，效果如图5-240所示。

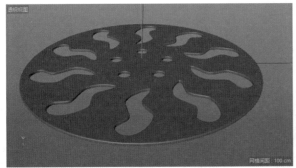

图 5-240 设置挤压的封顶参数后的效果

⑩ 制作地漏盖子上防异味的结构。方法：在视图中创建一个圆柱，然后在属性面板"对象"选

项卡中将其"半径"设置为 20 cm, "高度"设置为 50 cm, 接着在属性面板"封顶"选项卡中取消选中"封顶"复选框, 效果如图 5-241 所示。

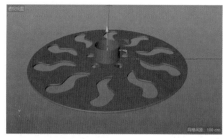

图 5-241　在视图中创建一个圆柱并设置参数

⑪ 将圆柱移动到盖子的下方, 如图 5-242 所示。然后在对象面板中关闭"挤压"的显示, 恢复"漏斗"的显示, 如图 5-243 所示。

图 5-242　将圆柱移动到盖子的下方　　　图 5-243　关闭"挤压"的显示, 恢复"漏斗"的显示

⑫ 按快捷键【C】键, 将圆柱转为可编辑对象, 如图 5-244 所示。然后进入 🔷 (点模式), 按【K+L】组合键, 切换到"循环/路径切割"工具, 再在圆柱侧面添加一圈边, 如图 5-245 所示。接着在正视图中框选中下部的两圈顶点, 利用 🔲 (缩放工具) 在透视视图中将其沿 XZ 轴放大, 从而形成扣在漏斗上的效果, 如图 5-246 所示。

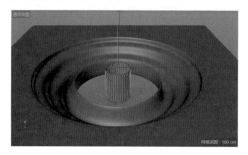
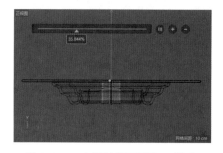

图 5-244　将圆柱转为可编辑对象　　　　　图 5-245　在圆柱侧面添加一圈边

⑬ 制作防异味结构的厚度。方法: 进入 🔷 (多边形模式), 然后按【Ctrl+A】组合键, 选择所有的多边形, 然后右击, 从弹出的快捷菜单中选择"挤压"命令, 再在属性面板中将挤压"偏移"设置为 1 cm, 并选中"创建封顶"复选框, 效果如图 5-247 所示。

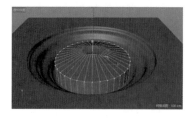
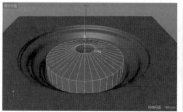

图 5-246　沿 XZ 轴放大　　　　　　　　图 5-247　沿 XZ 轴放大

⑭ 在对象面板中恢复“挤压”的显示。然后同时选择“圆柱”和“挤压”，按【Alt+G】组合键，将它们组成一个组，并将名称重命名为“盖子”，如图 5–248 所示。接着在透视视图中将其沿 Y 轴向下移动，使之与漏斗模型匹配，如图 5–249 所示。

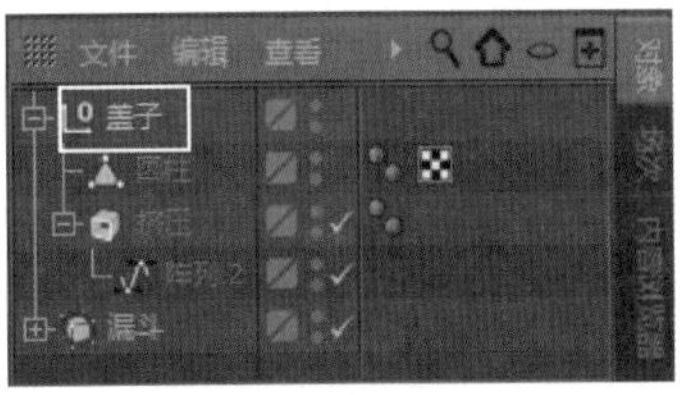

图 5–248　将组重命名为“盖子”

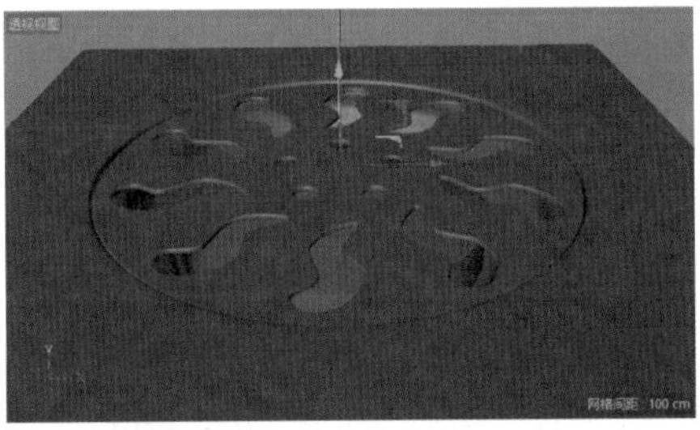

图 5–249　将“盖子”与“漏斗”模型匹配

⑮ 在对象面板中选择所有的模型，然后按【Alt+G】组合键，将它们组成一个组，并将名称重命名为“地漏”。接着执行菜单中的“插件”|“Drop2Floor”命令，将其对齐到地面。

2. 创建地面背景和添加摄像机

① 创建地面背景。方法：执行菜单中的“插件”|“L-Object”命令，在视图中创建一个地面背景。然后进入（模型模式），分别在顶视图和右视图中加大其宽度和深度，并将“曲面偏移”设置为 1000。接着为了在视图中显示投影效果，再在右视图中将其沿 Y 轴略微向下移动一下。最后在透视视图中将视图调整到合适角度，效果如图 5–250 所示。

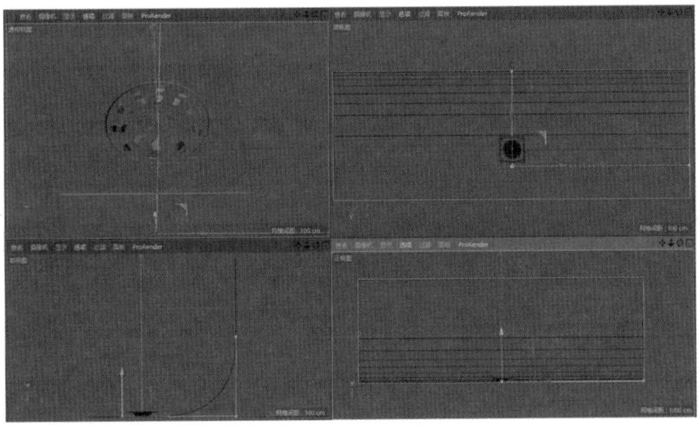

图 5–250　调整地面大小并将透视视图调整到合适角度

② 在工具栏中单击（摄像机）按钮，给场景添加一个摄像机。然后在对象面板中激活按钮，进入摄像机视角。接着在属性面板中将摄像机的“焦距”设置为“135”。最后在透视视图中调整到合适视角，如图 5–251 所示。

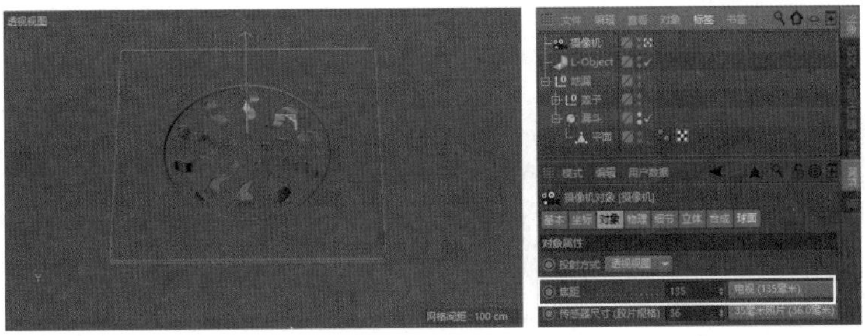

图 5–251　将摄像机“焦距”设置为 135 mm，并调整到合适视角

3. 制作材质

① 在材质栏中双击，新建一个材质球，然后在名称处双击将其重命名为"金属"。再双击材质球进入"材质编辑器"窗口，接着取消选中"颜色"复选框，再选择"反射"复选框。再接着在右侧单击 添加 按钮，从弹出的下拉菜单中选择GGX，如图5-252所示。最后在展开"层菲涅耳"选项组将"菲涅耳"设置为"导体"，"预置"设置为"铝"，并将"粗糙度"加大为10%，如图5-253所示。

② 单击右上方的 ☒ 按钮，关闭"材质编辑器"窗口。然后将这个材质拖给对象面板中的"盖子"和"漏斗"模型，效果如图5-254所示。

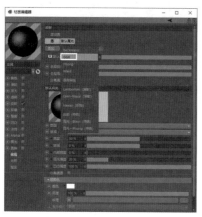
图 5-252　选择 GGX

图 5-253　设置 GGX 参数

图 5-254　将"金属"材质拖给"盖子"和"漏斗"模型的效果

③ 在材质栏中双击，新建一个材质球，并将其重命名为"地面"。然后双击材质球进入"材质编辑器"窗口，并将"颜色"设置为灰白色[HSV的数值为（0，0，80）]，如图5-255所示。接着单击右上方的 ☒ 按钮，关闭"材质编辑器"窗口。再将这个材质拖给视图中的地面模型，如图5-256所示。

图 5-255　将"颜色"设置为灰白色

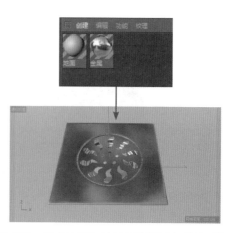
图 5-256　将"地面"材质拖给视图中的地面模型

④ 在工具栏中单击 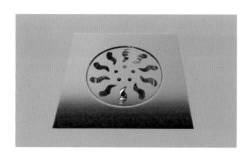（渲染到图片查看器）按钮，渲染效果如图 5-257 所示。此时渲染效果很不真实，下面通过添加全局光照和天空 HDR 的方法来解决这个问题。

图 5-257　赋予模型材质后的渲染效果

4. 添加全局光照、天空 HDR 和灯光

① 添加全局光照。方法：在工具栏中单击 ■（编辑渲染设置）按钮，从弹出的"渲染设置"窗口中单击左下方的 ■■■■ 按钮，然后从弹出的下拉菜单中选择"全局光照"命令，如图 5-258 所示。接着在右侧"常规"选项卡中将"预设"设置为"室内-预览（小型光源）"，如图 5-259 所示。

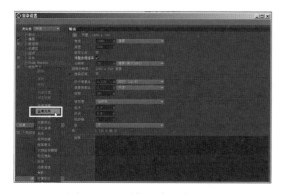

图 5-258　添加"全局光照"　　　　　图 5-259　将"预设"设置为"室内-预览（小型光源）"

② 给场景添加天空对象。方法：在工具栏 ■（地面）工具上按住鼠标左键，从弹出的隐藏工具中选择 ●■■，从而给场景添加一个"天空"效果。

③ 制作天空材质。方法：在材质栏中双击，新建一个材质球，并将其重命名为"天空"。然后双击材质球进入"材质编辑器"窗口，取消选中"颜色"和"反射"复选框，选中"发光"复选框。接着按【Shift+F8】组合键，从弹出的"内容浏览器"窗口中选择"厨房模拟 .hdr"，再将其拖到纹理右侧，如图 5-260 所示。最后单击右上方的 ■ 按钮，关闭"材质编辑器"窗口。

图 5-260　指定给"发光"纹理一张"厨房模拟 .hdr"贴图

④ 将"天空"材质直接拖到对象面板中的"天空"上，即可赋予材质，如图5-261所示。

⑤ 在工具栏中单击 按钮，渲染效果如图5-262所示。

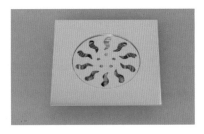

图 5-261　将"发光"材质拖给"天空"对象　　　　图 5-262　添加全局光照和天空 HDR 渲染效果

⑥ 此时场景中地漏的高光和投影效果不是很明显，下面通过给场景添加灯光来解决这个问题。方法：在工具栏中单击 ，给场景添加一个灯光。然后分别在顶视图和右视图中调整灯光的位置，如图5-263所示。接着在灯光"属性"面板"常规"选项卡中将"强度"设置为40%，"投影"设置为"区域"，如图5-264所示。

⑦ 至此，不锈钢地漏制作完毕。下面在工具栏中单击 按钮，渲染效果如图5-265所示。

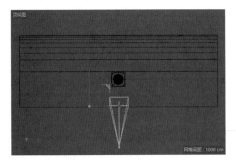
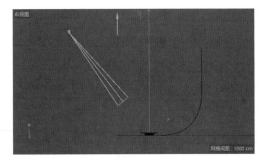

图 5-263　调整灯光的位置

图 5-264　设置灯光参数　　　　　　　图 5-265　添加灯光后的渲染效果

⑧ 执行菜单中的"文件"|"保存工程（包含资源）"命令，将文件保存打包。

制作图 5-266 所示的灶具旋钮效果。

图 5-266　灶具旋钮

運动图形和粒子 **第6章**

本章重点

运动图形和粒子是Cinema 4D R19制作动画的两个重要模块。其中运动图形包括效果器、破碎、追踪对象等命令；而粒子和力场是两个密不可分的工具。通过本章的学习，读者应掌握利用运动图形和粒子制作动画的方法。

● 视 频

雕塑头部
破碎效果

6.1 雕塑头部破碎效果

要点：

本例将制作一个雕塑头部破碎效果，如图6-1所示。本例中的重点在"破碎"命令与"时间"和"随机"效果器的结合。通过本例的学习，读者应掌握"破碎"命令与效果器的结合、设置帧率、设置动画总长度、记录活动对象关键帧、添加全局光照和天空HDR等一系列操作的方法。

图6-1 雕塑头部破碎效果

操作步骤：

① 执行菜单中的"文件"|"打开"（快捷键是【Ctrl+O】）命令，打开配套资源中的"源文件\6.1雕塑头部破碎效果\雕塑（白模）.c4d"文件。

② 选中雕塑模型，按住键盘上的【Alt】键，执行菜单中的"运动图形"|"破碎"命令，给雕塑

添加一个"破碎"的父级，效果如图6-2所示。

　　③ 设置破碎的分布范围。方法：在对象面板中选择"破碎"，然后在属性面板"来源"选项卡中单击 （破碎分布）按钮，将"分布形式"设置为"指数"，再激活"影响X轴"的 ＋ 按钮、"影响Y轴"的 － 按钮，接着将"点数量"设置为260，再将"标准偏差"设置为0.06，如图6-3所示，此时破碎范围就位于雕塑头部左上方了，效果如图6-4所示。

> 💡 提示
>
> 　　此时如果对破碎的分布形状不满意，还可以调整"种子"的数值进行调整。

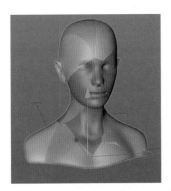

图 6-2　给雕塑添加"破碎"后的效果

图 6-3　调整破碎参数

　　④ 制作破碎效果。方法：执行菜单中的"运动图形"|"效果器"|"时间"命令，添加一个"时间"效果器，效果如图6-5所示。

图 6-4　破碎的分布范围设置在头部左上方

图 6-5　默认添加"时间"效果器的破碎效果

　　⑤ 此时破碎效果是雕塑整体破碎，而我们需要的是只在雕塑头部左上方出现破碎效果。下面就来具体设置。方法：在"时间"属性面板"衰减"选项组中将"形状"设置为"线性"，如图6-6所示，效果如图6-7所示。然后利用工具栏中的 ◎（旋转工具），配合键盘上的【Shift】键，将"时间"效果器沿P轴旋转–90°，如图6-8所示。接着利用工具栏中的 ⊞（缩放工具）将其整体缩小，再利用工具栏中的 ✛（移动工具）将其移动到雕塑头部左上方，如图6-9所示。最后利用 ◎（旋转工具），配合键盘上的【Shift】键，将"时间"效果器沿P轴旋转–60°，如图6-10所示。

图 6-6　将"形状"设置为"线性"

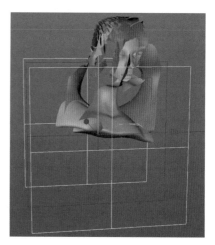

图 6-7　将"形状"设置为"线性"的效果

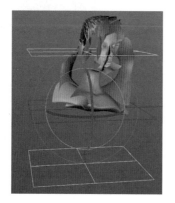

图 6-8　将"时间"效果器沿 P 旋转 –90°

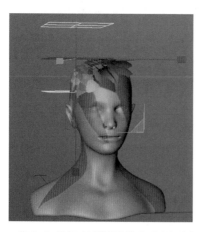

图 6-9　缩小"时间"效果器并移动到雕塑头部左上方

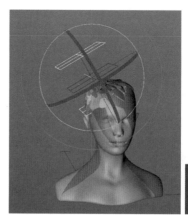

图 6-10　将"时间"效果器沿 P 旋转 –60°

⑥ 制作破碎后的碎片向左上方移动的效果。方法：在"时间"效果器属性面板的"参数"选项卡中选中"位置"复选框，然后将"P.X"设置为 –4 cm，"P.Y"设置为 40 cm，如图 6-11 所示，效果如图 6-12 所示。

图 6-11 设置"时间"效果器位置参数

图 6-12 设置"时间"效果器位置参数后的效果

⑦ 将破碎后的碎片更改为碎块。方法：在对象面板中选择"破碎"，然后在属性面板"对象"选项卡中选中"优化并关闭孔洞"复选框，如图 6-13 所示，效果如图 6-14 所示。

图 6-13 选中"优化并关闭孔洞"复选框

图 6-14 将破碎后的碎片更改为碎块的效果

⑧ 制作飞出的碎块逐渐变小的效果。方法：在对象面板中选择"时间"，然后在属性面板"参数"选项卡中选中"缩放"和"等比缩放"复选框，再将"缩放"的数值设置为 –0.36，如图 6-15 所示，效果如图 6-16 所示。

图 6-15 设置缩放相关参数

图 6-16 飞出的碎块逐渐变小的效果

提示

"缩放"的数值为负值会产生由大变小的效果,"缩放"的数值为正值会产生由小变大的效果。

⑨ 此时碎块是朝一个方向飞出的,下面制作碎块随机飞出的效果。方法:执行菜单中的"运动图形"|"效果器"|"随机"命令,添加一个"随机"效果器。再在"随机"效果器属性面板"衰减"选项组中将"形状"设置为"线性",如图 6-17 所示,效果如图 6-18 所示。然后利用工具栏中的 (旋转工具),配合键盘上的【Shift】键,将"随机"效果器沿 P 轴旋转 –90°。接着利用工具栏中的 (缩放工具)将其整体缩小,再利用工具栏中的 (移动工具)将其移动到雕塑头部左上方。最后利用 (旋转工具),配合键盘上的【Shift】键,将"随机"效果器沿 P 轴旋转 –60°,使其与"时间"效果器位置大体一致,如图 6-19 所示。

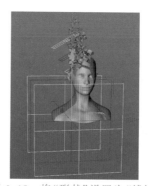

图 6-17　将"形状"设置为"线性"　　图 6-18　将"形状"设置为"线性"　图 6-19　调整"随机"效果器的
　　　　　　　　　　　　　　　　　　　　　的效果　　　　　　　　　　　　位置和大小

⑩ 在对象面板中选择"破碎",然后进入属性面板的"效果器"选项卡,再将"随机"效果器拖入"效果器"列表中,如图 6-20 所示。此时单击 (向前播放)按钮播放动画,就可以看到碎块旋转着随机飞出的效果,如图 6-21 所示。

图 6-20　将"随机"效果器拖入"效果器"列表中　　　　图 6-21　碎块旋转着随机飞出的效果

> **提示**
>
> 为了便于观看，此时可以在对象面板中按住【Shift】键单击"随机"和"时间"效果器的编辑器可见按钮，使之变为红色，如图 6-22 所示，从而使其视图中不显示。当再次单击该按钮后，又可以恢复它们在视图中的显示。

⑪ 此时碎片旋转飞出的角度过大，下面进入"时间"效果器属性面板的"参数"选项卡，将"R.H"的数值由 90 更改为 20 即可，如图 6-23 所示。

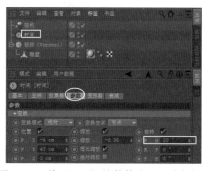

图 6-22　使编辑器可见按钮变为红色　　　　图 6-23　将"R.H"的数值由 90 更改为 20

⑫ 此时雕塑头部是从一开始就产生破碎效果了，而我们需要的是开始雕塑没有破碎，而后才产生破碎效果。下面就来解决这个问题。方法：首先按住【Ctrl+D】组合键，在属性面板的"工程设置"选项卡中将"帧率"设置为 25，如图 6-24 所示。再将时间总长度设置为 100 帧，如图 6-25 所示。然后在属性面板中将"随机"效果器拖入"时间"效果器成为其子集，如图 6-26 所示，以便移动"时间"效果器时"随机"效果器能够一起移动。接着将时间定位在第 0 帧，在视图中将"时间"效果器沿 Z 轴向上移动，使之对雕塑不产生影响，如图 6-27 所示，再单击 ⊘（记录活动对象）按钮，记录关键帧。最后将时间定位在第 20 帧，在视图中将"时间"效果器沿 Z 轴向下移动，使之影响雕塑头部，如图 6-28 所示，再单击 ⊘（记录活动对象）按钮，记录关键帧。此时单击 ▶（向前播放）按钮播放动画，就可以看到开始雕塑没有破碎，而后才产生破碎效果，如图 6-29 所示。

图 6-24　将"帧率"设置为 25

图 6-25　将时间总长度度设置为 100 帧

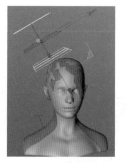

图 6-26　将"随机"效果器拖入"时　　图 6-27　在第 0 帧移动"时间"　　图 6-28　在第 20 帧移动"时
　间"效果器成为子集　　　　　效果器的位置使之对雕塑不产生　　间"效果器的位置使之对雕塑
　　　　　　　　　　　　　　　　　影响　　　　　　　　　　　　产生影响

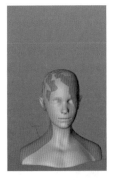

图 6-29　播放动画效果

⑬ 此时播放动画会发现动画中间会有些卡顿，下面在对象面板中选择"时间"，然后在属性面板"衰减"选项卡中将"衰减"由 50% 改为 30%，如图 6-30 所示。此时播放动画，就可以看到雕塑头部破碎效果就很流畅自然了。

⑭ 创建地面背景。方法：执行菜单中的"插件"|"L-Object"命令，在视图中创建一个地面背景。然后分别在顶视图和右视图中加大其宽度和深度，并将"曲面偏移"设置为 1000。接着在透视视图中将视图旋转到合适角度，效果如图 6-31 所示。

图 6-30　将"衰减"改为 30%

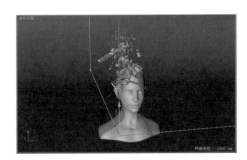

图 6-31　创建地面背景

⑮ 制作地面背景材质。方法：在材质栏中双击，新建一个材质球，并将其重命名为"地面背景"。然后双击材质球进入"材质编辑器"窗口，将"颜色"设置为蓝色[HSV 的数值为（240，60，50）]。接着将这个材质拖给场景中的地面背景模型，效果如图 6-32 所示。

图 6-32　创建地面背景

⑯ 添加全局光照。方法：在工具栏中单击■（编辑渲染设置）按钮，从弹出的"渲染设置"窗口中单击左下方的■效果■按钮，然后从弹出的下拉菜单中选择"全局光照"命令，如图 6-33 所示。接着在右侧"常规"选项卡中将"预设"设置为"室内－预览（小型光源）"，如图 6-34 所示。

图 6-33　添加"全局光照"

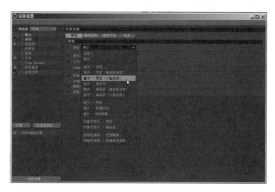

图 6-34　将"预设"设置为"室内－预览（小型光源）"

⑰ 给场景添加天空对象。方法：在工具栏■（地面）工具上按住鼠标左键，从弹出的隐藏工具中选择■ 天空，从而给场景添加一个"天空"效果。

⑱ 制作天空材质。方法：在材质栏中双击，新建一个材质球，然后将其重命名为"天空"。接着双击材质球进入"材质编辑器"窗口，再取消选中"颜色"和"反射"复选框，选中"发光"复选框，再指定给纹理右侧配套资源中的"源文件\雕塑头部破碎效果\tex\studio020.hdr"贴图，如图 6-35 所示。最后单击右上方的■按钮，关闭"材质编辑器"窗口。

⑲ 将"天空"材质直接拖到"对象"面板中的天空上，即可赋予材质，如图 6-36 所示。

图 6-35　指定发光纹理贴图

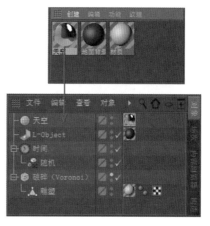

图 6-36　将天空材质赋予天空

⑳ 设置渲染输出参数。方法：在工具栏中单击■（编辑渲染设置）按钮，然后在弹出的"渲染设置"窗口中将输出尺寸设置为 1 280×720 像素，"帧范围"设置为"全部帧"，如图 6-37 所示。接着将"抗锯齿"设置为"最佳"，"最小级别"为 2×2，"最大级别"为 4×4，如图 6-38 所示。再将"保存格式"设置为 PNG，最后单击"文件"右侧的■按钮，指定保存的名称和路径，如图 6-39 所示，再单击右上方的■按钮。

㉑ 在工具栏中单击■（渲染到图片查看器）按钮，即可渲染输出序列图片。

㉒ 至此，雕塑头部的破碎效果制作完毕。下面执行菜单中的"文件"|"保存工程（包含资源）"命令，将文件保存打包。

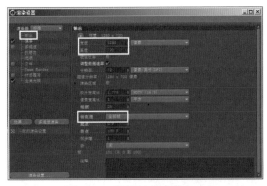

图 6-37　设置输出参数

图 6-38　设置抗锯齿参数

图 6-39　设置保存名称、路径和格式

● 视 频

水滴组成的
文字效果

6.2　水滴组成的文字效果

要点：

　　本例将制作一个水滴组成的文字效果，如图6-40所示。本例中的重点在 "融球" 造型工具和 "随机" 效果器的使用。通过本例的学习，读者应掌握文本、"克隆" 命令、"融球" 造型工具、"随机" 效果器、添加摄像机、添加全局光照和物理天空、添加灯光等一系列操作的方法。

图 6-40　水滴组成的文字效果

操作步骤：

1. 制作文字由球状逐渐展开的效果

① 在工具栏 （画笔）工具上按住鼠标左键，从弹出的隐藏工具中选择 T 文本，如图 6-41 所示，从而在视图中创建一个文本，如图 6-42 所示。然后在属性面板中将"文本"设置为"COOL"，"字体"设置为 Arial，"高度"设置为 200 cm，"水平间距"设置为 25 cm，如图 6-43 所示，效果如图 6-44 所示。

图 6-41　选择 T 文本

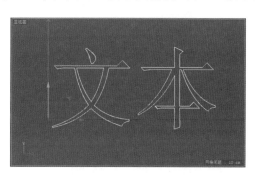

图 6-42　半球效果

图 6-43　设置文本参数

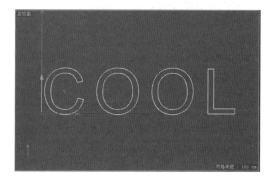

图 6-44　文字效果

② 在视图中创建一个球体，并在属性面板中将"半径"设置为 10，效果如图 6-45 所示。

③ 按住键盘上的【Alt】键，执行菜单中的"运动图形"|"克隆"命令，给球体添加一个"克隆"的父级，效果如图 6-46 所示。

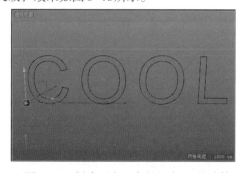

图 6-45　创建一个"半径"为 10 的球体

图 6-46　克隆效果

④ 制作小球沿文字分布的效果。方法：在对象面板中选择"克隆"，然后在属性面板"对象"选项卡中将"模式"改为"对象"，再将"文本"拖入"对象"右侧，如图 6-47 所示，效果如图 6-48 所示。

图 6-47 设置克隆参数

图 6-48 小球沿文字分布的效果

⑤ 此时沿文字分布的小球数量过少，下面将"分布"设置为"步幅"，"步幅…"设置为 10 cm，如图 6-49 所示，效果如图 6-50 所示。

图 6-49 设置克隆参数

图 6-50 小球排满文字的效果

⑥ 给文字添加融球效果。方法：选中"克隆"，然后按住键盘上的【Alt】键，在工具栏 （阵列）工具上按住鼠标左键，从弹出的隐藏工具中选择 融球，如图 6-51 所示，从而给它添加一个"融球"效果，如图 6-52 所示。接着在属性面板中将"外壳数值"设置为 430%，"编辑器细分"设置为 11 cm，如图 6-53 所示，使融球包裹住文字，效果如图 6-54 所示。

图 6-51 选择 融球

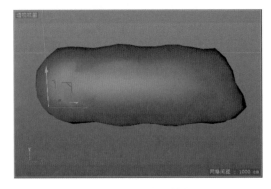

图 6-52 "融球"效果

图 6-53　设置"融球"参数　　　　　　图 6-54　设置"融球"参数后的效果

⑦ 对融球文字进行平滑处理。方法：按住键盘上的【Alt】键，单击工具栏中的 （细分曲面）工具，给融球添加一个"细分曲面"的父级，效果如图 6-55 所示。

图 6-55　"细分曲面"的效果

⑧ 按【Ctrl+D】组合键，在属性面板"工程设置"选项卡中将"帧率"设置为 25，如图 6-56 所示。再将时间总长度度设置为 100 帧，如图 6-57 所示。

图 6-56　设置参数　　　　　　　　　图 6-57　将时间总长度度设置为 100 帧

⑨ 制作融球文本从球体逐渐展开的效果。方法：在对象面板中选择"文本"，然后在第 70 帧记录文本"水平间距"的关键帧，如图 6-58 所示。接着在第 0 帧，将文本"水平间距"设置为 –150 cm，如图 6-59 所示，此时文字变为了一个球体，效果如图 6-60 所示。

图 6-58　在第 70 帧记录文本　　图 6-59　在第 0 帧将文本"水平间距"　　图 6-60　在第 0 帧文本的效果
　　"水平间距"的关键帧　　　　　设置为 –150 cm，并设置关键帧

⑩ 单击▷（向前播放）按钮播放动画，就可以看到融球文本从球体逐渐展开的效果，如图6-61所示。

图 6-61　融球文本从球体逐渐展开的效果

2. 制作飞溅的水滴效果

① 在对象面板中选择"克隆"，然后执行菜单中的"运动图形"|"效果器"|"随机"命令，给它添加一个"随机"效果器，此时单击▷（向前播放）按钮播放动画，就可以看到自始至终飞溅的水滴效果了，如图6-62所示。

图 6-62　飞溅的水滴效果

② 制作飞溅的水滴效果随着文字展开逐渐减小，当文字完全展开后消失的效果。方法：在对象面板中选择"随机"，然后在第0帧记录属性面板"参数"选项卡中"P.X"、"P.Y"和"P.Z"的关键帧，如图6-63所示。接着在第70帧，将"P.X"、"P.Y"和"P.Z"均设置为0 cm，并记录关键帧，如图6-64所示。此时单击▷（向前播放）按钮播放动画，效果如图6-65所示。

图 6-63　在第 0 帧记录关键帧　　　　　图 6-64　在第 70 帧记录关键帧

图 6-65　飞溅的水滴效果随着文字展开逐渐减小，当文字完全展开后消失的效果

3. 设置渲染输出尺寸、创建地面背景和添加摄像机

① 设置渲染输出尺寸。方法：在工具栏中单击🖐（编辑渲染设置）按钮，从弹出的"渲染设置"

窗口中将输出尺寸设置为1 280×720像素，然后单击右上方的 X 按钮，关闭窗口。

② 创建地面背景。方法：执行菜单中的"插件"|"L-Object"命令，在视图中创建一个地面背景。然后分别在顶视图和右视图中加大其宽度和深度，并将"曲面偏移"设置为1 000。

③ 为了能够看到文字的投影效果，下面在右视图中将地面背景向下移动，使它与文字之间保持一定距离，如图6-66所示。接着在透视视图中旋转到合适角度，效果如图6-67所示。

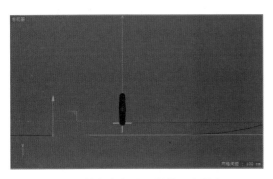

图 6-66　使文字与地面保持一定距离

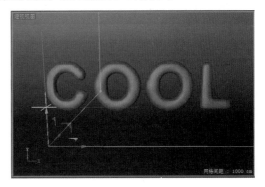

图 6-67　在透视视图中旋转到合适角度

④ 添加摄像机。方法：在工具栏中单击 ●● （摄像机）按钮，给场景添加一个摄像机。然后在对象面板中激活 ■ 按钮，进入摄像机视角。再在属性面板中将摄像机的"焦距"设置为135，如图6-68所示。接着在透视视图中进一步调整视角，如图6-69所示。最后在对象面板中右击摄像机，从弹出的快捷菜单中选择"CINEMA 4D 标签"|"保护"命令，给它添加一个保护标签，从而保证当前的视图不会被移动。

图 6-68　将摄像机的"焦距"设置为135

图 6-69　在透视视图中进一步调整视角

4. 制作材质

① 制作文字材质。方法：在材质栏中双击，新建一个材质球，并将其重命名为"文字"。再双击材质球进入"材质编辑器"窗口，然后在左侧选择"颜色"复选框，将其颜色设置为蓝色[HSV的数值为（230，80，85）]，如图6-70所示。再在左侧选择"反射"复选框，接着在右侧设置相关参数，如图6-71所示。最后单击右上方的 X 按钮，关闭"材质编辑器"窗口。再将这个材质拖给场景中的文字，效果如图6-72所示。

② 制作地面背景材质。方法：在材质栏中双击，新建一个材质球，并将其重命名为"地面背景"。接着保持默认参数，再将这个材质拖给场景中的地面背景模型，效果如图6-73所示。

图 6-70　将颜色设置为蓝色

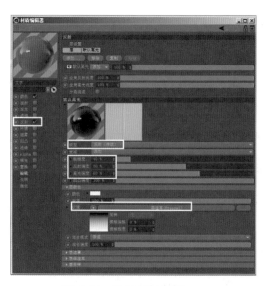

图 6-71　设置反射参数

图 6-72　赋给文字材质后的效果

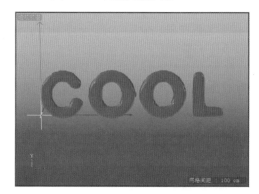

图 6-73　赋给地面背景材质后的效果

5. 添加全局光照、物理天空和灯光

① 添加全局光照。方法：在工具栏中单击 ▨▨（编辑渲染设置）按钮，从弹出的"渲染设置"窗口中单击左下方的 ▨▨▨ 按钮，然后从弹出的下拉菜单中选择"全局光照"命令，接着在右侧"常规"选项卡中将"预设"设置为"室内－预览（小型光源）"，如图 6-74 所示。

② 为了防止反射过强，下面再添加一个环境吸收来吸收反射光线。方法：下面单击左下方的 ▨▨▨ 按钮，然后从弹出的下拉菜单中选择"环境吸收"命令，并保持默认参数，如图 6-75 所示。

图 6-74　添加"全局光照"

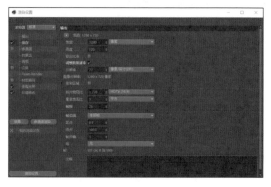

图 6-75　添加"环境吸收"

③ 给场景添加物理对象。方法：在工具栏（地面）工具上按住鼠标左键，从弹出的隐藏工具中选择 ，如图 6-76 所示，从而给场景添加一个物理天空效果。

④ 在工具栏中单击 （渲染到图片查看器）按钮，渲染效果如图 6-77 所示。

图 6-76　选择

图 6-77　渲染效果

⑤ 此时整个场景光线偏暗，下面通过添加灯光来解决这个问题。方法：在工具栏中单击 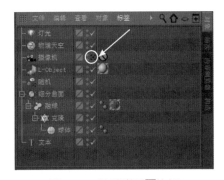（灯光）按钮，给场景添加一个灯光。然后取消激活 按钮，如图 6-78 所示，退出摄像机视角，再在透视视图中将灯光位置移动到文字的左上方，如图 6-79 所示。接着在属性面板"投影"选项卡中将"投影"设置为"区域"，如图 6-80 所示，最后重新激活 按钮，进入原来的摄像机视角。

图 6-78　取消激活 按钮

图 6-79　将灯光移动到文字的左上方

⑥ 在工具栏中单击 （渲染到图片查看器）按钮，渲染效果如图 6-81 所示。

图 6-80　将"投影"设置为"区域"

图 6-81　渲染效果

⑦ 此时场景中的光线过亮，而且灯光和物理天空都产生了投影，也就是出现了两个投影。下面通过去除物理天空的投影和降低它的亮度来解决这个问题。方法：在对象面板中选中"物理天空"，然后在属性面板"太阳"选项卡中将"强度"由100%改为60%，再将投影"类型"设置为"无"，如图6-82所示。接着在工具栏中单击 按钮，渲染效果如图6-83所示。

图 6-82　调整物理天空参数

图 6-83　调整物理天空参数后的效果

6. 染输出序列图

① 设置输出参数。方法：在工具栏中单击 按钮，然后在弹出的"渲染设置"窗口中将输出尺寸设置为1 280×720像素，"帧范围"设置为"全部帧"，如图6-84所示。接着将"抗锯齿"设置为"最佳"，"最小级别"为2×2，"最大级别"为4×4，如图6-85所示。再将保存"格式"设置为PNG，最后单击"文件"右侧的 ![icon] 按钮，指定保存的名称和路径，如图6-86所示，再单击右上方的 ![x] 按钮。

图 6-84　设置输出参数

图 6-85　设置抗锯齿参数

② 在工具栏中单击 ![](渲染到图片查看器）按钮，即可渲染输出序列图片。

③ 至此，水滴组成的文字效果制作完毕。下面执行菜单中的"文件"｜"保存工程（包含资源）"命令，将文件保存打包。

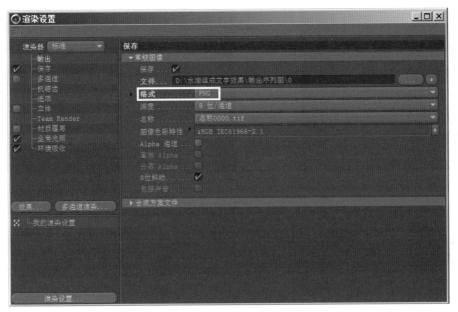

图 6-86　设置保存名称、路径和格式

6.3　礼花绽放效果

 要点：

本例将制作一个礼花绽放效果，如图 6-87 所示。

图 6-87　礼花绽放效果

 操作步骤：

1. 设置动画的帧频、帧率和时间总长度

① 按【Ctrl+D】组合键，然后在属性面板的"工程设置"选项卡中将"帧率"设置为25，如图 6-88 所示。接着在工具栏中单击 ![](编辑渲染设置）按钮，在弹出的"渲染设置"窗口中将"帧频"设置为25，如图 6-89 所示。

提示

"帧率"和"帧频"设置的数值必须一致。

图 6-88　将"帧率"设置为 25

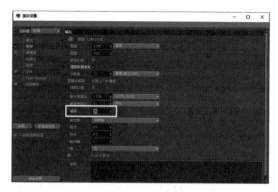

图 6-89　将"帧频"设置为 25

② 在动画栏中将时间的总长度设置为100帧，也就是4秒，如图6-90所示。

图 6-90　将时间的总长度设置为 100 帧

2. 制作礼花弹升空的效果

① 执行菜单中的"模拟"|"粒子"|"发射器"命令，在视图中创建一个发射器，然后拖动时间滑块会发现粒子反射方向是水平的，如图6-91所示。下面利用工具栏中的 ◎（旋转工具）将其旋转89°，如图6-92所示。

提示

将反射器旋转89°而不是90°，是因为礼花弹升空后的运动曲线是抛物线形的，而不是完全垂直的。

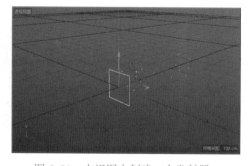

图 6-91　在视图中创建一个发射器

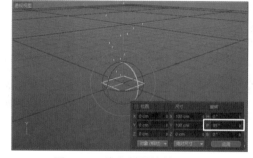

图 6-92　将发射器旋转 89°

② 此时发射器发射的粒子数量过多，而我们只需要发射器发射一个粒子作为礼花弹。下面在对象面板中选择"发射器"，然后在属性面板"粒子"选项卡中将"投射终点"设置为"1F"，此时发射器就只发射一个粒子了，如图6-93所示。

③ 制作出礼花弹升空的运动轨迹。方法：在对象面板中选择"发射器"，然后执行菜单中的"运动图形"|"追踪对象"命令，给它添加一个追踪对象。此时拖动时间滑块就可以显示礼花弹升空的运动轨迹了，如图6-94所示。

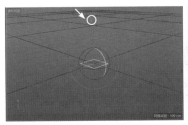
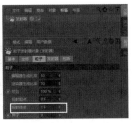

图 6-93 发射器发射一个粒子的效果

④ 此时礼花弹升空过程的速度过慢，下面在"反射器"属性面板"粒子"选项卡中将"速度"加大为 400 cm，如图 6-95 所示，此时在动画栏中单击 ▷（向前播放）按钮，就可以看到礼花弹升空的速度明显加快了。

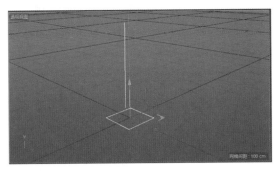

图 6-94 礼花弹升空的运动轨迹 　　　图 6-95 将"速度"加大为 400 cm

⑤ 此时礼花弹升空后一直向上而没有回落的过程，这是错误的，下面执行菜单中的"模拟"|"粒子"|"重力"命令，给场景添加一个重力场。然后单击 ▷（向前播放）按钮，就可以看到礼花弹升空到一定高度后受到重力影响开始回落的效果了，如图 6-96 所示。

⑥ 制作礼花弹上升到最高点后消失的效果。方法：按快捷键【F3】，切换到右视图，然后单击 ▷（向前播放）按钮，观看一下，会发现礼花弹到达最高点的时间是在 43 帧左右。下面在对象面板中选择"发射器"，然后在属性面板"粒子"选项卡中将"生命"设置为 43F，如图 6-97 所示。接着按快捷键【F1】，切换到透视视图，再将时间滑块定位在第 0 帧，单击 ▷（向前播放）按钮，就可以看到礼花弹在 43 帧之后就消失了。

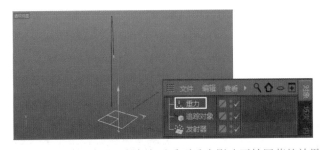

图 6-96 礼花弹升空到一定高度后受到重力影响开始回落的效果 　　　图 6-97 将"生命"设置为 43F

3. 制作礼花绽放的效果

① 执行菜单中的"模拟"|"粒子"|"发射器"命令，再在视图中创建一个发射器。然后在属

性面板"粒子"选项卡中将"编辑器生成比率"和"渲染器生成比率"均设置为4 000，如图6-98所示，效果如图6-99所示。

图6-98 将"编辑器生成比率"和"渲染器生成比率"均设置为4 000   图6-99 视图显示效果

② 此时粒子发射方向是错误的，下面在属性面板"发射器"选项卡中将"水平角度"设为360°，"垂直角度"设为180°，如图6-100所示，效果如图6-101所示。

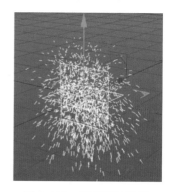

图6-100 将"水平角度"设为360°，"垂直角度"设为180°   图6-101 视图显示效果

③ 此时礼花绽放效果是自始至终存在的，而我们需要礼花绽放效果是在礼花弹消失时才开始出现。下面在属性面板"粒子"选项卡中将"投射起点"设置为43F，"投射终点"设置为44F，如图6-102所示。此时单击 ▶（向前播放）按钮，就可以看到在43帧之后才开始出现的礼花绽放效果，如图6-103所示。

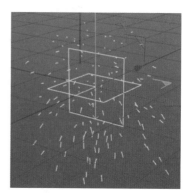

图6-102 将"投射起点"设置为43F，"投射终点"设置为44F   图6-103 视图显示效果

④ 此时粒子存在的时间过长了，下面在"粒子"选项卡中将"生命"设置为25。

⑤ 此时粒子发射器的尺寸过大，下面在属性面板"发射器"选项卡中将"水平尺寸"和"垂直尺寸"均设置为1 cm，如图6-104所示，效果如图6-105所示。

图 6-104　将"水平尺寸"和"垂直尺寸"均设置为1 cm

图 6-105　视图显示效果

⑥ 显示出礼花绽放效果的运动轨迹。方法：在对象面板中选择"发射器.1"，然后执行菜单中的"运动图形"|"追踪对象"命令，给它添加一个追踪对象。此时拖动时间滑块就可以显示礼花绽放的运动轨迹了，如图6-106所示。

⑦ 制作礼花绽放的粒子跟随礼花弹一起升空的效果。方法：在对象面板中选择"发射器.1"，然后右击，从弹出的快捷菜单中选择"CINEMA 4D标签"|"对齐曲线"命令，给它添加一个"对齐曲线"标签。然后在属性面板"标签"选项卡中单击 ⬛ 按钮后拾取对象面板中的"追踪对象"，再将"位置"设置为100%，如图6-107所示。此时单击 ▶（向前播放）按钮，就可以看到作为礼花绽放的"发射器.1"跟随礼花弹升空后在43帧后开始绽放的效果，如图6-108所示。

图 6-106　礼花绽放的运动轨迹

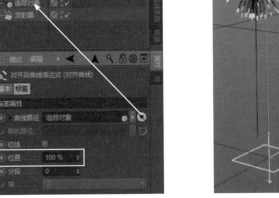

图 6-107　设置"对齐曲线"标签参数

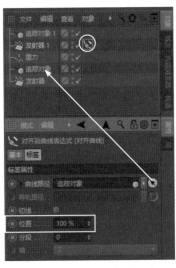

图 6-108　视图显示效果

⑧ 此时运动轨迹存在的时间过长了。下面在对象面板中选择"追踪对象.1"，然后在属性面板"对象"选项卡中将"限制"设置为"从结束"，"总计"设置为5，如图6-109所示。接着在对象面板中选择"追踪对象"，然后在属性面板"对象"选项卡中将"限制"也设置为"从结束"，"总计"设置为3，如图6-110所示。

图 6-109　设置"追踪对象 1"的参数

图 6-110　设置"追踪对象"的参数

⑨ 为了便于观看，下面将视图旋转到一个合适角度，如图 6-111 所示。

4. 制作礼花的材质

① 在材质栏中执行菜单栏中的"创建"|"着色器"|"素描材质"命令，新建一个素描材质。然后双击素描材质，进入"材质编辑器"窗口。再在左侧选择"颜色"复选框，接着在右侧选中"沿着笔划"复选框，再将渐变左侧色块设置为橙黄色[（HSV 的数值为（15，90，90））]，并将其向右移动，从而增大其颜色范围，如图 6-112 所示。

图 6-111　将视图旋转到一个合适角度

② 再在左侧选择"粗细"复选框，然后在右侧将"粗细"设置为 4，并选中"沿着笔划"复选框，接着取消选中"反选"复选框，如图 6-113 所示。最后单击右上方的 ✖ 按钮，关闭"材质编辑器"窗口。再将这个材质分别拖给对象面板中的"追踪对象.1"和"追踪对象"，如图 6-114 所示。

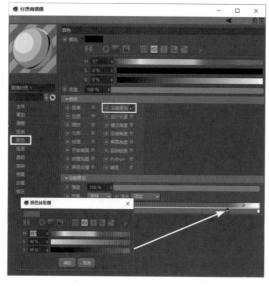

图 6-112　设置素描材质的"颜色"参数

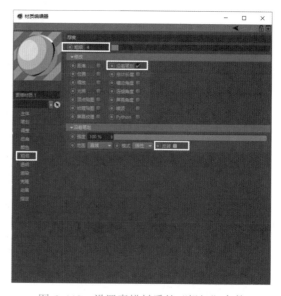

图 6-113　设置素描材质的"粗细"参数

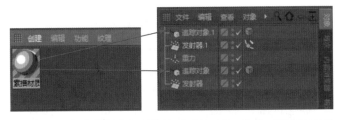

图 6-114 将素描材质分别拖给"追踪对象 .1"和"追踪对象"

③ 在工具栏中单击 ▦（渲染到图片查看器）按钮，渲染效果如图 6-115 所示。此时礼花绽放的背景是白色的，而我们需要背景是黑色的。下面在工具栏中单击 ▦（编辑渲染设置）按钮，然后在弹出的"渲染设置"窗口中将素描材质的"着色"设置黑色 [（HSV 的数值为（0，0，0）]，如图 6-116 所示，再关闭"渲染设置"窗口。接着单击 ▦（渲染到图片查看器）按钮，此时礼花绽放的背景就变为了黑色，效果如图 6-117 所示。

图 6-115 渲染效果

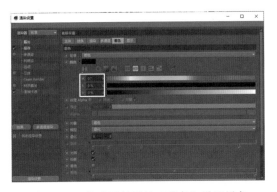

图 6-116 将素描材质的"着色"设置黑色

图 6-117 背景就变为了黑色

5. 染输出序列图

① 设置输出参数。方法：在工具栏中单击 ▦（编辑渲染设置）按钮，然后在弹出的"渲染设置"窗口中将输出尺寸设置为 1 280×720 像素，"帧范围"设置为"全部帧"，如图 6-118 所示。接着将"抗锯齿"设置为"最佳"，"最小级别"为 2×2，"最大级别"为 4×4，如图 6-119 所示。再将保存"格式"设置为 PNG，最后单击"文件"右侧的 ▦ 按钮，指定保存的名称和路径，如图 6-120所示。再单击右上方的 ▨ 按钮。

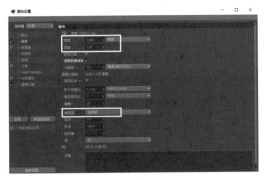

图 6-118 设置输出参数

图 6-119 设置抗锯齿参数

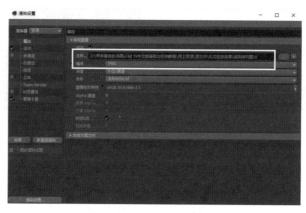

图 6-120　设置保存名称、路径和格式

② 在工具栏中单击 ▨ （渲染到图片查看器）按钮，即可渲染输出序列图片。

③ 至此，礼花绽放效果制作完毕。下面执行菜单中的"文件" |"保存工程（包含资源）"命令，将文件保存打包。

课后练习

制作图 6-121 所示的渐变溶球动画效果。

图 6-121　渐变溶球动画效果

动力学 **第7章**

 **本章重点**

　　动力学是Cinema 4D R19中比较有特色的模块。通过为物体添加不同的动力学标签，可以模拟出物体下落、碰撞、玻璃破碎等自然现象。通过本章的学习，读者应掌握动力学标签的使用方法。

7.1　足球撞击积木效果

视频 ●·······

足球撞击
积木效果

　　要点：

　　本例将制作一个足球撞击积木的效果，如图7-1所示。本例的重点在于碰撞体标签、刚体标签的设置。通过本例的学习，读者应掌握克隆、碰撞体标签和刚体标签的应用。

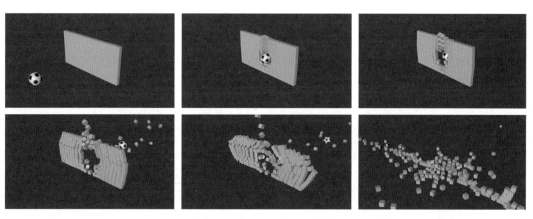

图7-1　足球撞击积木效果

　　操作步骤：

　　① 在视图中创建一个"尺寸.X"、"尺寸.Y"和"尺寸.Z"均为100 cm的正方体，如图7-2所示。
　　② 制作积木墙的效果。方法：按住键盘上的【Alt】键，执行菜单中的"运动图形|克隆"命令，然后在"克隆"的属性面板"对象"选项卡中将"模式"设置为"网格排列"；将"数量"在X方向

设置为20，Y方向设置为10，Z方向设置为1；将"尺寸"在X方向设置为1 900 cm，Y方向设置为900 cm，效果如图7-3所示。

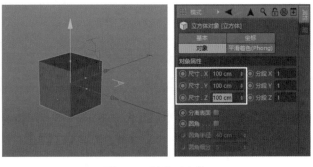

图 7-2　创建正方体

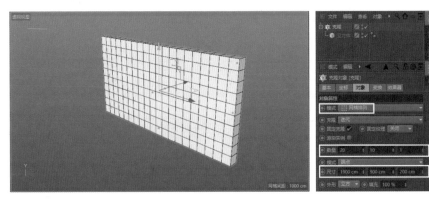

图 7-3　克隆效果

提示

为了便于观看积木墙的整体效果，此时可以在"视图"菜单中执行"显示"|"光影着色（线条）"（【N+B】组合键）命令，将其以光影着色（线条）的方式进行显示。

③ 在对象面板中选择"克隆"，然后执行菜单中的"插件"|"Drop2Floor"命令，将其对齐到地面。

④ 在视图中创建一个平面作为地面，并在属性面板中将其"宽度"和"高度"均设置为30 000 cm，"宽度分段"和"高度分段"均设设置为1，接着将视图调整到合适角度，效果如图7-4所示。

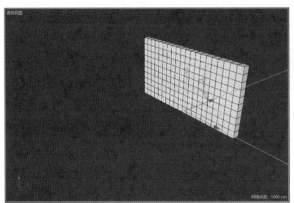

图 7-4　创建一个平面作为地面

⑤ 指定给"克隆"一个刚体标签，使其受到撞击后产生下落效果。方法：在对象面板中右击"克隆"，从弹出的快捷菜单中选择"模拟标签"|"刚体"命令，给它添加一个刚体标签。

⑥ 指定给"平面"一个碰撞体标签，从而使下落的积木接触到平面后不再下落。方法：在对象面板中右击"平面"，从弹出的快捷菜单中选择"模拟标签"|"碰撞体"命令，给它添加一个碰撞体标签。

⑦ 给场景添加足球模型。方法：执行菜单中的"文件"|"打开"命令，打开配套资源中的"源文件\7.1足球\足球(材质).c4d"文件，然后选择足球模型，按【Ctrl+C】组合键进行复制，接着回到当前文件中，按【Ctrl+V】组合键进行粘贴。然后为了便于区分，在对象面板中将其重命名为"足球"，如图7-5所示。

图 7-5　创建一个平面作为地面

⑧ 设置足球的初始位置。方法：在足球的属性面板"坐标"选项卡中将"P.Y"设置为500 cm，"P.Z"设置为–3 000 cm，效果如图7-6所示。

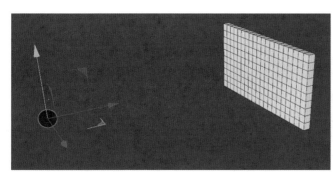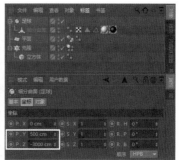

图 7-6　创建一个平面作为地面

⑨ 制作足球撞击积木墙的效果。方法：在对象面板中指定给"足球"一个刚体标签，然后在属性面板"动力学"选项卡中选中"自定义初速度"复选框，接着将"初始线速度"的Z值设置为8 000 cm，如图7-7所示。此时单击▶（向前播放）按钮播放动画，可以看到足球撞击积木墙后被弹回，而积木墙作为一个整体倒下，如图7-8所示。

图 7-7　设置足球刚体标签参数

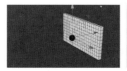

图 7-8　足球撞击积木墙的效果

⑩ 此时积木墙作为一个整体倒下是错误的，下面就来解决这个问题。方法：在对象面板中选择"克隆"后的▦（刚体）图标，然后在属性面板"碰撞"选项卡中将"独立元素"设置为"全部"，

如图7-9所示。此时单击▶（向前播放）按钮播放动画，可以看到足球穿过积木墙后，撞击位置的积木被撞飞，而其余的积木向两侧缓缓倒下的效果，如图7-10所示。

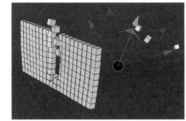

图 7-9　将"独立元素"设置为"全部"　　　　图 7-10　足球撞击积木墙的效果

⑪ 此时积木墙之所以向两侧缓缓倒下是因为足球的质量过小，下面在对象面板中选择"细分曲面"，然后在属性面板的"坐标"选项卡中将"S.X"、"S.Y"和"S.Z"均设置为1.5，如图7-11所示。接着单击▶（向前播放）按钮播放动画，就可以看到足球穿过积木墙后，撞击位置的积木被撞飞，而其余的积木自然倒下的效果，如图7-12所示。

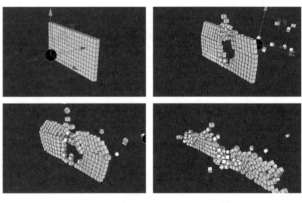

图 7-11　将"S.X"、"S.Y"和"S.Z"均设置为1.5　　　图 7-12　足球穿过积木墙后，撞击位置的积木被撞飞，而其余的积木自然倒下的效果

⑫ 至此，足球撞击积木效果制作完毕。下面执行菜单中的"文件"|"保存工程（包含资源）"命令，将文件保存打包。

● 视 频

喷涌而出的
金币效果

7.2　喷涌而出的金币效果

要点：

本例将制作一个喷涌而出的金币效果，如图7-13所示。通过本例的学习，读者应掌握"发射器"和"刚体标签"的应用。

图 7-13 喷涌而出的金币效果

操作步骤：

① 执行菜单中的"文件"|"打开"（【Ctrl+O】组合键）命令，打开配套资源中的"源文件\4.4 陶罐材质\陶罐（材质）.c4d"文件。

② 添加发射器。方法：执行菜单中的"模拟"|"发射器"命令，给场景添加一个发射器对象。

③ 当前场景中看不到发射器，这是因为发射器位于陶罐内部。下面选择"发射器"对象，然后在属性面板的"坐标"选项卡中将 Y 的位置设为 150 cm，P 的旋转设为 90°，如图 7-14 所示。此时拖动时间滑块就可以在看到喷射的粒子了，如图 7-15 所示。

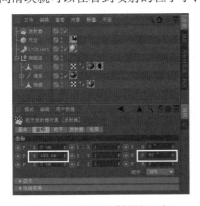

图 7-14 设置发射器的坐标

图 7-15 喷射的粒子

④ 此时粒子发射的数量过少，下面进入"粒子"选项卡，然后将"编辑器生成比率"和"渲染器生成比率"均设为 80，并选中"显示对象"复选框，如图 7-16 所示。此时拖动时间滑块就可以看到喷射的粒子数量增多了，如图 7-17 所示。

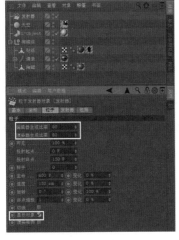

图 7-16 设置发射器的"粒子"选项卡参数

图 7-17 设置发射器的"粒子"选项卡参数后的效果

⑤ 制作金币模型。方法：在工具栏 （立方体）工具上按住鼠标左键，从弹出的隐藏工具中选择 ，从而创建一个圆柱体。然后为了便于观看，利用 （移动工具）将其移动到合适位置。再在属性面板的"对象"选项卡中将圆柱的"半径"设为20 cm，"高度"设为10 cm，如图7-18所示。接着在"封顶"选项卡中选中"圆角"复选框，再将"分段"设为10，"半径"设为2 cm，如图7-19所示，效果如图7-20所示。

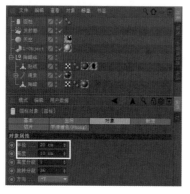

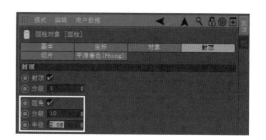

图 7-18　设置圆柱"对象"选项卡参数　　　　图 7-19　设置圆柱"封顶"选项卡参数

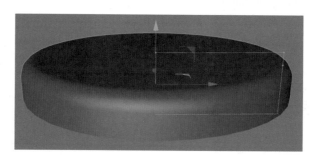

图 7-20　金币模型

⑥ 在对象面板中将"圆柱"拖入"发射器"成为子集，如图7-21所示。然后单击"圆柱"，从弹出的快捷菜单中选择"模拟标签"|"刚体"命令，如图7-22所示，给它添加一个刚体标签。

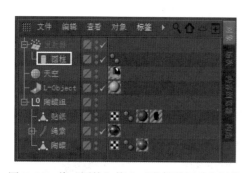

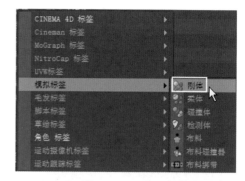

图 7-21　将"圆柱"拖入"发射器"成为子集　　　图 7-22　给圆柱添加一个刚体标签

⑦ 同理，在对象面板中选择"陶罐"，给它也添加一个刚体标签。添加了刚体标签后的对象右侧会出现一个 （刚体）图标，如图7-23所示。

⑧ 此时拖动时间滑块会发现金币喷涌而出的同时，陶罐往下落，这是错误的。下面选择"陶罐"后的 （刚体）图标，然后在"碰撞"选项卡中将"外形"由"自动"改为"静态网

格", 如图 7-24 所示。此时拖动时间滑块, 就可以看到金币喷涌而出的同时, 陶罐保持静止的效果了, 如图 7-25 所示。

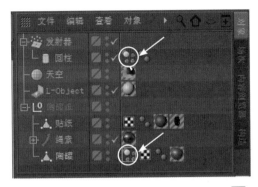

图 7-23　添加了"刚体"标签后的对象右侧会出现一个 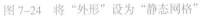（刚体）图标

图 7-24　将"外形"设为"静态网格"

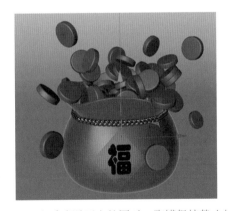

图 7-25　金币喷涌而出的同时, 陶罐保持静止的效果

⑨ 将材质栏中的"金色"材质拖给对象面板中作为金币的"圆柱", 然后拖动时间滑块预览效果, 如图 7-26 所示。

图 7-26　喷涌而出的金币效果

⑩ 至此，喷涌而出的金币效果制作完毕。下面执行菜单中的"文件"|"保存工程（包含资源）"命令，将文件保存打包。

 课后练习

制作陨石撞击墙体的效果，如图 7-27 所示。

图 7-27　陨石撞击墙体的效果

第 3 部 分

综合实例演练

综合实例 **第8章**

本章重点

通过前面7章的学习，大家已经掌握了Cinema 4D R19的一些基本操作。本章将通过保温杯展示效果、产品展示动画效果和表皮脱落文字动画效果三个综合实例来具体讲解Cinema 4D R19在实际设

计工作中的具体应用，旨在帮助读者拓宽思路，提高综合应用Cinema 4D R19的能力。

8.1 保温杯展示效果

保温杯展示
效果

 要点：

本例将制作一个完整的保温杯宣传海报，如图8-1所示。本例中的重点是将文字标志指定到杯身的指定区域和在Photoshop中进行后期处理。通过本例的学习，读者应掌握利用C4D和Photoshop制作产品展示效果图的方法。

 操作步骤：

一、创建场景模型

1.制作保温杯模型

图8-1 保温杯展示效果

保温杯模型分为保温杯杯身、杯盖和杯盖上的防滑结构三部分。

（1）制作保温杯杯身

① 在视图中显示作为参照的背景图。方法：选择正视图，按【Shift+V】组合键，然后在属性面板"背景"选项卡中单击"图像"右侧的 按钮，从弹出的对话框中选择配套资源中的"源文件\保温杯\保温杯参照图.jpg"图片，如图8-2所示，单击"打开"按钮，此时正视图中就会显示出背景图片，如图8-3所示。此时图片过亮，为了便于后面操作，下面将背景图片的"透明"设置为70%，效果如图8-4所示。

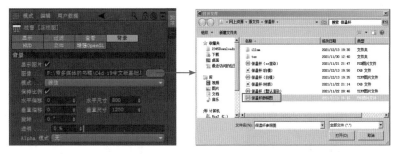

图 8-2　指定背景图片

图 8-3　在正视图中显示背景图片

图 8-4　将背景图片的"透明"设置为 70% 的效果

② 在正视图中创建一个圆柱，如图 8-5 所示。然后按【Shift+V】组合键，再在属性面板"背景"选项卡中调整背景图的参数，使背景图与创建的圆柱宽度尽量匹配，如图 8-6 所示。接着再在视图中调整圆柱的高度，使之与背景图保温杯的杯身高度尽量匹配，如图 8-7 所示。

③ 在圆柱的属性面板"封顶"选项卡中取消选中"封顶"复选框，从而使圆柱两端为开口状态，然后按快捷键【C】，将其转换为可编辑对象。

图 8-5　创建圆柱

图 8-6　调整背景图的参数，使背景图与创建的圆柱宽度尽量匹配

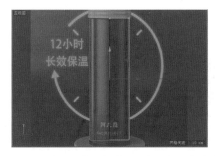

图 8-7　调整圆柱的高度，使之与背景图保温杯的杯身高度尽量匹配

④ 在工具栏中选择 ⊕（移动工具），再在编辑模式工具栏中单击 ◆（边模式），然后在底部双击，从而选择底部的一圈边。再选择工具栏中的 ◢（缩放工具）参照背景图对底部进行适当放大，如图 8-8 所示。接着按住键盘上的【Ctrl】键，向内挤压出一圈边，再利用 ⊕（移动工具），配合【Ctrl】键，将其沿 Y 轴向下挤压，如图 8-9 所示。

图 8-8　参照背景图对底部进行适当放大　　　　　　　图 8-9　沿 Y 轴向下挤压

⑤ 按快捷键【F1】，切换到透视视图，然后将视图旋转到合适角度，再利用 ◢（缩放工具），配合【Ctrl】键，对其向内挤压，如图 8-10 所示。接着右击从弹出的快捷菜单中选择"焊接"命令，再在底部中心位置单击，从而形成底部封口效果，如图 8-11 所示。

💡 提示

此时向内挤压后，再在变换栏中将 X、Y、Z 的尺寸全部归 0，也可以形成同样的封口效果。

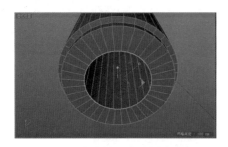
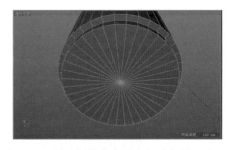

图 8-10　向内挤压出一圈变边　　　　　　　图 8-11　利用焊接命令对底部进行封口处理

⑥ 制作底部边缘的倒角效果。方法：在工具栏中选择 ⊕（移动工具），进入 ◆（边模式），然后在底部边缘处双击从而选中一圈边，再配合【Shift】键，加选出两圈边，如图 8-12 所示。接着右击，从弹出的快捷菜单中选择"倒角"命令，再对三圈边进行倒角，并在属性面板中将倒角"偏移"设置为 1 cm，"细分"设置为 3，效果如图 8-13 所示。

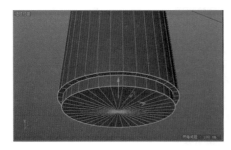
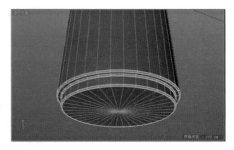

图 8-12　选中三圈边　　　　　　　图 8-13　倒角效果

⑦ 按【K+L】组合键，切换到"循环/路径切割工具"，然后在顶视图中圆柱的顶部切割出一圈边，从而稳固顶部的结构，如图8-14所示。

（2）制作保温杯杯盖

① 在正视图中创建一个胶囊，然后将其沿Y轴向上移动，使之与背景图的杯盖尽量匹配，如图8-15所示。

② 按快捷键【C】，将其转换为可编辑对象。然后利用 （框选工具），进入 （点模式），再框选下部多余的顶点，按【Delete】键进行删除，效果如图8-16所示。接着在正视图中框选胶囊底部的一圈顶点，沿Y轴向下移动，使之与杯身的圆柱顶部对齐，如图8-17所示。

③ 对杯身和杯盖进行平滑处理。方法：在对象面板中同时选择"圆柱"和"胶囊，"按住键盘上的【Ctrl+Alt】组合键，单击工具栏中的 ▣（细分曲面）工具，从而给它们添加一个的"细分曲面"生成器的父级，效果如图8-18所示。

图 8-14　在圆柱的顶部切割出一圈边来稳固顶部的结构

🖱 提示

由于本例制作的保温杯是静态的展示效果，所以没有制作保温杯内部的厚度。

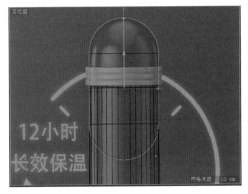

图 8-15　移动胶囊使之与背景图的杯盖尽量匹配

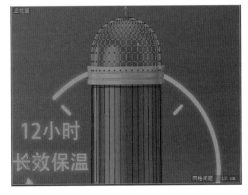

图 8-16　按【Delete】键删除多余的顶点

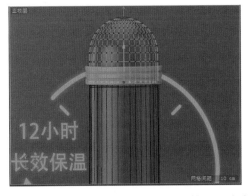

图 8-17　将胶囊底部的一圈顶点沿 Y 轴向下移动

图 8-18　"细分曲面"效果

（3）制作杯盖上的防滑结构

① 在正视图中创建一个圆柱，然后调整其大小和位置，使之与背景参照图中的防滑部分的内侧边缘尽量匹配，如图8-19所示。

② 在圆柱的属性面板"封顶"选项卡中取消选中"封顶"复选框，从而使圆柱两端为开口状态，然后按快捷键【C】，将其转换为可编辑对象。

③ 为了便于操作，下面在编辑模式工具栏中选择 ⑤ （视窗单体独显）按钮，如图 8-20 所示，使视图中只显示圆柱。

图 8-19　调整圆柱使之与背景参照图中的　　　　　图 8-20　选择 ⑤ （视窗单体独显）按钮
防滑部分的内侧边缘尽量匹配

④ 制作出防滑结构的厚度。方法：利用 （框选工具），进入 （多边形）模式，然后在视图中框选圆柱的所有多边形，再按快捷键【F1】，切换到透视视图，如图 8-21 所示。接着按快捷键【D】，切换到"挤压"命令，再对多边形向外挤压，并在属性面板中将挤压"偏移"设置为 5 cm，选中"创建封顶"复选框，效果如图 8-22 所示。

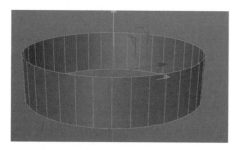

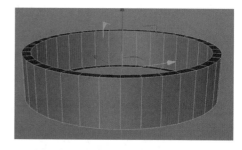

图 8-21　切换到透视视图　　　　　　　　　　图 8-22　对多边形向外挤压 5 cm

⑤ 对防滑结构进行倒角处理。方法：利用 （移动工具），进入 （边模式），配合【Shift】键选中上下 4 圈边，如图 8-23 所示。然后利用"倒角"命令，对其进行倒角，并在属性面板中将倒角"偏移"设置为 1 cm，"细分"设置为 3，效果如图 8-24 所示。

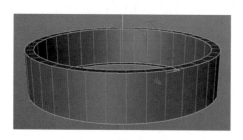

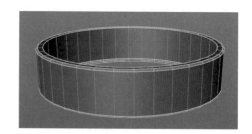

图 8-23　选中上下 4 圈边　　　　　　　　　　图 8-24　倒角效果

⑥ 制作出防滑结构上的凹痕。方法：按快捷键【F4】，切换到正视图。然后按【K+L】组合键，切换到"循环/路径切割工具"，再参考背景图在防滑结构上切割出两圈边，接着利用 （移动工具），进入 （边模式），配合【Shift】键同时选择切割出的两圈边，如图 8-25 所示，再利用"倒角"

命令，对其进行倒角处理，并在属性面板中将倒角"偏移"设置为0.5 cm，"细分"设置为0，效果如图8-26所示。

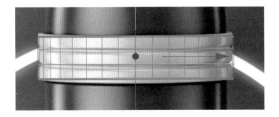

图 8-25　切割出的两圈边

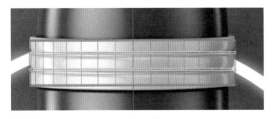

图 8-26　倒角效果

⑦ 按快捷键【F1】，切换到透视视图，然后按住键盘上的【Ctrl】键单击编辑模式工具栏中的 ▣ （多边形）模式，从而将边转换为多边形，如图8-27所示。接着按快捷键【D】，切换到"挤压"命令，再在属性面板中取消选中"创建封顶"复选框，再将其向内挤压，效果如图8-28所示。

图 8-27　将边转换为多边形

图 8-28　向内挤压效果

⑧ 对防滑结构进行平滑处理。方法：按住键盘上的【Alt】键，单击工具栏中的 ▣ （细分曲面）工具，给它添加一个"细分曲面"生成器的父级。此时凹痕边缘有明显的折痕，如图8-29所示。这是因为凹痕边缘的边数不够的缘故，下面在对象面板中关闭"细分曲面.1"的显示，然后选择"圆柱"，如图8-30所示，再按【K+L】组合键，切换到"循环/路径切割工具"，接着在凹痕边缘上下各添加一圈边来稳定结构，如图8-31所示。最后再在对象面板中恢复细分曲面的显示，此时凹痕边缘过渡就自然了，效果如图8-32所示。

图 8-29　凹痕边缘不够光滑

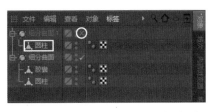

图 8-30　关闭"细分曲面.1"的显示，然后选择"圆柱"

图 8-31　在凹痕边缘上下各添加一圈边来稳定结构

图 8-32　恢复细分曲面的显示

在编辑模式工具栏中选择 （关闭视窗独显）按钮，显示出所有
模型，效果如图8-33所示。至此，保温杯模型制作完毕。

2. 制作保温杯下面的展示台子

① 在正视图中创建一个圆柱，然后调整其大小和位置，使之与背
景参照图中的台子部分的宽度尽量匹配，如图8-34所示。

② 在圆柱的属性面板"封顶"选项卡中取消选中"封顶"复选
框，从而使圆柱两端为开口状态，然后按快捷键【C】，将其转换为可
编辑对象。

图8-33　显示出所有模型

③ 选择 ✛（移动工具），进入 ◼（边模式），然后在圆柱的顶部
双击，从而选中顶部的一圈边。接着选择 ◪（缩放工具），按住键盘
上的【Ctrl】键，向内挤压出一圈边，再利用 ✛（移动工具），配合【Ctrl】键，将其沿Y轴向上挤
压，效果如图8-35所示。

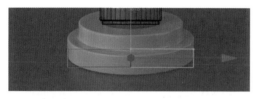

图8-34　使圆柱与背景参照图中的台子部分的宽度尽量匹配

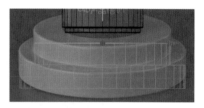

图8-35　沿Y轴向上挤压

④ 在编辑模式工具栏中选择 ⓢ（视窗单体独显）按钮，使视图中只显示台子，如图8-36所示。
然后利用 ◪（缩放工具），按住键盘上的【Ctrl】键，向内挤压，再在变换栏中将X、Y、Z的尺寸均
设为0，从而制作出顶部的封口效果，如图8-37所示。

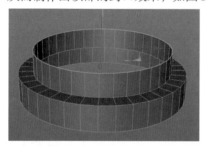

图8-36　视窗单体独显台子模型

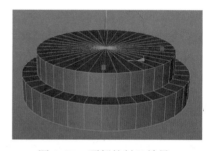

图8-37　顶部的封口效果

⑤ 同理，制作出台子底部的封口效果。

⑥ 制作台子边缘的倒角效果。方法：选择 ✛（移动工具），进入 ◼（边模式），配合【Shift】键
同时选择4圈边，如图8-38所示。然后利用"倒角"命令，对其进行"倒角"处理，并在属性面板
中将倒角"偏移"设置为3，"细分"设置为3，效果如图8-39所示。

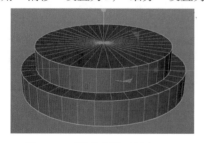

图8-38　同时选择4圈边

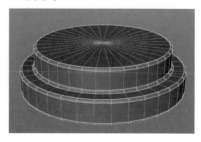

图8-39　倒角效果

⑦ 对台子进行平滑处理。方法：按住键盘上的【Alt】键，单击工具栏中的 （细分曲面）工具，给它添加一个的"细分曲面"生成器的父级，效果如图 8-40 所示。

⑧ 在编辑模式工具栏中选择 ⑤（关闭视窗独显）按钮，显示出所有模型，效果如图 8-41 所示。

图 8-40 "细分曲面"效果

图 8-41 显示出所有模型

3. 制作保温杯下面的杯垫

① 按快捷键【F4】，切换到正视图。然后在视图中创建一个圆柱，并调整其大小和位置，然后在属性面板中选中"圆角"复选框，效果如图 8-42 所示。

② 为了便于管理，下面在对象面板中将模型进行重命名，如图 8-43 所示。

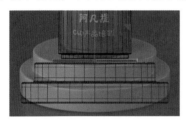

图 8-42 制作杯垫

图 8-43 重命名对象

③ 选择所有模型，按【Alt+G】组合键，将它们组成一个组。然后执行菜单中的"插件"|"Drop2Floor"命令，将其对齐到地面。

二、设置渲染输出尺寸、添加摄像机和地面背景

1. 设置渲染输出尺寸

在工具栏中单击 （编辑渲染设置）按钮，从弹出的"渲染设置"窗口中将输出尺寸设置为 1 200×1 875 像素，如图 8-44 所示，然后单击右上方的 ⊠ 按钮，关闭窗口。

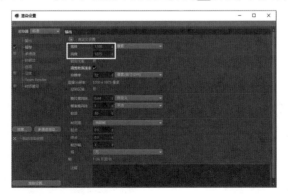

图 8-44 设置渲染输出尺寸

2. 添加摄像机

① 此时在视图中可以看到保温杯有些变形，如图8-45所示。这是因为焦距的问题。下面在工具栏中单击 ![摄像机] （摄像机）按钮，给场景添加一个摄像机。再在对象面板中激活 ![按钮] 按钮，进入摄像机视角。然后在属性面板中将摄像机的"焦距"设置为135，如图8-46所示。

图 8-45　保温杯有些变形

图 8-46　将摄像机的"焦距"设置为 135

② 为了便于对齐对象，下面进入"合成"选项卡，选中"网格"复选框，如图8-47所示。然后在透视视图中将视角调整到一个合适角度，如图8-48所示，此时保温杯的透视效果就正常了。最后在对象面板中右击摄像机，从弹出的快捷菜单中选择"CINEMA 4D 标签"|"保护"命令，给它添加一个保护标签。

图 8-47　将视角调整到一个合适角度

图 8-48　将视角调整到一个合适角度

③ 为了能在视图中清楚地看到渲染区域。下面按【Shift+V】组合键，然后在属性面板"查看"选项卡中将"透明"设置为95%，如图8-49所示，此时渲染区域以外的部分会显示为黑色，如图8-50所示。

图 8-49　将"透明"设置为95%

图 8-50　渲染区域以外会显示黑色

3.创建地面背景

① 创建地面背景。方法：执行菜单中的"插件"|"L-Object"命令，创建一个地面背景。

② 在L-Object的属性面板中将"曲线偏移"设置为1 000，如图8-51所示，然后在右视图中将其移动到合适位置，如图8-52所示。

图 8-51 将"曲线偏移"设置为1000

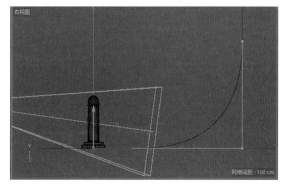

图 8-52 将L-Object移动到合适位置

③ 至此，整个保温杯场景的模型部分制作完毕，效果如图8-53所示。

三、赋予模型材质

1.制作杯身材质

① 在材质栏中双击，新建一个名称为"杯身"的材质球，然后双击材质球进入"材质编辑器"窗口，在左侧选择"颜色"复选框，然后在右侧将"颜色"设置为蓝色[HSV的数值为（230，40，65）]，如图8-54所示。

② 在左侧选择"反射"复选框，在右侧设置参数如图8-55所示。然后在右侧单击"添加"按钮，再给反射添加一个GGX，接着设置GGX的相关参数，如图8-56所示。再单击右上方的▣按钮，关闭"材质编辑器"窗口。再将这个材质分别拖给场景中的杯身和杯盖模型，效果如图8-57所示。

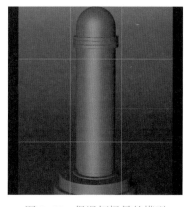

图 8-53 保温杯场景的模型

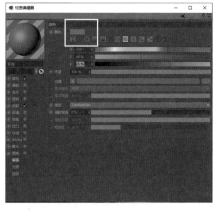

图 8-54 将"颜色"设置为蓝色

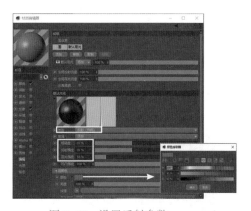

图 8-55 设置反射参数

图 8-56　设置 GGX 参数

图 8-57　将这个材质拖给场景中的杯身和杯盖模型

2. 制作杯垫材质

在材质栏中按住键盘上的【Ctrl】键，复制一个"杯身"材质球，然后将其重命名为"杯垫"。接着双击材质球进入"材质编辑器"窗口，在左侧选择"颜色"复选框，然后在右侧将"颜色"设置为一种略深的蓝色[HSV的数值为（230，40，55）]。接着在左侧选择"反射"复选框，再在右侧将"粗糙度"设置为0%，"反射强度"设置为0。最后关闭"材质编辑器"窗口，再将这个材质拖给场景中的杯垫模型。

3. 制作台子材质

① 在材质栏中双击，新建一个名称为"台子和防滑"的材质球，然后双击材质球进入"材质编辑器"窗口，在左侧选择"颜色"复选框，然后在右侧将"颜色"设置为浅蓝色[HSV的数值为（230，25，90）]。

② 在左侧选择"反射"复选框，然后在右侧单击"添加"按钮，给"反射"添加一个GGX，接着设置GGX的相关参数，如图8-58所示。再单击右上方的 ✕ 按钮，关闭"材质编辑器"窗口。最后将这个材质拖给场景中的台子和防滑模型，效果如图8-59所示。

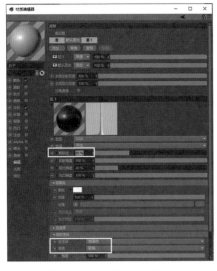

图 8-58　设置 GGX 参数

图 8-59　将材质拖给场景中的台子模型

4. 制作杯身上的标志材质

① 在材质栏中双击，新建一个名称为"LOGO"的材质球，然后双击材质球进入"材质编辑器"窗口，在左侧选择"颜色"复选框，然后在右侧将"颜色"设置为浅蓝色[HSV的数值为（230，10，85）]。

② 在左侧选择 Alpha 复选框，再在右侧指定给"纹理"配套资源中的"源文件\保温杯\tex\LOGO.jpg"贴图，如图 8-60 所示。最后单击右上方的 ⊠ 按钮，关闭材质编辑器。再将这个材质拖给场景中的杯身模型，效果如图 8-61 所示。

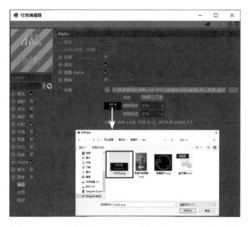

图 8-60 指定给 Alpha 一张"LOGO.jpg"贴图

图 8-61 赋予杯身 LOGO 材质的效果

③ 此时杯身上的 LOGO 显示位置是不正确的，下面就来解决这个问题。方法：在对象面板中选择"LOGO"材质球，然后在属性面板"标签"选项卡中将"投射"设置为"平直"，再取消选中"平铺"复选框，如图 8-62 所示，效果如图 8-63 所示。接着右击对象面板中的"LOGO"材质球，从弹出的快捷菜单中选择"适合区域"命令，再在视图杯身要放置 LOGO 的位置，拖拉出一个区域，此时 LOGO 就会出现在框选的区域内，效果如图 8-64 所示。

图 8-62 调整 LOGO 材质的属性

图 8-63 LOGO 显示效果

图 8-64 适合区域后 LOGO 显示效果

④ 此时标志显示比例过小，下面就来解决这个问题。方法：在对象中选择"杯身"，然后选择 LOGO 材质球，再在编辑模式工具栏中选择 ▦（纹理模式），接着利用 ▦（缩放工具）将 LOGO 纹理适当放大，再利用 ✛（移动工具）调整一下位置，效果如图 8-65 所示。最后在对象面板的空白处单击，退出编辑状态，效果如图 8-66 所示。

　　通过在属性面板中调整"偏移U"和"偏移V"的数值，也可以调整LOGO材质的位置；通过调整"长度U"和"长度V"的数值，也可以调整LOGO材质的比例。具体调整方法可参见本书"4.5　材质场景"中纸杯杯身LOGO的制作方法。用户可以根据习惯选择适合自己的方法。

图 8-65　调整 LOGO 的大小和位置

图 8-66　调整 LOGO 的大小和位置后的效果

5. 制作地面背景材质

　　① 在材质栏中双击，新建一个名称为"地面背景"的材质球，然后双击材质球进入"材质编辑器"窗口，再取消选中"反射"复选框，接着在左侧选择"颜色"复选框，在右侧将"颜色"设置为浅蓝色[HSV的数值为（235，25，65）]。

　　② 单击右上方的 ⊠ 按钮，关闭"材质编辑器"窗口。再将这个材质拖给场景中的地面背景模型，效果如图8-67所示。

6. 制作背景中的发光文字材质

　　① 在视图中创建一个平面作为放置发光文字的模型，并在属性面板中将"方向"设置为"+Z"，效果如图8-68所示。

图 8-67　将材质拖给场景中的地面背景模型

图 8-68　创建平面

　　② 在材质栏中双击，新建一个名称为"发光"的材质球，然后双击材质球进入"材质编辑器"窗口，再取消选中"反射"复选框，接着在左侧选择"颜色"复选框，在右侧将"颜色"设置为白色[HSV的数值为（235，25，100）]。

　　③ 在左侧选择Alpha，再在右侧指定给"纹理"配套资源中的"源文件\保温杯\tex\背景图片.jpg"贴图，如图8-69所示。最后单击右上方的 ⊠ 按钮，关闭"材质编辑器"窗口。再将这个材

质拖给场景中的杯身模型，效果如图8-70所示。

图 8-69　指定给 Alpha 一张 "背景图片 .jpg" 贴图

④ 此时文字的方向是反的，下面利用 ◎ （旋转工具），配合【Shift】键，将其旋转180度，效果如图8-71所示。

图 8-70　赋予平面材质

图 8-71　将平面旋转 180 度的效果

⑤ 在视图中调整平面的位置和大小，效果如图8-72所示。

⑥ 至此，整个场景的材质制作完毕，下面在工具栏中单击 ▦ （渲染到图片查看器）按钮，在弹出的 "图片查看器" 窗口中查看赋予模型材质后的整体渲染效果，如图8-73所示。

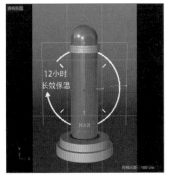

图 8-72　在视图中调整平面的位置和大小

图 8-73　整体渲染效果

四、添加全局光照和天空 HDR

从上面效果可以看出杯子反射效果不太真实。下面通过给场景添加全局光照和天空 HDR，来解决这个问题。

1. 添加全局光照

在工具栏中单击██（编辑渲染设置）按钮，从弹出的"渲染设置"窗口中单击左下方的 ██████ 按钮，然后从弹出的下拉菜单中选择"全局光照"命令，如图 8-74 所示。接着在右侧"常规"选项卡中将"预设"设置为"室内–预览（小型光源）"，如图 8-75 所示。

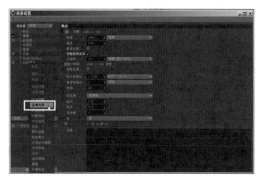

图 8-74　添加"全局光照"

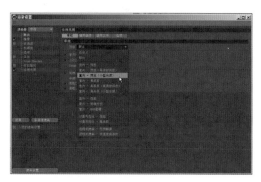

图 8-75　将"预设"设置为"室内 – 预览（小型光源）"

2. 添加天空 HDR

① 在工具栏██（地面）工具上按住鼠标左键，从弹出的隐藏工具中选择██ 天空，从而给场景添加一个"天空"对象。

② 在材质栏中双击，新建一个名称为"天空"的材质球。然后双击材质球进入"材质编辑器"窗口。接着取消选中"颜色"和"反射"复选框，选中"发光"复选框，再指定给"纹理"配套资源中的"源文件\保温杯\tex\室内模拟.hdr"贴图。最后单击右上方的 ██ 按钮，关闭"材质编辑器"窗口。

③ 将"天空"材质直接拖到对象面板中的"天空"上，如图 8-76 所示。

④ 在工具栏中单击██（渲染到图片查看器）按钮，在弹出的"图片查看器"窗口中查看添加全局光照和天空 HDR 后的渲染效果，如图 8-77 所示。

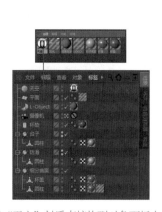

图 8-76　将"天空"材质直接拖到对象面板中的"天空"上

图 8-77　添加全局光照和天空 HDR 后的渲染效果

五、渲染作品

① 设置要保存的文件名称和路径。方法：在工具栏中单击██（编辑渲染设置）按钮，然后在弹出的"渲染设置"窗口中在左侧选择"保存"，然后在右侧单击"文件"右侧的███按钮，从弹出的"保存文件"对话框中设置文件名称和保存路径，此时将文件保存为"杯子(默认渲染).tif"，如图 8-78 所示，单击"保存"按钮。

② 在左侧选择"抗锯齿"，然后在右侧将"抗锯齿"设为"最佳"，"最小级别"设为 2×2，"最大级别"设为 4×4，如图 8-79 所示。最后单击右上方的██按钮，关闭"材质编辑器"窗口。

提示

一定要在最终渲染作品时，再将"抗锯齿"设为"最佳"，不然每次渲染速度会很慢。

图 8-78　设置文件名称、格式和保存路径

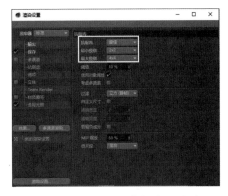

图 8-79　设置"抗锯齿"选项

③ 在工具栏中单击██（渲染到图片查看器）按钮，进行作品最终的渲染输出。

④ 执行菜单中的"文件"|"保存工程（包含资源）"命令，将文件保存打包。

六、利用 Photoshop 进行后期处理

① 在 Photoshop CC 2017 中打开前面保存输出的配套资源中的"源文件\保温杯\保温杯(默认渲染).tif"图片，如图 8-80 所示。然后按【Ctrl+J】组合键，复制出一个"图层 1"层，接着右击，从弹出的快捷菜单中选择"转换为智能对象"命令，将其转换为智能图层，此时图层分布如图 8-81 所示。

图 8-80　打开"保温杯（默认渲染）.tif"图片

图 8-81　将复制的图层转换为智能图层

② 执行菜单中的"滤镜" | "Camera Raw滤镜"命令，然后在弹出的对话框中设置滤镜参数，如图8-82所示，单击"确定"按钮。

图 8-82　设置"Camera Raw 滤镜"参数

③ 制作背景文字的发光效果。方法：选择工具箱中的 （魔棒工具），然后在选项栏中将"容差"设置为25，并取消选中"连续"复选框，如图8-83所示。接着在发光文字上单击，从而选中背景中的发光文字选区，如图8-84所示。最后按【Ctrl+J】组合键，将选区中的内容复制到一个新的图层上，再将其转换为智能图层，此时图层分布如图8-85所示。

图 8-83　设置魔棒选项

图 8-84　选中背景中的发光文字选区

图 8-85　图层分布

④ 执行菜单中的"滤镜" | "模糊" | "高斯糊模"命令，然后在弹出的"高斯模糊"对话框中将"半径"设置为20像素，如图8-86所示，单击"确定"按钮，最终效果如图8-87所示。

图 8-86 设置"高斯模糊"参数

图 8-87 最终效果

⑤ 执行菜单中的"文件"|"存储"命令,保存文件。

8.2 产品展示动画效果

视频 ●

产品展示
动画效果

要点:

本例将制作一个汽车产品展示效果,如图8-88所示。本例中的重点是"步幅"效果器的使用。通过本例的学习,读者应掌握利用C4D制作产片展示动画的方法。

图 8-88 汽车产品展示效果

操作步骤:

1. 制作逐级缩放的球体模型

① 在工具栏 (立方体)工具上按住鼠标左键,从弹出的隐藏工具中选择 ,从而在视图中创建一个球体,然后在属性面板中将其"类型"设置为"半球体","分段"设置为90,如图8-89所示,效果如图8-90所示。

图 8-89 设置球体参数

② 利用工具栏中的 ◎ （旋转工具）将球体沿P轴旋转180°，效果如图8-91所示。

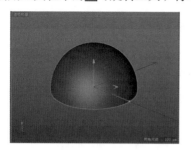

图 8-90　半球效果

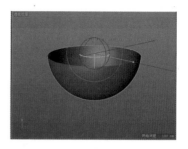

图 8-91　将球体沿 P 轴旋转 180°

③ 在左侧编辑模式工具栏中单击 ◎ （可编辑对象）按钮（快捷键是【C】），将其转为可编辑对象。然后选择工具栏中的 ◎ （框选工具）（快捷键是【0】），再在编辑模式工具栏中选择 ◎ （多边形模式），接着框选球体上所有的多边形。再按快捷键【D】，切换到挤压工具，最后对球体进行挤压，并在属性面板中将"偏移"设置为5 cm，如图8-92所示，从而使球体产生一个5 cm的厚度，如图8-93所示。

> 提示
>
> 选中球体，然后执行菜单中的"模拟"|"布料"|"布料曲面"命令，也可以制作出球体的厚度。

图 8-92　将"偏移"设置为 5 cm

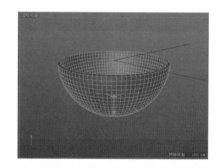

图 8-93　使球体产生一个 5 cm 的厚度

④ 按住键盘上的【Alt】键，执行菜单中的"运动图形"|"克隆"命令，给球体添加一个"克隆"的父级，效果如图8-94所示。然后在属性面板"对象"选项卡中将"数量"设置为10，"位置 Y"设置为0，如图8-95所示，从而使克隆后的对象重叠在一起，效果如图8-96所示。

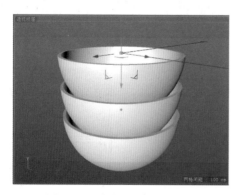

图 8-94　默认"克隆"效果

图 8-95　设置克隆参数

⑤ 制作球体逐级放大的效果。方法：对象面板中选中"克隆"，然后按住键盘上的【Alt】键，执行菜单中的"运动图形"|"效果器"|"步幅"命令，从而给它添加一个"步幅"的父级，效果如图 8-97 所示。

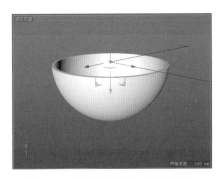

图 8-96　设置克隆参数后的效果

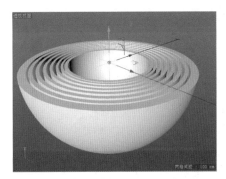

图 8-97　默认"步幅"效果器效果

> 提示
>
> 　　此时为了便于管理，给"克隆"添加了一个"步幅"的父级。如果在对象面板中选中"克隆"，然后执行菜单中的"运动图形"|"效果器"|"步幅"命令，也可以制作出相同的效果。

⑥ 此时逐级放大的球体间距过大，下面在"步幅"属性面板"参数"选项卡中将"缩放"由 1 改为 0.1，如图 8-98 所示，效果如图 8-99 所示。

> 提示
>
> 　　此时为了便于观看，可以执行"视图"菜单中的"显示"|"光影着色（线条）"（【N+B】组合键）命令，将模型以光影着色线条的方式显示。

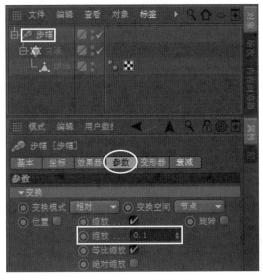

图 8-98　设置步幅效果器参数

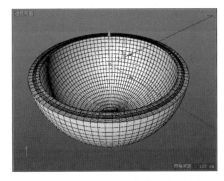

图 8-99　设置步幅效果器参数后的效果

2. 制作逐级缩放的球体由关闭到打开，然后再关闭的动画

① 按【Ctrl+D】组合键，在属性面板"工程设置"选项卡中将"帧率"设置为25，如图8-100（a）所示。再将时间总长度度设置为100帧，如图8-100（b）所示。

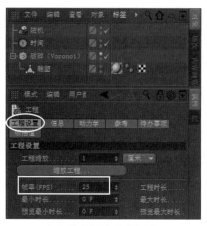

（a）将"帧率"设置为25　　　　　　　　　　（b）将时间总长度度设置为100帧

图 8-100　属性面板设置

② 在对象面板中选中"步幅"，然后在第0帧将"R.H"和"R.P"均设置为180°，并记录关键帧，如图8-101所示。接着在第50帧将"R.H"和"R.P"均设置为0°，并记录关键帧，如图8-102所示。同理，再在第80帧将"R.H"和"R.P"均设置为180°，并记录关键帧。此时时间轴显示如图8-103所示。

 提示

也可以按住键盘上的【Ctrl+Shift】组合键将第0帧的关键帧复制到第80帧。

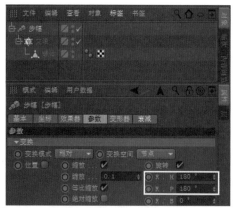

图 8-101　在第0帧将"R.H"和"R.P"均设置为　　　　图 8-102　在第50帧将"R.H"和"R.P"均设置
180°，并记录关键帧　　　　　　　　　　　为0°，并记录关键帧

图 8-103　时间轴显示

③ 单击 ▶（向前播放）按钮播放动画，就可以看到逐级放大的球体由关闭到打开，然后再关闭的效果，如图8-104所示。

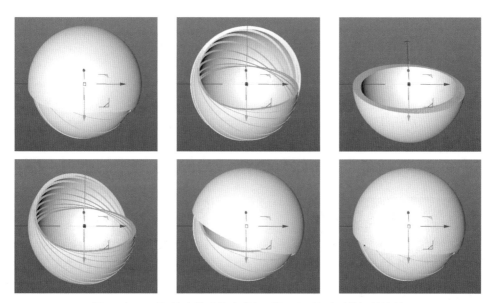

图 8-104　逐级放大的球体由关闭到打开，然后再关闭的效果

3. 制作汽车旋转动画

① 执行菜单中的"文件"|"打开"（【Ctrl+O】组合键）命令，打开配套资源中的"源文件\产品展示动画效果\汽车素材.c4d"文件。然后在对象面板中选择"汽车"，按【Ctrl+C】组合键，进行复制。接着回到当前文件中按【Ctrl+V】组合键进行粘贴，效果如图 8-105 所示。

 提示

为了便于观看，此时可以将时间定位在第 50 帧，也就是球体完全打开的状态。

② 此时汽车尺寸过大，下面选择工具栏中的▦（缩放工具），然后在编辑模式工具栏中选择▯（模型模式），接着对汽车进行整体缩小，使之能够完全放置在球体中，效果如图 8-106 所示。

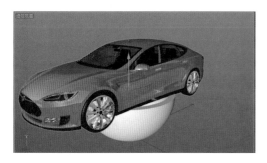

图 8-105　将汽车粘贴到当前文件中

图 8-106　对汽车进行整体缩小

③ 此时汽车是悬浮的，下面在视图中创建一个圆盘，然后将其沿 Y 轴向下移动，使圆盘与汽车底部对齐，效果如图 8-107 所示。

 提示

在对齐时可以在对象面板中暂时关闭"克隆"在编辑器中的显示，如图 8-108 所示，然后在右视图中将圆盘与汽车底部对齐，如图 8-109 所示。接着在对齐后再恢复"克隆"在编辑器中的显示。

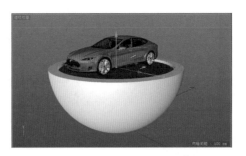

图 8-107　使圆盘与汽车底部对齐

图 8-108　关闭"克隆"在编辑器中的显示

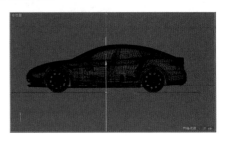

图 8-109　使圆盘与汽车底部对齐

④ 制作汽车的旋转动画。方法：在对象面板中选中"汽车"，然后在编辑模式工具栏中单击 （视窗层级独显）按钮，如图 8-110 所示，从而将其在视图中单独显示。接着将时间定位在第 0 帧，再单击 （记录活动对象）按钮，记录关键帧。最后再将时间定位在第 90 帧，利用 （旋转工具）将其沿 H 轴旋转 120°，并记录关键帧，效果如图 8-111 所示。

图 8-110　单击 （视窗层级独显）按钮

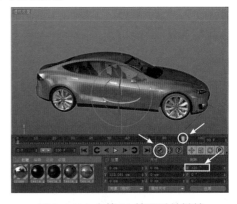

图 8-111　在第 90 帧记录关键帧

⑤ 在编辑模式工具栏中单击 （关闭视窗独显）按钮，关闭视窗独显，显示出所有对象。

⑥ 此时单击 （向前播放）按钮播放动画，就可以在球体打开、关闭的同时，汽车进行旋转的效果，如图 8-112 所示。

图 8-112　在球体打开、关闭的同时，汽车进行旋转的效果

⑦ 至此，产品展示的模型部分制作完毕。下面在对象面板选择所有模型，按【Alt+G】组合键，将它们组成一个组。然后执行菜单中的"插件"|"Drop2Floor"命令，将其对齐到地面。

4. 设置渲染输出尺寸、创建地面背景和添加摄像机

① 设置渲染输出尺寸。方法：在工具栏中单击 （编辑渲染设置）按钮，从弹出的"渲染设置"窗口中将输出尺寸设置为 1 200×800 像素，如图 8-113 所示，然后单击右上方的 按钮，关闭窗口。

② 创建地面背景。方法：执行菜单中的"插件"|"L-Object"命令，在视图中创建一个地面背景。然后分别在顶视图和右视图中加大其宽度和深度，并将"曲面偏移"设置为 1 000。接着在透视视图中旋转到合适角度，效果如图 8-114 所示。

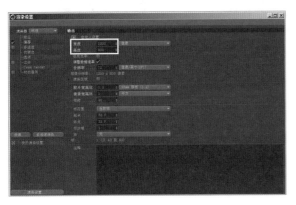
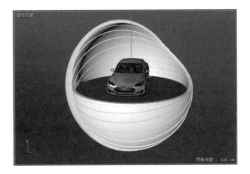

图 8-113 将输出尺寸设置为 1 200×800 像素　　　　图 8-114 创建地面背景并调整角度

③ 此时场景中的球体模型有些变形，这是因为焦距的问题。下面通过添加摄像机来解决这个问题。方法：在工具栏中单击 （摄像机）按钮，给场景添加一个摄像机。然后在对象面板中激活 按钮，进入摄像机视角。接着在属性面板中将摄像机的"焦距"设置为 135，如图 8-115 所示。最后在透视视图中进一步调整视角，如图 8-116 所示。

图 8-115 将摄像机的"焦距"设置为 135　　　　图 8-116 在透视视图中进一步调整视角

④ 为了能在视图中清楚看到渲染区域。下面按【Shift+V】组合键，然后在属性面板"查看"选项卡中将"透明"设置为 95%，如图 8-117 所示，效果如图 8-118 所示。

图 8-117　将"透明"设置为 95%

图 8-118　渲染区域以外会显示黑色

5. 制作材质

① 制作球体和圆盘材质。方法：在材质栏中双击，新建一个材质球，并将其重命名为"球体"。再双击材质球进入"材质编辑器"窗口，然后在左侧选择"颜色"复选框，将其颜色设置为白色[HSV 的数值为（0，0，100）]，如图 8-119 所示。再在左侧选择"反射"复选框，接着在右侧单击"添加"按钮，添加一个 GGX，再设置 GGX 的相关参数，如图 8-120 所示。最后单击右上方的 ✕ 按钮，关闭"材质编辑器"窗口。再将这个材质拖给对象面板中的"克隆"和"圆盘"，如图 8-121 所示，效果如图 8-122 所示。

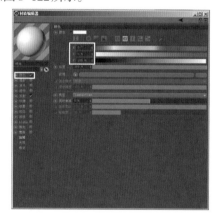

图 8-119　将颜色设置为白色

图 8-120　设置"反射"参数

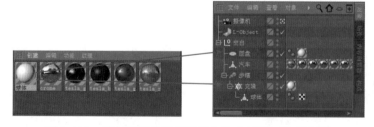

图 8-121　将材质拖给对象面板中的"克隆"和"圆盘"

② 制作地面背景材质。方法：在材质栏中双击，新建一个材质球，并将其重命名为"地面背景"。然后双击材质球进入"材质编辑器"窗口，接着只选中"颜色"复选框，并将"颜色"设置为黑色[HSV 的数值为（0，15，15）]。接着将这个材质拖给场景中的地面背景模型，效果如图 8-123 所示。

图 8-122　赋给"克隆"和"圆盘"材质后的效果

图 8-123　赋予地面模型材质后的效果

6. 添加全局光照和天空 HDR

① 添加全局光照。方法：在工具栏中单击 ![图标]（编辑渲染设置）按钮，从弹出的"渲染设置"窗口中单击左下方的 ![效果]按钮，然后从弹出的下拉菜单中选择"全局光照"命令，如图 8-124 所示。接着在右侧"常规"选项卡中将"预设"设置为"室内-预览（小型光源）"，如图 8-125 所示。

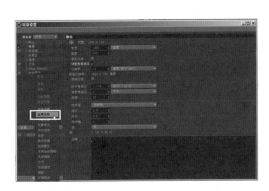

图 8-124　添加"全局光照"

图 8-125　将"预设"设置为"室内 - 预览（小型光源）"

② 给场景添加天空对象。方法：在工具栏 ![图标]（地面）工具上按住鼠标左键，从弹出的隐藏工具中选择 ![图标] 天空，从而给场景添加一个"天空"效果。

③ 制作天空材质。方法：在材质栏中双击，新建一个材质球，然后将其重命名为"天空"。接着双击材质球进入"材质编辑器"窗口，再取消选中"颜色"和"反射"复选框，选中"发光"复选框，在指定给纹理右侧配套资源中的"源文件\8.2 产品展示动画效果\tex\室内模拟.hdr"贴图，如图 8-126 所示。最后单击右上方的 ![X]按钮，关闭"材质编辑器"窗口。

④ 将"天空"材质直接拖到对象面板中的天空上，即可赋予材质，如图 8-127 所示。

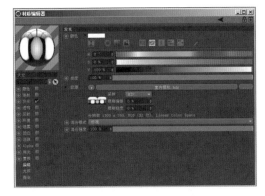

图 8-126　指定发光纹理贴图

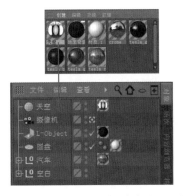

图 8-127　将"天空"材质赋予"天空"

⑤ 在工具栏中单击 ![](渲染到图片查看器）按钮，在弹出的"图片查看器"窗口中查看添加全局光照和天空HDR后的效果，如图8-128所示。

7. 染输出序列图

① 设置输出参数。方法：在工具栏中单击 ![](编辑渲染设置）按钮，然后在弹出的"渲染设置"窗口中将输出尺寸设置为1 200×800像素，"帧范围"设置为"全部帧"，如图8-129所示。接着将"抗锯齿"设置为"最佳"，"最小级别"为2×2，"最大级别"为4×4，如图8-130所示。再将保存"格式"设置为PNG，最后单击"文件"右侧的 ![] 按钮，指定保存的名称和路径，如图8-131所示，再单击右上方的 × 按钮。

图8-128　添加全局光照和天空HDR后的渲染效果

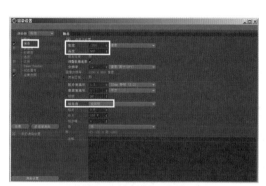

图8-129　设置输出参数

图8-130　设置抗锯齿参数

图8-131　设置保存名称、路径和格式

② 在工具栏中单击 ![](渲染到图片查看器）按钮，即可渲染输出序列图片。

③ 至此，汽车产品展示效果制作完毕。下面执行菜单中的"文件"|"保存工程（包含资源）"命令，将文件保存打包。

视　频

表皮脱落文字动画效果

8.3　表皮脱落文字动画效果

要点：

本例将制作一个表皮脱落动画效果，如图8-132所示。通过本例的学习，读者应掌握综合使用前面学习的破碎效果、标签、效果器、风力场、旋转场、材质等各方面的相关知识来制作动画的方法。

图 8-132　表皮脱落动画效果

操作步骤：

1. 制作表皮、文字和地面

① 执行菜单中的"运动图形"|"文本"命令，在视图中创建一个三维文本。然后在属性面板"对象"选项卡中将文本设置为 GOLD，"字体"设置为"思源黑体"，"深度"设置为 45 cm，"细分数"设置为 5，"水平间距"设置为 5 cm，如图 8-133 所示。接着在"封顶"选项卡中将"顶端"和"末端"均设为"圆角封顶"，"半径"均设为 6 cm，"步幅"均设为 5，如图 8-134 所示。最后为了便于观看，执行"视图"菜单中的"显示"|"光影着色（线条）"命令，将其以光影着色（线条）的方式显示，效果如图 8-135 所示。

提示

之所以将"水平间距"设置为 5 cm，是为了防止出现由于字母间的间距过小，而造成字母间的表皮碎片无法被风吹走的情况。

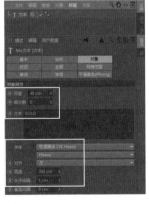

图 8-133　设置文本"对象"选项卡参数

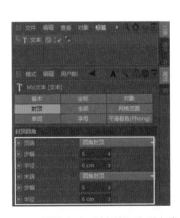

图 8-134　设置文本"封顶"选项卡参数

② 在对象面板中按住键盘上的【Ctrl】键复制出一个文本，然后将它们分别重命名为"表皮"和"文字"，接着为了便于区分，暂且将"表皮"颜色设置为红色，"文字"颜色设置为"蓝色"，如图 8-136 所示。最后在工具栏中单击 ![icon]（渲染到图片查看器）按钮，此时文字显示出的是表层的红色，效果如图 8-137 所示。

图 8-135　创建圆角封顶的文本

图 8-136　重命名文字并暂时赋予不同颜色

图 8-137　渲染显示的表层文字的颜色

③ 在对象面板中同时选择"表皮"和"文字"，然后执行菜单中的"插件"|"Drop2Floor"命令，将它们对齐到地面。

④ 在工具栏中单击 （地面）按钮，给场景添加一个地面，如图 8-138 所示。

提示

　　此时视图中的地面看起来是有尺寸的，而实际上地面是无限延伸的。另外此时视图中文字显示的颜色并不是渲染颜色，而仅仅是显示颜色而已，最终效果还是要看渲染后的结果。

⑤ 给表皮添加破碎效果。方法：在对象面板中选择"表皮"，然后按住【Alt】键执行菜单中的"运动图形"|"破碎"命令，给它添加一个破碎效果。然后在属性面板"来源"选项卡中选择"点生成器-分布"，再将"点数量"设置为200，如图 8-139 所示，效果如图 8-140 所示。接着在对象选项卡中选中"仅外壳"复选框，再将"厚度"设置为 -0.2 cm，从而使表皮向外产生一个厚度，如图 8-141 所示。

提示

　　"厚度"设置为负值，会向外产生厚度；设置为正值，会向内产生厚度。

图 8-138　创建地面

图 8-139　将"点数量"设置为 200

图 8-140　破碎效果

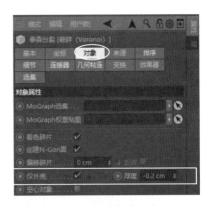

图 8-141　将表皮厚度设置为 -0.2 cm

⑥ 在工具栏中单击 ■（渲染到图片查看器）按钮，会发现表层的红色中显示出了蓝色，如图 8-142 所示，这是错误的。下面在对象面板中选择"文字"，然后在属性面板"封顶"选项卡中将"顶端"和"末端"的"半径"均减小为 5 cm，如图 8-143 所示，接着单击 ■（渲染到图片查看器）按钮，此时渲染结果中就只显示表皮的红色了，如图 8-144 所示。

图 8-142　表层的红色中显示出了蓝色

图 8-143　将文字的"半径"均设置为 5 cm

图 8-144　渲染后只显示红色的效果

2. 制作表皮从右往左破碎的效果

① 在对象面板中给"地面"和"文字"分别添加一个"碰撞体"标签，如图 8-145 所示。

② 在对象面板中选择"破碎"，然后执行菜单中的"运动图形"|"效果器"|"时间"命令，给它添加一个"时间"效果器。接着在属性面板"参数"选项卡中将"P.X"设置为 0.2 cm，从而使表皮碎片产生略微变化，再将"P.Y"和"P.Z"均设置为 0，如图 8-146 所示。最后在"衰减"选项卡中将"形状"设置为"线性"，如图 8-147 所示，效果如图 8-148 所示。

图 8-145　给"地面"和"文字"分别添加一个"碰撞体"标签

提示

这里需要注意的是 "P.X" 的数值不能为 0。

图 8-146 设置 "时间" 效果器位置参数

图 8-147 将 "形状" 设置为 "线性"

③ 此时 "时间" 效果器的方向是错误的,下面利用工具栏中的 ◯ (旋转工具),配合【Shift】键将其旋转 90° ,然后将其移动到文字右侧,使之 z 轴朝向文字,如图 8-149 所示。

图 8-148 添加 "时间" 效果器

图 8-149 旋转和移动 "时间" 效果器

④ 在对象面板中选择 "破碎",给它添加一个刚体标签,如图 8-150 所示。此时在动画栏中单击 ▶ (向前播放)按钮,可以看到表皮碎片原地脱落的效果,如图 8-151 所示。

图 8-150 给 "破碎" 添加一个 "刚体" 标签

图 8-151 表皮破碎效果

⑤ 此时表皮破碎效果没有受到 "时间" 效果器的影响。下面在刚体标签 "动力学" 选项卡中将 "激发" 设置为 "在峰速"(也就是不自己脱落,而由 "时间" 效果器来控制),如图 8-152 所示。接下来设置动画的帧率和帧频。方法:按【Ctrl+D】组合键,然后在属性面板的 "工程设置" 选项卡中将 "帧率" 设置为 25,如图 8-153 所示。接着在工具栏中单击 🔲 (编辑渲染设置)按钮,在弹出的 "渲染设置" 窗口中将 "帧频" 设置为 25,如图 8-154 所示。

图 8-152 将"激发"设置为"在峰速"

图 8-153 将"帧率"设置为 25

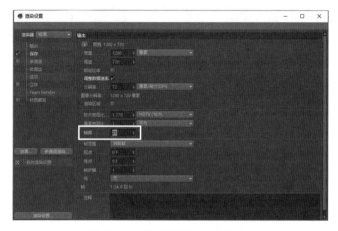

图 8-154 将"帧频"设置为 25

⑥ 在动画栏中将时间的总长度设置为 150 帧，也就是 6 秒。

⑦ 将时间滑块移动到第 0 帧，然后在"时间"效果器"坐标"选项卡中将"P.X"设置为 650 cm，并记录关键帧，如图 8-155 所示。接着将时间滑块移动到第 100 帧，在"时间"效果器"坐标"选项卡中将"P.X"设置为 -50 cm，并记录关键帧，如图 8-156 所示。最后在动画栏中单击 ▶（向前播放）按钮，就可以在"时间"效果器从右往左运动的同时，表皮随之脱落的效果，如图 8-157 所示。

图 8-155 在第 0 帧将"P.X"设置为 650 cm，并记录关键帧

图 8-156　在第 100 帧将 "P.X" 设置为 -50 cm，并记录关键帧

图 8-157　表皮跟随 "时间" 效果器破碎

3. 制作表皮碎片被风吹走的效果

① 执行菜单中的 "模拟" ┃ "粒子" ┃ "风力" 命令，在场景中添加一个风力场。然后将其移动到文字右侧，并将其旋转90°，使Z轴朝向文字，如图8-158所示。接着在 "风力" 属性面板 "对象" 选项卡中将 "速度" 设置为80 cm，如图8-159所示。最后在动画栏中单击 ▶（向前播放）按钮，就可以脱落的表皮碎片被风吹走的效果，如图8-160所示。

图 8-158　移动和旋转风力场　　　　　　　　　　图 8-159　将 "速度" 设置为 80 cm

图 8-160　脱落的表皮碎片被风吹走的效果

② 为了便于观看效果，下面执行 "视图" 菜单中的 "过滤" ┃ "网格" 命令，隐藏视图中的网格。然后执行 "视图" 菜单中的 "显示" ┃ "光影着色"（【N+A】组合键）命令，将模型以光影着色的方

式进行显示。接着将视图旋转到合适角度，会发现字母之间有些碎片并没有被吹走，如图 8-161 所示。

③ 通过添加风立场吹走字母间残留的碎片。方法：在对象面板中按住键盘上的【Ctrl】键复制一个风力场，然后将其移动到合适位置并旋转一定角度，使之 Z 轴朝向字母间没有吹走的碎片，如图 8-162 所示，接着在属性面板中将其"速度"加大为 150 cm，如图 8-163 所示。此时单击 ▷（向前播放）按钮，就可以实现脱落的表皮碎片完全被风吹走的效果。

图 8-161 字母间存在没有被风吹走的碎片

图 8-162 复制风力场并移动位置和旋转角度

图 8-163 将"速度"设置为 150 cm

④ 下面旋转视图会发现碎片是斜向被风吹走的，如图 8-164 所示。而我们需要的是碎片沿文字方向被风吹走，下面就来解决这个问题。方法：执行菜单中的"模拟"|"粒子"|"旋转"命令，在场景中添加一个旋转场。然后将其移动到文字右侧，并将其旋转 90°，使之 Z 轴朝向文字，如图 8-165 所示。接着在"旋转"属性面板"对象"选项卡中将"角速度"加大为 100，如图 8-166 所示。此时单击 ▷（向前播放）按钮，就可以看到脱落的表皮碎片沿文字方向被风吹走的效果，如图 8-167 所示。

图 8-164 碎片斜向被风吹走

图 8-165 创建旋转场并移动位置和旋转角度

图 8-166 将旋转场的"角速度"设置为 100

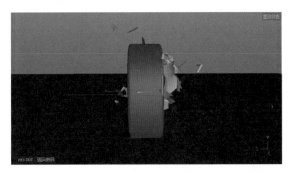

图 8-167 脱落的表皮碎片横向被风吹走的效果

4. 设置渲染输出尺寸和添加摄像机

① 在工具栏中单击 ▦▦（编辑渲染设置）按钮，从弹出的"渲染设置"窗口中将输出尺寸设置为 1 280×720 像素。

② 将视图旋转到合适角度，然后在工具栏中单击 ◉◉（摄像机）按钮，给场景添加一个摄像机。再在对象面板中激活 ✛ 按钮，进入摄像机视角。接着在属性面板中将摄像机的"焦距"设置为 135。最后在透视视图中进一步调整视角，如图 8-168 所示。

图 8-168　在透视视图中进一步调整视角

③ 为了使文字位于视图中央位置，下面在摄像机属性面板"合成"选项卡中选中"网格"复选框，如图 8-169 所示，在视图中显示出网格。然后调整视图，使文字处于视图中央位置，如图 8-170 所示。

图 8-169　选中"网格"复选框

图 8-170　使文字处于视图中央位置

④ 为了能在视图中清楚地看到渲染区域。下面按【Shift+V】组合键，然后在属性面板"查看"选项卡中将"透明"设置为 95%，如图 8-171 所示，效果如图 8-172 所示。

图 8-171　将"透明"设置为 95%

图 8-172　将"透明"设置为 95% 的效果

⑤ 给摄像机添加一个保护标签，如图 8-173 所示，从而保证当前视角不会被移动。

5. 制作材质

① 在材质栏中按【Delete】键，删除赋予表皮和文字的两个临时材质。

② 制作表皮材质。方法：按【Shift+F8】组合键，调出"内容浏览器"窗口，然后选择一种生锈金属材质，如图 8-174 所示。接着双击，

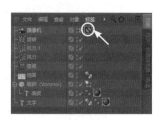

图 8-173　给摄像机添加一个
"保护"标签

将其添加到材质栏中，再将其重命名为"表皮"。最后将这个材质球拖给对象面板中"表皮"对象，如图 8-175 所示。

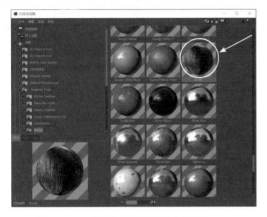

图 8-174 选择一种生锈金属材质

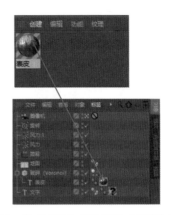

图 8-175 将"表皮"材质拖给"表皮"对象

提示

这种生锈金属材质是需要另外安装的。安装方法请参见"2.2.2 C4D 默认渲染器材质库的安装"。

③ 制作文字材质。文字材质是一种金色材质，具体制作方法请参见"4.1 金、银、玉、塑料材质"中金材质的制作方法，这里就不赘述了。在设置好材质后，再将这种材质拖给对象面板中"文字"对象，如图 8-176 所示。

④ 制作地面材质。方法：在材质栏中新建一个名称为"地面"的材质球，然后双击材质球进入"材质编辑器"窗口。将"颜色"设置为灰色[HSB 的数值为（50，0，50）]。再选择"反射"复选框，给

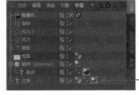

图 8-176 将"文字"材质拖给"文字"对象

它添加一个 GGX，接着展开"层菲涅耳"选项组，单击"菲涅耳"右侧下拉列表，从中选择"绝缘体"，再从"预置"下拉列表中选择"聚酯"，并将"粗糙度"设为 10%，"反射强度"设为 50%，如图 8-177 所示。最后将这种材质拖给对象面板中"地面"对象，如图 8-178 所示。

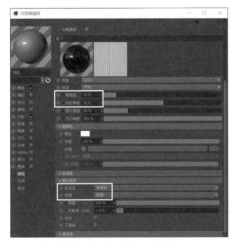

图 8-177 设置地面材质

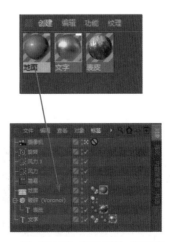

图 8-178 将"地面"材质拖给"地面"对象

⑤ 在工具栏中单击█（渲染到图片查看器）按钮，渲染效果如图 8-179 所示。

6. 添加全局光照、天空 HDR 和灯光

① 添加全局光照。方法：在工具栏中单击█（编辑渲染设置）按钮，从弹出的"渲染设置"窗口中单击左下方的███按钮，然后从弹出的下拉菜单中选择"全局光照"命令，接着在右侧"常规"选项卡中将"预设"设置为"室内－预览（小型光源）"，如图 8-180 所示。

图 8-179　渲染效果

② 在工具栏█（地面）工具上按住鼠标左键，从弹出的隐藏工具中选择●████，从而给场景添加一个"天空"对象。

③ 在材质栏中双击，新建一个名称为"天空"的材质球。然后双击材质球进入"材质编辑器"窗口。再取消选中"颜色"和"反射"复选框，选中"发光"复选框，接着指定给"纹理"配套资源中的"源文件\表皮脱落文字动画效果\tex\studio020.hdr"贴图，再单击右上方的█按钮，关闭"材质编辑器"窗口。最后将"天空"材质直接拖到对象面板中的"天空"上，如图 8-181 所示。

图 8-180　添加"全局光照"

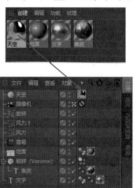

图 8-181　将"天空"材质直接拖到对象面板中的"天空"上

④ 在工具栏中单击█（渲染到图片查看器）按钮，在弹出的"图片查看器"窗口中查看添加全局光照和天空 HDR 后的渲染效果，如图 8-182 所示。

⑤ 此时场景过暗，下面通过给场景添加灯光来解决这个问题。方法：在工具栏中单击█（灯光）按钮，给场景添加一个灯光。然后取消激活█按钮，退出摄像机视角，再在透视视图中将灯光位置移动到文字的左上方，如图 8-183 所示。接着重新激活█按钮，进入原来的摄像机视角。最后在工具栏中单击█（渲染到图片查看器）按钮，渲染效果如图 8-184 所示。

图 8-182　添加全局光照和天空 HDR 后的渲染效果

 提示

本例的灯光没有设置投影效果。渲染效果中产生的投影效果是天空 HDR 产生的。

图 8-183　将灯光位置移动到文字的左上方

图 8-184　添加灯光后的渲染效果

7. 染输出序列图

① 设置输出参数。方法：在工具栏中单击 █ （编辑渲染设置）按钮，然后在弹出的"渲染设置"窗口中将"帧范围"设置为"全部帧"，如图8-185所示。接着将"抗锯齿"设置为"最佳"，"最小级别"为2×2，"最大级别"为4×4，如图8-186所示。再将保存"格式"设置为PNG，最后单击"文件"右侧的 █ 按钮，指定保存的名称和路径，如图8-187所示，再单击右上方的 █ 按钮。

② 在工具栏中单击 █ （渲染到图片查看器）按钮，即可渲染输出序列图片。

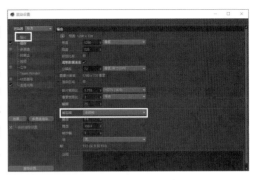

图 8-185　设置输出参数

③ 至此，表皮脱落文字动画效果制作完毕。下面执行菜单中的"文件"|"保存工程（包含资源）"命令，将文件保存打包。

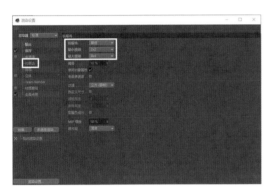

图 8-186　设置抗锯齿参数

图 8-187　设置保存名称、路径和格式

课后练习

制作图8-188所示的年货节海报效果。

图 8-188　年货节海报效果

常用快捷键　附录A

文件

命令	对应快捷键	命令	对应快捷键
新建文件	CtrI+N	打开文件	Ctrl+O
保存文件	Ctrl+S	退出C4D	Alt+F4

视图显示和操作

透视视图最大化显示	F1	顶视图最大化显示	F2
右视图最大化显示	F3	正视图最大化显示	F4
四视图显示	F5	旋转视图	Alt+ 鼠标左键
移动视图	Alt+ 鼠标中键	缩放视图	Alt+ 鼠标右键

对象显示方式

光影着色	N+A	光影着色（线条）	N+B

选择对象和常用操作

框选	数字键 <0>	实体选择	9
移动对象	E	旋转对象	R
缩放对象	T	将选中对象居中	S
将所有对象居中	H	加选对象	按住【Shift】键单击对象
减选对象	按住【Ctrl】键单击对象	复制对象	按住【Ctrl】键移动对象
群组对象	Alt+G	展开群组	Shift+G
新对象作为父级	Alt+ 创建新对象	新对象作为子级	Shift+ 创建新对象

可编辑对象的常用操作

将参数对象转为可编辑对象	C	全选	Ctrl+A
环状选择	U+B	循环选择	U+L
反选	反选	循环/路径切割	K+L
挤压	D	内部挤压	I
倒角	M+S		

渲染

渲染活动视图	Ctrl+R	渲染到图片查看器	Shift+R
区域渲染\退出区城渲染	Alt+R		

其余常用命令快捷键

在视图中指定背景图像作为背景	Shift+V	工程设置	Ctrl+D
内容浏览器	Shift+F8	播放/暂停播放动画	F8
自定义命令	Shift+F12	切换到上一次使用的工具	空格键